Dorita

5,87

# Mathematik verstehen 6

Univ.-Prof. Mag. Dr. Günther Malle
Prof. Mag. Dr. Maria Koth
Prof. Mag. Dr. Helge Woschitz
Prof. Mag. Sonja Malle
Prof. Mag. Dr. Bernhard Salzger
MMag. Dr. Andreas Ulovec

Unter Mitarbeit von:
Univ.-Doz. MMag. DDr. Esther Ramharter
Univ.-Ass. Mag. Susanne Kandl
Prof. Mag. Franz Cecil

W0362199

## Lösungen

öbv

www.oebv.at

**Hinweise zum Gebrauch des Lösungshefts:**

- Das Lösungsheft ist zur Kontrolle und nicht zum Abschreiben gedacht. Arbeite deshalb ehrlich, löse jede Aufgabe selbständig und kontrolliere erst dann die Ergebnisse!
- Die Figuren im Lösungsheft sind zum Teil verkleinert dargestellt. Es können daher im Allgemeinen keine Längen aus den Figuren entnommen werden.
- Die mit 🧩 gekennzeichneten Aufgaben sind vollständig durchgerechnet bzw. wird bei diesen Aufgaben der Lösungsweg genau beschrieben.
- Bei einigen Aufgaben sind Verweise zu jenen Buchseiten zu finden, die die entsprechende Theorie enthalten.
- Bei der Erstellung der Lösungen wurde mit gespeicherten Zwischenergebnissen gerechnet.

Dieses Lösungsheft wurde mit großer Sorgfalt erstellt. Sollten trotzdem Fehler passiert sein, so bitten wir, dies dem Verlag (Österreichischer Bundesverlag Schulbuch GmbH & Co. KG, Frankgasse 4, 1090 Wien, E-Mail: ahs@oebv.at) mitzuteilen. Wünsche und Anregungen werden ebenfalls gerne entgegengenommen.

# 1 Potenzen, Wurzeln und Logarithmen

**1.02** a) $a^3 \cdot a^2 = \underbrace{a \cdot a \cdot a}_{3\,\text{Faktoren}} \cdot \underbrace{a \cdot a}_{2\,\text{Faktoren}} = \underbrace{a \cdot a \cdot a \cdot a \cdot a}_{5\,\text{Faktoren}} = a^5$

b) $\frac{b^5}{b^3} = \frac{\overbrace{b \cdot b \cdot b \cdot b \cdot b}^{5\,\text{Faktoren}}}{\underbrace{b \cdot b \cdot b}_{3\,\text{Faktoren}}} = \frac{b \cdot b \cdot \cancel{b} \cdot \cancel{b} \cdot \cancel{b}}{\cancel{b} \cdot \cancel{b} \cdot \cancel{b}} = b^2$

c) $\frac{u^2}{u^5} = \frac{\overbrace{u \cdot u}^{2\,\text{Faktoren}}}{\underbrace{u \cdot u \cdot u \cdot u \cdot u}_{5\,\text{Faktoren}}} = \frac{\cancel{u} \cdot \cancel{u}}{u \cdot u \cdot u \cdot \cancel{u} \cdot \cancel{u}} = \frac{1}{u^3}$

d) $m^3 : m^4 = (\underbrace{m \cdot m \cdot m}_{3\,\text{Faktoren}}) : (\underbrace{m \cdot m \cdot m \cdot m}_{4\,\text{Faktoren}}) = \frac{1}{m}$

e) $\left(\frac{r}{s}\right)^2 = \left(\frac{r}{s}\right) \cdot \left(\frac{r}{s}\right) = \frac{r}{s} \cdot \frac{r}{s} = \frac{r \cdot r}{s \cdot s} = \frac{r^2}{s^2}$

f) $(x \cdot y)^2 = x \cdot y \cdot x \cdot y = x \cdot x \cdot y \cdot y = x^2 \cdot y^2$

**1.03** $\left(\frac{a}{b}\right)^n = \underbrace{\left(\frac{a}{b}\right) \cdot \left(\frac{a}{b}\right) \cdot \ldots \cdot \left(\frac{a}{b}\right)}_{n\,\text{Klammern}} = \underbrace{\frac{a}{b} \cdot \frac{a}{b} \cdot \ldots \cdot \frac{a}{b}}_{n\,\text{Faktoren}} = \frac{\overbrace{a \cdot a \cdot \ldots \cdot a}^{n\,\text{Faktoren}}}{\underbrace{b \cdot b \cdot \ldots \cdot b}_{n\,\text{Faktoren}}} = \frac{a^n}{b^n}$

**1.04** a) $a^{18}$; Satz 1 (1) b) $u^{12}$; Satz 1 (2a) c) $\frac{1}{v^3}$; Satz 1 (2b) d) $w^{50}$; Satz 1 (2a)

**1.05** ☐ $a^3 \cdot a^3 = a^9$ ☐ $\frac{a^6}{a^4} = \frac{a^3}{a^2}$ ☒ $a^7 : a^6 = a$ ☐ $\frac{a^2+1}{a} = a + 1$ ☐ $a^2 \cdot a^2 \cdot a^2 = 3a^2$

**1.06** a) $(-2)^5 = -32$ b) $(-3)^5 = -243$ c) $(-7)^4 = 2401$ d) $(-5)^4 = 625$ e) $\left(\frac{1}{2}\right)^5 = \frac{1}{32}$ f) $\left(-\frac{1}{2}\right)^6 = \frac{1}{64}$ g) $3^3 = 27$ h) $4^3 = 64$

**1.07** a) $3^6 = 729$ b) $(-4)^4 = 256$ c) $(-2)^1 = -2$ d) $(-5)^5 = 3125$ e) $\left(\frac{1}{5}\right)^2 = \frac{1}{25}$ f) $\left(-\frac{1}{2}\right)^4 = \frac{1}{16}$ g) $\frac{1}{3}$ h) $\frac{1}{6}$

**1.08** a) $10^3 = 1000$ b) $6^4 = 1296$ c) 1 d) $3^3 = 27$ e) $(-3)^2 = 9$ f) $0{,}1^4 = 0{,}0001$ g) 1 h) $(-0{,}25)^3 = -0{,}015\,625$

**1.09** a) $a^{3n}$ b) $v^{4r}$ c) $a^{n-1}$ d) $a^{10r-1}$ e) $x^{3n}$ f) $a^{3r}$ g) $z^{4r+4}$ h) $(-b)^{4s}$ i) $a^m$ j) $y^{2n+2}$ k) $(-v)^{m-1}$ l) a

**1.10** a) $a^6$ b) $(-a)^9$ c) $a^{6r}$ d) $a^{4m}$

**1.11** a) 0 b) $\begin{cases} 1, & \text{wenn } n \text{ gerade} \\ -1, & \text{wenn } n \text{ ungerade} \end{cases}$ c) 1 d) −1 e) 2 f) 2

**1.12** a) 1 b) 1 c) 1 d) 1 e) 1

**1.13** a) $a^{15}$ b) $2x^{8m+3}$ c) $-\frac{1}{8}x^2$ d) $x^{n+3}$

**1.14** a) $x^{10} + 2x^7 + x^4$ b) $a^5 + a^3b^2 + a^2b^3 + b^5$ c) $a^4 - b^2$ d) $x^{m+6} - x^{m+5} + x^5 - x^4 + x^3 - x^2$

**1.15** a) $x^7 \cdot y^6$ b) $a^{m+2} \cdot b^{4m+4}$ c) $x^{3+2m} \cdot y^{3+5m}$ d) $a^{3m+6} \cdot b^{3m+9}$

**1.16** a) $2a^4 + 2a^3$ b) $2y^4$ c) $u^5 - u^3$ d) $x^4 - x^2$ e) $v^4 \cdot (v^2 - 1)$ f) $m^3$

**1.17** a) $a \cdot (a^2 - 1)$ b) $b^2 \cdot (b^{3+m} - 1)$ c) $k^{2m} \cdot (k^{3m} - 1)$ d) $x^{2+m} \cdot (x^3 - x + 1)$ e) $y^m \cdot (y^3 - 1)$

**1.18** a) $a^4 \cdot b$ b) $p^2 \cdot q^2$ c) $-x^{17} \cdot y^4$ d) $-\frac{c^{14}}{d^9}$

**1.19** a) $26x^3$ b) $72u^2$ c) $3x^2y^2$ d) $8a^4b^2$

**1.20** $V = 10^{12}\,\text{cm}^3 = 10^{15}\,\text{mm}^3$

**1.21** $V \approx 1{,}372 \cdot 10^{27}\,m^3$, $O \approx 5{,}88 \cdot 10^{18}\,m^2$

**1.22** $V \approx 1{,}6 \cdot 10^{6}\,m^3$, $O \approx 1{,}025 \cdot 10^{5}\,m^2$

**1.23** a) $1\,La \approx 9{,}461 \cdot 10^{15}\,m = 9{,}461 \cdot 10^{12}\,km$ b) $1\,La \approx 9{,}461 \cdot 10^{18}\,mm$ c) $2{,}365 \cdot 10^{22}\,m$

**1.24** ca. 34 247 Jahre

**1.25** a) $\approx 1{,}44 \cdot 10^{11}\,m$ b) $\approx 8{,}515 \cdot 10^{16}\,m$ c) $\approx 2{,}838 \cdot 10^{20}\,m$

**1.26** a) $2{,}7 \cdot 10^{19}$ b) $2{,}7 \cdot 10^{22}$ Moleküle pro Liter, $2{,}7 \cdot 10^{25}$ Moleküle pro Kubikmeter

**1.27** a) 0,125 b) 0,0625 c) 125 d) 160 000 e) $\approx 0{,}186$ f) 8 g) $\approx 5{,}619$

**1.28** a) $\frac{1}{81} \approx 0{,}012$ b) $-\frac{1}{125} = -0{,}008$ c) $-8$ d) 6 250 000 e) $\approx 0{,}346$ f) 16 g) $-\frac{4}{3} \approx -1{,}333$

**1.29** a) 1 b) 1 c) $-1$ d) 1 e) $-1$ f) $\frac{9}{16}$

**1.30** a) 2 b) 9 c) 1000 d) 10 000 e) 0,1 f) 1 g) 2 h) $7^{-1}$

**1.31** ☐ $a^{-2} \cdot a^{-2} = a^4$ ☒ $\frac{a^{-3}}{a^4} = \frac{1}{a^7}$ ☒ $a^{-5} : a^{-5} = 1$ ☐ $\frac{a^2 \cdot a^{-2}}{a^0} = 0$ ☒ $a^{-2} \cdot a^{-3} \cdot (2a)^{-4} = \frac{1}{16a^9}$

**1.32** a)

| | |
|---|---|
| $\left(\frac{4a^{-2}b^3}{8a^4b^{-4}}\right)^{-2}$ | $8a^{21}b^{15}$ |
| $\left(\frac{2a^3b^2}{a^{-4}b^{-3}}\right)^3$ | $\frac{b^{11}}{a^6}$ |
| $\left(\frac{a^2b^{-3}}{a^{-1}b^0}\right)^{-2}$ | $\frac{4a^{12}}{b^{14}}$ |
| $\left(\frac{a^4b^{-6}}{a^{-2}b^5}\right)^{-1}$ | $\frac{b^6}{a^6}$ |

b)

| | |
|---|---|
| $(a+b) \cdot (a+b)^{-2}$ | $a+b$ |
| $\frac{1}{(a+b)^{-2}}$ | $\frac{1}{a^2+2ab+b^2}$ |
| $\frac{(a+b)^0}{(a+b)^{-1}}$ | $\frac{1}{a+b}$ |
| $\frac{(a+b)^{-1}a^0b}{(a+b)\,b}$ | $a^2+2ab+b^2$ |

**1.33** a) 64 b) 81 c) 0,015625 d) 729 e) 0,0625 f) 729

**1.34** a) 64 b) 9 c) 10 d) 4 e) $7^{-2}$ f) 1 g) 50 h) $\frac{242}{3}$

**1.35** a) $\frac{1}{a^2}$ b) $\frac{1}{b^5}$ c) $\frac{1}{x^{13}}$ d) $\frac{1}{y^{20}}$ e) $\frac{3}{a^4}$ f) $\frac{2}{b^3}$ g) $\frac{6}{x^5}$ h) $\frac{7}{y^{11}}$

**1.36** a) $\frac{a^2}{b^3}$ b) $\frac{b}{a^2}$ c) $\frac{x}{y}$ d) $\frac{1}{xy}$ e) $\frac{3x}{a^2}$ f) $\frac{8x^5}{y^4}$ g) $\frac{-2v^3}{w^3}$ h) $\frac{4}{a^3b}$ i) $\frac{a}{x^3}$ j) $\frac{1}{ax^2}$

**1.37** a) $x^2$ b) $3m^3$ c) $5a$ d) $7b^5$ e) $\frac{x}{2}$ f) $\frac{y^3}{3^2}$ g) $\frac{-u^2}{10}$ h) $\frac{v^{10}}{2}$

**1.38** a) $\frac{1}{a^3}$ b) $\frac{1}{b}$ c) $\frac{1}{x^5}$ d) $\frac{1}{y^2}$ e) $\frac{1}{b^4}$ f) $\frac{1}{c^2}$ g) $\frac{1}{u^3}$ h) $\frac{1}{v^4}$

**1.39** a) $x^6 + x^3 + x$ b) $3a^4 + 3a + 3$ c) $2n^2 + 2n + \frac{2}{n^2}$ d) $3u^2v$ e) $a^4 - a^3 + a - 1$ f) $z^4 - z^3 + \frac{1}{z^2} - \frac{1}{z^3}$

**1.40** a) $\frac{y^{10}}{x^{10}}$ b) $\frac{1}{y^9z^4}$ c) $\frac{u^{15}}{v^{26}}$ d) $\frac{b^{12}}{a^{15}}$

**1.41** a) $\frac{2}{x^2y^3}$ b) $\frac{2b^4}{a^6}$ c) $4x^3$ d) $3u^2v$ e) $\frac{1}{k^7m^2}$ f) $\frac{c^5}{d^2}$ g) $\frac{7y}{x^3}$ h) $3r^3s$

**1.42** a) $\frac{1}{x^5}$ b) $y^6$ c) $a^2b^2$ d) $\frac{b^5}{a^2}$ e) $\frac{2v^3}{u^{11}}$ f) $3v^6w^5$ g) $\frac{2n^2}{3m^2}$ h) $\frac{7r^5}{8s^2}$

**1.43** a) $\frac{1}{x^7y^3}$ b) $\frac{1}{x^3y^8}$ c) $\frac{1}{xy}$ d) $x^4y^4$

**1.44** a) $\frac{a^3}{2}$ b) $8x^4$ c) $3x^3y^3$ d) $25x^3y^4$ e) $\frac{9y^4}{x^2}$ f) $6x^2$ g) $2u^4$ h) $\frac{3}{rs^7}$

**1.45** a) $a^{-3}$ b) v c) $w^{-2}$ d) $2m^2$ e) $x^{-1} + 1$ f) $\frac{1}{2}$ g) $m^{-1}$

**1.46** a) ab b) $-ab$ c) $\frac{xy}{x+y}$ d) $\frac{xy}{y-x}$ e) 1

**1.47** a) $a$ b) $a$ c) $a^{-15}$ d) $a^{m+n}$ e) $b^2$ f) $a^{-7m}$ g) $a^{n-2k}$ h) $a^{-m}$ i) $a^{20-4m}$ j) $1$ k) $b^{-4n}$ l) $a^{-3x}$ m) $(a+b)^{-4}$ n) $(1+b)^{-8}$ o) $1$

**1.48** a) $a^7$ b) $x^{-8m}$ c) $a^2$ d) $a$ e) $u^2-v^2$ f) $b^{6m+4}$ g) $(1+b)^{s+1}$ h) $(x-1)^{r-8s-1}$

**1.49** a) $x^{7s-8}$ b) $x^{-s-4}$ c) $x^{-7m+4}$ d) $1$ e) $b^{r-5}$ f) $a^{-8}$ g) $(1+x)^{-s-1}$ h) $(u-1)^{5k}$

**1.50** a) $a^{-17}$ b) $y^{-7m}$ c) $x^{-n-3}$ d) $x^{-16m}$ e) $a^{6+r}$

**1.51** a) $a^{-15}$ b) $x^{-12m-3}$ c) $-0{,}125x^{-10}$ d) $x^{-4r-22}$ e) $27x^{n-18}$ f) $0{,}875x^{-4n+1}$

**1.52** a) $x^0y^{-5}$ b) $a^{-3}b^{-4-5m}$ c) $a^{-2}b^{2-k}$ d) $r^{5m+n}s^{2n}$ e) $a^0b^{n^2+2n-2}$ f) $k^{-h}\cdot m^{-h}$

**1.53** a) $x^7+x^4+x+x^{-2}$ b) $x^5+x^3+x^2+1$ c) $a^5-a^4+a^2-a-a^{-3}+a^{-4}$ d) $a^{2m-1}+a^{-2m+1}+a+a^{-1}$

**1.54**
a) ☐ $a^{-2}b^{-11}c^{-4}$ ☒ $a^{-15}b^{30}c^{-5}$ ☐ $\frac{b^{30}c^{-5}}{a^{-15}}$ ☒ $\frac{1}{(a^{-3}b^6c^{-1})^{-5}}$
b) ☐ $x^{-1}$ ☐ $\frac{1}{x^6}$ ☒ $x^9$ ☐ $\frac{1}{x^9}$
c) ☒ $\frac{(a^{-2}+b^{-2})^{-1}}{(a^{-2}-b^{-2})^{-1}}$ ☐ $\frac{a^2+b^2}{a^2-b^2}$ ☐ $0$ ☒ $\frac{b^2-a^2}{a^2+b^2}$
d) ☐ $\frac{1}{2r^2}+\frac{1}{2s^2}$ ☒ $2\cdot\left(\frac{1}{s^2}+\frac{1}{r^2}\right)$ ☐ $\frac{2}{r^2+s^2}$ ☒ $\frac{2r^2+2s^2}{(rs)^2}$

**1.55** a) $64$ b) $\frac{16}{81}$ c) $\frac{1}{81}$ d) $\frac{5}{6}$

**1.56** a) $\frac{2\cdot4^2\cdot5^2}{3^3\cdot9}=\frac{800}{243}$ b) $\frac{3^3\cdot4^2\cdot5}{2^3}=270$ c) $\frac{3^2\cdot5}{(-3)^2}=5$ d) $\frac{2\cdot5}{10}=1$ e) $\frac{2^7\cdot7}{4^3}=14$ f) $\frac{5^3\cdot7\cdot8}{2^4\cdot25^2}=\frac{7}{10}$ g) $\frac{3^3\cdot15}{9}=45$ h) $\frac{3\cdot5^2\cdot10}{2\cdot25^2}=\frac{3}{5}$

**1.57** a) $\frac{y^5}{2^3\cdot3^2\cdot x^5}=\frac{y^5}{72x^5}$ b) $\frac{y^3}{2x^3}$ c) $-\frac{w}{uv^3}$ d) $\frac{y^3}{x^2}$ e) $\frac{3^6x^7}{2^6y^7}=\frac{729x^7}{64y^7}$ f) $\frac{2^6y^4}{3^6x^4}=\frac{64y^4}{729x^4}$

**1.58** a) $-\frac{3x^5y^3}{4}$ b) $\frac{1}{x^7y^4}$ c) $\frac{8x^9}{y^3}$

**1.59** a) $6\cdot10^{-13}$ b) $4\cdot10^{-21}$ c) $1{,}8\cdot10^{-10}$ d) $3{,}6\cdot10^2=360$ e) $3{,}6\cdot10^{-8}$ f) $5{,}4\cdot10^{-10}$

**1.60** Radius eines Wasserstoffatoms $\approx 5\cdot10^{-9}$ cm,
Durchmesser eines Natriumatoms $\approx 4\cdot10^{-8}$ cm
Volumen eines Wasserstoffatoms $\approx 5{,}24\cdot10^{-25}$ cm³
Volumen eines Natriumatoms $\approx 3{,}35\cdot10^{-23}$ cm³

**1.61** 15 mm

**1.62** ungefähr $5\cdot10^8$ Atome, also 500 Millionen Atome

**1.63** ungefähr $4\cdot10^{-21}$ m³

**1.64** etwa $10^{13}$ Viren

**1.65** ungefähr 375-mal größer

**1.66** ungefähr 1 836-mal schwerer

**1.67** 17,68 ‰

**1.68** ungefähr 20 000 Schwingungen

**1.69** 4. Fall: $m \in \mathbb{Z}^+, n \in \mathbb{Z}^-$ In diesem Fall ist $n = -k$ mit $k \in \mathbb{Z}^+$.
Damit gilt: $a^m \cdot a^n = a^m \cdot a^{-k} = a^m \cdot \frac{1}{a^k} = \frac{a^m}{a^k}$
Daraus ergibt sich: für $m > k$: $a^m \cdot a^n = a^{m-k} = a^{m+(-k)} = a^{m+n}$
für $m < k$: $a^m \cdot a^n = \frac{1}{a^{k-m}} = a^{-(k-m)} = a^{m+(-k)} = a^{m+n}$
für $m = k$: $a^m \cdot a^n = 1 = a^0 = a^{k+(-k)} = a^{m+(-k)} = a^{m+n}$

**1.70** **a)** $\frac{a^m}{a^n} = a^m \cdot \frac{1}{a^n} \overset{\text{Def.}}{=} a^m \cdot a^{-n} \overset{\text{Satz 1 (1)}}{=} a^{m+(-n)} = a^{m-n}$
**b)** Wir unterscheiden 6 Fälle:
1. Fall: $m \in \mathbb{Z}^+, n \in \mathbb{Z}^+$ In diesem Fall haben wir die Regel schon bewiesen.
2. Fall: $m \in \mathbb{Z}^-, n \in \mathbb{Z}^-$ In diesem Fall ist $n = -k$ mit $k \in \mathbb{Z}^+$ und $n = -l$ mit $l \in \mathbb{Z}^+$:
$$(a^m)^n = (a^{-k})^{-l} = \left(\frac{1}{a^k}\right)^{-l} = \frac{1}{\left(\frac{1}{a^k}\right)^l} = \frac{1}{\frac{1}{(a^k)^l}} \overset{\text{1. Fall}}{=} \frac{1}{\frac{1}{a^{k \cdot l}}} = a^{k \cdot l} = a^{(-k) \cdot (-l)} = a^{m \cdot n}$$
3. Fall: $m \in \mathbb{Z}^-, n \in \mathbb{Z}^+$ In diesem Fall ist $m = -k$ mit $k \in \mathbb{Z}^+$:
$$(a^m)^n = (a^{-k})^n = \left(\frac{1}{a^k}\right)^n = \frac{1}{(a^k)^n} \overset{\text{1. Fall}}{=} \frac{1}{a^{k \cdot n}} = a^{-(k \cdot n)} = a^{(-k) \cdot n} = a^{m \cdot n}$$
4. Fall: $m \in \mathbb{Z}^+, n \in \mathbb{Z}^-$ In diesem Fall ist $n = -k$ mit $k \in \mathbb{Z}^+$:
$$(a^m)^n = (a^m)^{-k} = \frac{1}{(a^m)^k} \overset{\text{1. Fall}}{=} \frac{1}{a^{m \cdot k}} = a^{-(m \cdot k)} = a^{m \cdot (-k)} = a^{m \cdot n}$$
5. Fall: $m = 0$ In diesem Fall gilt: $(a^m)^n = (a^0)^n = 1^n = 1 = a^0 = a^{0 \cdot n} = a^{m \cdot n}$
6. Fall: $n = 0$ In diesem Fall gilt: $(a^m)^n = (a^m)^0 = 1 = a^0 = a^{m \cdot 0} = a^{m \cdot n}$

**1.71** Wir unterscheiden 3 Fälle:
1. Fall: $n \in \mathbb{Z}^+$ In diesem Fall haben wir die Regel schon bewiesen.
2. Fall: $n \in \mathbb{Z}^-$ In diesem Fall ist $n = -k$ mit $k \in \mathbb{Z}^+$:
$$\left(\frac{a}{b}\right)^n = \left(\frac{a}{b}\right)^{-k} = \frac{1}{\left(\frac{a}{b}\right)^k} \overset{\text{1.Fall}}{=} \frac{1}{\frac{a^k}{b^k}} = \frac{b^k}{a^k} = \frac{\frac{1}{a^k}}{\frac{1}{b^k}} = \frac{a^{-k}}{b^{-k}} = \frac{a^n}{b^n}$$
3. Fall: $n = 0$ In diesem Fall gilt: $\left(\frac{a}{b}\right)^n = \left(\frac{a}{b}\right)^0 = 1 = \frac{1}{1} = \frac{a^0}{b^0} = \frac{a^n}{b^n}$

**1.72** Nein. Mit dieser Definition wäre beispielsweise $3^2 \cdot 3^{-2} = 3^2 \cdot (-3^2) = -81$, während sich nach der Regel (1) in Satz 1 ergeben müsste: $3^2 \cdot 3^{-2} = 3^{2+(-2)} = 3^0 = 1$

**1.73** Etwa $8 \cdot 10^{10}$ Bakterien, die ein Gesamtvolumen von $3{,}35 \cdot 10^{-7}\,m^3 = 335\,mm^3$ haben.

**1.74** −273,1495 °C

**1.75** Es sind $\frac{5 \cdot 10^{-2}}{1001} \approx 4{,}995 \cdot 10^{-5}\,cm^3$ Öl in dem Tropfen der Lösung enthalten (das Volumen von $1001\,cm^3$ Lösung enthält $1\,cm^3$ Öl und $1000\,cm^3$ Weingeist). Die Ölschicht hat eine Dicke von $1{,}59 \cdot 10^{-7}\,cm = 1{,}59 \cdot 10^{-9}\,m$.

**1.77** Wir setzen $\sqrt[n]{\frac{a}{b}} = x$. Dann gilt $x^n = \frac{a}{b} = \frac{(\sqrt[n]{a})^n}{(\sqrt[n]{b})^n} = \left(\frac{\sqrt[n]{a}}{\sqrt[n]{b}}\right)^n$. Daraus folgt: $x = \frac{\sqrt[n]{a}}{\sqrt[n]{b}}$

**1.78** **a)** $x \approx 1{,}933$ **b)** $x \approx 1{,}058$ **c)** $x \approx 0{,}234$ **d)** $x \approx 1{,}005$ **e)** $x \approx 1{,}318$

**1.79** ☐ $\sqrt{16} \cdot \sqrt{4}$ ☒ $(\sqrt[3]{2})^2 \cdot \sqrt[3]{16}$ ☒ $\sqrt[12]{64^4}$ ☒ $(\sqrt{2})^4$ ☒ $\frac{\sqrt{64}}{\sqrt[5]{32}}$

**1.80** **a)** $\sqrt[24]{x^{6 \cdot 3}} = \sqrt[4]{x^3}$ **b)** $\sqrt[5]{r \cdot s} = \sqrt[5]{r} \cdot \sqrt[5]{s}$ **c)** $\sqrt[3]{\sqrt[2]{7}} = \sqrt[6]{7}$ **d)** $(\sqrt[4]{2})^3 = \sqrt[4]{8}$

**1.81** **a)** 4 **b)** 9 **c)** 2 **d)** 2 **e)** 3 **f)** 3

**1.82** **a)** 7 **b)** 2 **c)** 6 **d)** 2 **e)** 20 **f)** 1

**1.83** **a)** 1 **b)** 2 **c)** 2 **d)** 1

**1.84** **a)** 3 **b)** 18 **c)** 128 **d)** −41

**1.85** **a)** 2 **b)** 2 **c)** 3 **d)** 2 **e)** 1 **f)** 2

**1.86** a) $9$ b) $64$ c) $9$ d) $405$ e) $256$ f) $\frac{1}{32}$

**1.87** a) $\sqrt[6]{a}$ b) $\sqrt[20]{x}$ c) $\sqrt[3]{a^2}$ d) $\sqrt[3]{x^2}$ e) $\sqrt[n]{a^{2m}}$ f) $x^8$

**1.88** a) $\sqrt[3]{a}$ b) $\sqrt[6]{b}$ c) $\sqrt[6]{x}$ d) $\sqrt[4]{y}$ e) $\sqrt{u}$ f) $z$

**1.89** a) $a$ b) $x$ c) $x^3y^3$ d) $a^n$ e) $x \cdot y$

**1.90** a) $x$ b) $a^2$ c) $u$ d) $v^3$ e) $2r^2$

**1.91** a) $\sqrt{ab}$ b) $\sqrt[3]{v}$ c) $\frac{x}{y}$ d) $\sqrt[5]{2r^4s}$

**1.92** a) $\sqrt{x}+1$ b) $\sqrt{a}-1$ c) $2\sqrt{b}+1$ d) $\frac{1}{2}\sqrt{s}+1$

**1.93**
☒ $\sqrt{(a+b)^4} = a^2+2ab+b^2$ ☒ $\sqrt[3]{(a-b)^6} = (a-b)(a-b)$ ☒ $\left(\sqrt{(a-b)}\right)^2 = \sqrt[4]{(a-b)^4}$
☐ $\sqrt{\left(\frac{a+b}{a-b}\right)^2} = \frac{a^2+2ab+b^2}{a^2-2ab+b^2}$ ☒ $\left(\sqrt{(a+b)(a-b)}\right)^2 = a^2-b^2$ ☐ $\sqrt{\frac{(a-b)^2}{(a-b)^4}} = (a^2-2ab+b^2)^{-1}$
☒ $\sqrt{\left(\frac{a-b}{a+b}\right)^4} = \frac{a^2-2ab+b^2}{a^2+2ab+b^2}$ ☐ $\sqrt{a^2+b^2} = a+b$ ☐ $\sqrt{25a^4b^9} = 5a^2b^3$
☐ $\left(\sqrt{a^2}\right)^2 = a^4$ ☐ $(\sqrt{a}\cdot\sqrt{b})^2 = a^2\cdot b^2$ ☒ $(\sqrt{z})^2 = \sqrt{z^2}$

**1.95** a) $3\sqrt{2}$ b) $\frac{3}{4}\sqrt{5}$ c) $2\sqrt[3]{3}$ d) $15\cdot\sqrt{2}$ e) $3\sqrt[3]{2}$ f) $2\sqrt[4]{2}$ g) $2\sqrt[5]{4}$

**1.96** a) $b^2\cdot\sqrt{ab}$ b) $4a^2b\cdot\sqrt{2ab}$ c) $a\cdot\sqrt{2a}$ d) $a^2b^2c\cdot\sqrt[3]{bc}$ e) $\sqrt[3]{2x^2y}$ f) $\sqrt[5]{uvw}$

**1.97** a) $3\sqrt{5}$ b) $7\sqrt{2}$ c) $12\sqrt{2}$ d) $10\sqrt{3}$ e) $6\sqrt{3}$ f) $20\sqrt{3}$

**1.98** a) $2\sqrt[3]{3}$ b) $3\sqrt[3]{3}$ c) $4\sqrt[3]{2}$ d) $2\sqrt[4]{4}$ e) $3\sqrt[4]{2}$ f) $2\sqrt[5]{4}$

**1.99** a) $8x\cdot\sqrt{x}$ b) $3u^2\cdot\sqrt[3]{u}$ c) $5u^2v^2\cdot\sqrt[3]{v^2}$ d) $2xz^2\cdot\sqrt[4]{xy}$ e) $\frac{2mn}{k^2}\cdot\sqrt{n}$ f) $\frac{3w^2}{y^3}\cdot\sqrt[3]{3x^2}$

**1.100** a) $x^4\cdot\sqrt{y}$ b) $x^2\cdot\sqrt[3]{x^2y}$ c) $x^2y\cdot\sqrt{x}$ d) $xy\cdot\sqrt[3]{y^2}$ e) $xy^2\cdot\sqrt[4]{x^3y^2}$ f) $2xy$

**1.101** a) $uv^2\cdot\sqrt{u}$ d) $x^2y\cdot\sqrt[4]{x^3y^2}$ g) $x\cdot\sqrt{y}$ j) $\frac{v^2}{3}\cdot\sqrt[4]{u^2v^3}$
b) $a^2b^2$ e) $z$ h) $2n\cdot\sqrt[3]{mn}$ k) $\frac{6r}{5}$
c) $\sqrt{v}$ f) $1$ i) $t\cdot\sqrt{2s}$ l) $2$

**1.102** a) $\sqrt[3]{3}$ b) $\sqrt[3]{16} = 2\sqrt[3]{2}$ c) $5\sqrt[10]{5}$ d) $9\sqrt[6]{9}$

**1.103** a) $a\cdot\sqrt{3}$ c) $a\cdot\sqrt{2}$ e) $a\cdot\sqrt{3}$ g) $2a^2\cdot\sqrt{3}$
b) $a^2\cdot\sqrt{3}$ d) $\frac{s}{3}\cdot\sqrt{10}$ f) $a\cdot\sqrt{7}$

**1.105** a) $\sqrt[3]{a^2b^4}$ c) $\sqrt[4]{a^6b^5c^6}$ e) $\sqrt[3]{a^2b}$ g) $\sqrt{\frac{2}{9a}}$
b) $\sqrt[5]{a^{11}b^7c^{10}}$ d) $\sqrt{\frac{a}{b}}$ f) $\sqrt[3]{\frac{a}{b}}$ h) $\sqrt[3]{\frac{a^5}{4}}$

**1.106** a) $\sqrt[4]{8}$ c) $\sqrt[6]{576}$ e) $\sqrt[6]{72}$ g) $\sqrt[8]{2187}$
b) $\sqrt[6]{135}$ d) $\sqrt[10]{125}$ f) $\sqrt[8]{24}$ h) $\sqrt[6]{216}$

**1.107** a) $\sqrt[4]{x^3}$ b) $\sqrt[6]{y^3}$ c) $\sqrt[9]{z^4}$ d) $\sqrt[8]{u^3}$ e) $\sqrt{2v^5}$ f) $\sqrt[6]{w^5}$

**1.108** a) $\sqrt{x}$ b) $\sqrt[3]{x^2}$ c) $\sqrt[4]{x^3}$ d) $\sqrt{x}$ e) $\sqrt{\frac{1}{x^3}}$

**1.109** a) $\sqrt[3]{b}$ b) $\sqrt{r}$ c) $\sqrt[n]{(x+y)^{n-1}}$ d) $\sqrt{a+1}$ e) $(u+v)\cdot\sqrt{u+v}$

**1.111** a) $\frac{xy}{7}\cdot\sqrt{7}$ b) $\frac{\sqrt[3]{3}}{3v}$ c) $\frac{\sqrt{15}-5}{5} = \frac{\sqrt{15}}{5}-1$ d) $\frac{\sqrt{10a}}{2b}$

**1.112** a) $2\cdot\sqrt{x+y}$ b) $\sqrt{u-v}$ c) $\sqrt{a^2+b^2}$ d) $\frac{\sqrt{w^2-z^2}}{w+z}$

**1.113** a) $(a+b)\cdot(\sqrt{2}-1)$ c) $\frac{3-\sqrt{3}}{6}$ e) $a\cdot(\sqrt{3}-\sqrt{2})$ g) $\frac{1+\sqrt{5}}{4}$
b) $-\frac{x\cdot(1+\sqrt{3})}{2}$ d) $\sqrt{2}-1$ f) $\frac{2\cdot(\sqrt{a}-2\sqrt{b})}{a-4b}$ h) $-\frac{1+\sqrt{2}}{2}$

**1.115** a) $20\sqrt[6]{5}$ b) $4\sqrt[6]{2}$ c) $16\sqrt[12]{2}$ d) $a\cdot\sqrt[6]{a}$

**1.116** a) $\sqrt[6]{243}$ b) $2\sqrt[6]{2}$ c) $\sqrt[12]{3}$ d) $\frac{1}{\sqrt[6]{10}}$ e) $3\sqrt[12]{3}$ f) $\frac{\sqrt[6]{1944}}{2}$

**1.117** $a=\sqrt{A},\ u=4\sqrt{A}$

**1.118** $a=\sqrt[3]{V},\ O=6\sqrt[3]{V^2}$

**1.119** $r=\sqrt{\frac{A}{\pi}},\ u=2\sqrt{A\pi}$

**1.120** $a=2\sqrt[4]{\frac{A^2}{3}},\ u=6\cdot\sqrt[4]{\frac{A^2}{3}}$

**1.121** $a=\sqrt{\frac{O}{6}},\ V=\sqrt{\frac{O^3}{216}}=\frac{O}{6}\cdot\sqrt{\frac{O}{6}}$

**1.122** $O_2:O_1=4:1$

**1.123** $V_2:V_1=2\sqrt{2}:1$

**1.124** $r=\sqrt[3]{\frac{2V}{\pi^2}},\ h=\sqrt[3]{\frac{V\pi}{4}}$

**1.125** $r=\sqrt[3]{\frac{V}{\pi}},\ h=\sqrt[3]{\frac{V}{\pi}}$

**1.126** $r=\sqrt[3]{\frac{V}{\pi}},\ s=\sqrt{10}\cdot\sqrt[3]{\frac{V}{\pi}},\ h=3\sqrt[3]{\frac{V}{\pi}},\ O=\sqrt[3]{V^2\pi}\cdot(1+\sqrt{10})$

**1.127** $O=3\cdot\sqrt[3]{2V^2\pi}$

**1.128** $O=3\cdot\sqrt[3]{3V^2\cdot\pi}$

**1.130** a) $x=5$ b) für kein $x\in\mathbb{R}$ c) $x=\frac{16}{3}$ d) $x=8$ e) $x=4$ f) für kein $x\in\mathbb{R}$

**1.131** a) für kein $a\in\mathbb{R}$ d) $a=4$ g) $a=3$

b) $a=11$ e) $a=2$ h) $a=\frac{5}{2}$

c) $a=25$ f) $a=100$ i) $a=\frac{7}{2}$

**1.132** a) $x=6$ b) $x=1$ c) $x=1$ d) $x=-\frac{20}{9}$ e) $x=2$ f) $x=6$

**1.133** a) $2^{\frac{1}{3}}$ c) $2^{\frac{7}{3}}$ e) $a^{\frac{3}{4}}$ g) $7^{\frac{5}{k}}$ i) $x^{\frac{1}{2}}$

b) $5^{\frac{1}{4}}$ d) $2^{\frac{3}{7}}$ f) $5^{\frac{m}{3}}$ h) $2^{\frac{n}{n+1}}$ j) $a^{\frac{1}{2}}$

**1.134**

| | $\mathbb{N}$ | $\mathbb{Z}$ | $\mathbb{Q}$ | $\mathbb{R}$ |
|---|---|---|---|---|
| $\sqrt{3}$ | | | | x |
| $(\sqrt{2})^2$ | x | x | x | x |
| $4\cdot\sqrt[3]{8}$ | x | x | x | x |
| $9^{\frac{1}{2}}$ | x | x | x | x |
| $-\sqrt[3]{125}$ | | x | x | x |
| $\sqrt[6]{0{,}5^6}$ | | | x | x |

**1.135** a) $a^{-\frac{1}{3}}$ b) $a^{-\frac{1}{2}}$ c) $a^{-\frac{2}{3}}$ d) $a^{\frac{3}{16}}$ e) $a^{\frac{3}{2}}$ f) $a^{-\frac{1}{2}}$

**1.136** a) $x^{-\frac{1}{2}}$ b) $x^{-\frac{2}{3}}$ c) $(x-y)^{-\frac{1}{4}}$ d) $(x-y)^{\frac{1}{4}}$ e) $(xy)^{-\frac{1}{5}}$ f) $(xy)^{\frac{1}{5}}$

**1.137** a) 2 b) 4 c) 5 d) $\frac{1}{4}$ e) $\frac{1}{3}$

**1.138** a) 25 b) 9 c) $\frac{1}{2}$ d) 10 e) $\frac{1}{5}$ f) 0,1

**1.139** a) 9 b) 256 c) $\frac{1}{3}$ d) 4 e) 0,125 f) 1

**1.140** a) $\sqrt[5]{7}$  b) $\sqrt[5]{a^3}$  c) $\frac{1}{\sqrt[n]{x}}$  d) $3\sqrt[3]{a}$  e) $\frac{1}{\sqrt[3]{a-b}}$  f) $\frac{3}{\sqrt[5]{a^2}}$  g) $\sqrt[4]{8x^3}$  h) $\frac{1}{\sqrt[5]{x}}$

**1.141** a) $(ab)^{\frac{1}{3}}$  c) $a^{\frac{1}{3}}+b^{\frac{1}{3}}$  e) $3^{\frac{m}{3}}\cdot a^{\frac{5}{k}}$  g) $(x^2+xy+y^2)^{\frac{1}{3}}=((x+y)^2-xy)^{\frac{1}{3}}$
b) $(a+b)^{\frac{1}{4}}$  d) $(x+y)^{\frac{3}{4}}$  f) $(2x)^{\frac{n}{n+1}}$  h) $x^{\frac{2}{3}}+(xy)^{\frac{1}{3}}+y^{\frac{2}{3}}$

**1.142** a) $b^2\cdot\sqrt[6]{5^5a}$  c) $\frac{11v^2}{u}$  e) $\frac{5}{y^2}\cdot\sqrt[12]{x^5}$  g) $2\cdot\sqrt[5]{2^4}\cdot\sqrt[6]{\frac{b}{a}}$  i) $\frac{r^3}{t^4}\cdot s\cdot\sqrt{s}$
b) $\sqrt[3]{\frac{x}{4}}\cdot\frac{1}{\sqrt{y^5}}$  d) $a^2\cdot\sqrt[9]{5b^5}$  f) $\sqrt{7}\cdot\sqrt[4]{\frac{n}{m}}$  h) $\frac{100x}{y}\cdot\sqrt{\frac{x}{y}}$

**1.143** a) $1$  c) $\frac{1}{c\cdot\sqrt{c}}$  e) $a^2b^2$  g) $\frac{\sqrt[3]{v^2}}{u^2}$  i) $1$
b) $b\cdot\sqrt[5]{b}$  d) $\sqrt[4]{c^3}$  f) $\frac{1}{rs}$  h) $\frac{1}{\sqrt[6]{n}}$

**1.144** a) $2a^{\frac{7}{6}}+a^{\frac{2}{3}}b^{\frac{1}{3}}-2a^{\frac{1}{2}}b^{\frac{1}{2}}-b^{\frac{5}{6}}$  c) $4u^{\frac{8}{3}}-4u^{\frac{4}{3}}v^{\frac{1}{2}}+v$  e) $4a^{\frac{11}{12}}b^{\frac{1}{3}}-4\cdot a^{\frac{1}{4}}b^{\frac{5}{6}}$
b) $x^{\frac{3}{2}}-xy^{\frac{1}{2}}-yx^{\frac{1}{2}}+y^{\frac{3}{2}}$  d) $r^{-\frac{5}{2}}s^2+2\cdot r^{-\frac{5}{4}}\cdot s^{-1}+s^{-4}$  f) $x$

**1.145** a) $2^{\frac{2n^2+3n+3}{2n^2+2n}}$  c) $a\cdot\left(\frac{2}{b}\right)^{\frac{n}{n+1}}$  e) $2^{\frac{1}{3}}a^{\frac{10}{3}}b^{\frac{25}{12}}$  g) $u^{\frac{1}{10}}v^{-\frac{3}{10}}$
b) $a^{\frac{7}{6}}b^{\frac{4}{3}}$  d) $u^{-\frac{1}{6}}v^{\frac{2}{3}}$  f) $x^{\frac{5}{18}}y^{\frac{2}{9}}$  h) $x^{\frac{10}{9}}y^{\frac{5}{9}}$

**1.146**
- ☐ Für alle $a\in\mathbb{R}$ und alle $n\in\mathbb{N}$ gilt: $a^{\frac{1}{n}}=\sqrt[n]{a}$
- ☐ Für alle $a\in\mathbb{R}^+$ und alle $p, q\in\mathbb{N}^*$ gilt: $a^{\frac{p}{q}}\cdot a^{\frac{q}{p}}=a$
- ☐ Für alle $a\in\mathbb{R}^+$ und alle $p, q\in\mathbb{N}^*$ gilt: $\left(a^{\frac{p}{q}}\right)^2=a^{\frac{2p}{2q}}$
- ☐ Für alle $a\in\mathbb{R}^+$ und alle $p, q\in\mathbb{N}^*$ gilt: $a^{\frac{p}{q}}\in\mathbb{Q}$
- ☐ $a^{\frac{6}{4}}\neq a^{\frac{3}{2}}$
- ☒ $\frac{1}{a^{-\frac{1}{2}}b^{-\frac{1}{2}}}=\sqrt{a\cdot b}$
- ☒ $\frac{1}{a^{-0,5}b^{0,5}}=x \Leftrightarrow x=\left(\frac{a}{b}\right)^{0,5}$
- ☒ $\sqrt[3]{a^{\frac{3}{4}}}=\sqrt[4]{a}$

**1.147** $\frac{a^r}{a^s}=\frac{a^{\frac{m}{n}}}{a^{\frac{k}{l}}}=\frac{a^{\frac{lm}{ln}}}{a^{\frac{kn}{ln}}}=\frac{\sqrt[ln]{a^{\frac{lm}{ln}}}}{\sqrt[ln]{a^{kn}}}=\sqrt[ln]{\frac{a^{lm}}{a^{kn}}}=\sqrt[ln]{a^{lm-kn}}=a^{\frac{lm-kn}{ln}}=a^{\frac{m}{n}-\frac{k}{l}}=a^{r-s}$

**1.148** $\left(\frac{a}{b}\right)^r=\left(\frac{a}{b}\right)^{\frac{m}{n}}=\sqrt[n]{\left(\frac{a}{b}\right)^m}=\sqrt[n]{\frac{a^m}{b^m}}=\frac{\sqrt[n]{a^m}}{\sqrt[n]{b^m}}=\frac{a^{\frac{m}{n}}}{b^{\frac{m}{n}}}=\frac{a^r}{b^r}$

**1.149**
$1,7<\sqrt{3}<1,8 \Rightarrow 3^{1,7}<3^{\sqrt{3}}<3^{1,8} \Rightarrow 6,4730<3^{\sqrt{3}}<7,2247$
$1,73<\sqrt{3}<1,74 \Rightarrow 3^{1,73}<3^{\sqrt{3}}<3^{1,74} \Rightarrow 6,6899<3^{\sqrt{3}}<6,7639$
$1,732<\sqrt{3}<1,733 \Rightarrow 3^{1,732}<3^{\sqrt{3}}<3^{1,733} \Rightarrow 6,7046<3^{\sqrt{3}}<6,7120$
$1,7320<\sqrt{3}<1,7321 \Rightarrow 3^{1,7320}<3^{\sqrt{3}}<3^{1,7321} \Rightarrow 6,7046<3^{\sqrt{3}}<6,7054$
$3^{\sqrt{3}}=6,70\ldots$

**1.152** a) 2  b) 3  c) 2  d) 3  e) 2

**1.153** a) −1  b) −2  c) −3  d) −4  e) −4

**1.154** a) $\frac{1}{2}$  b) $\frac{1}{3}$  c) $-\frac{1}{2}$  d) $-\frac{1}{3}$  e) $\frac{2}{3}$

**1.155** a) 3  b) $-\frac{1}{3}$  c) 1  d) $-\frac{3}{2}$  e) −4

**1.156** a) ${}^{3}\log 9=2$  b) ${}^{4}\log 64=3$  c) ${}^{5}\log 0,04=-2$  d) ${}^{10}\log 0,001=-3$  e) ${}^{a}\log s=r$

**1.157** a) $3^4=81$  b) $10^{-2}=0,01$  c) $5^3=125$  d) $2^{-2}=0,25$  e) $u^w=v$

**1.158** a) 1  b) 2  c) −1  d) $-\frac{1}{2}$  e) $\frac{1}{3}$

**1.159** a) x  b) b  c) 0  d) $\frac{a}{3}$  e) x  f) 4

**1.160** a) 6  b) 3  c) 4  d) 10  e) 2

**1.161** a) 32  b) 0,001  c) 3  d) $2^{\sqrt{3}}$

**1.162** a) ${}^{a}\log\frac{u\cdot v}{w}$  b) ${}^{a}\log\frac{x}{y^3}$  c) ${}^{a}\log\frac{p^2\cdot q^3}{r^4}$

**1.163** a) $2$ b) $1$ c) $y$ d) $^{a}\log x$ e) $-x$ f) $2 \cdot {}^{a}\log x$ g) $-{}^{10}\log \frac{1}{a}$ h) $^{10}\log(a \cdot b \cdot x)$ i) $^{10}\log x$ j) $2$ k) $^{10}\log u$ l) $^{10}\log(x-y)$

**1.164** $k = -{}^{10}\log a$, für $a = 0{,}00000001$ ergibt sich $k = 8$.

**1.166** a) $x \approx 1{,}771$ b) $x \approx 0{,}475$ c) $x \approx 3{,}907$ d) $x \approx -0{,}732$ e) $x \approx 1{,}365$ f) $x \approx 2{,}312$ g) $x \approx 1{,}230$ h) $x \approx -0{,}589$ i) $x \approx 0{,}958$ j) $x \approx -0{,}126$

**1.167** a) $x = \frac{^{10}\log a}{c \cdot {}^{10}\log b}$

b) $x = \frac{2 \cdot {}^{10}\log n}{^{10}\log(8m)} + 1$

c) $x = \frac{1}{2} \cdot \left(\frac{^{10}\log a - {}^{10}\log b}{^{10}\log u} - 1\right)$

d) $x = \sqrt{\frac{^{10}\log(a + b^2 \cdot c^3)}{^{10}\log z}}$

e) $x = 7 - \frac{^{10}\log m + {}^{10}\log n}{^{10}\log k}$

f) $x = \frac{^{10}\log K - {}^{10}\log K_0}{^{10}\log r}$

g) $x = \frac{^{10}\log a - 2\,{}^{10}\log c - {}^{10}\log d}{2 \cdot {}^{10}\log b}$

h) $x = \frac{^{10}\log N - {}^{10}\log N_0}{2 \cdot {}^{10}\log b}$

i) $x = \frac{^{10}\log b - {}^{10}\log c}{2 \cdot {}^{10}\log(a+1)}$

j) $x = -\frac{^{10}\log\left(1 - \frac{A}{R}\right)}{^{10}\log a}$

**1.168** ☒ ☐ ☐
☐ ☒ ☐

**1.169** a) $\approx 0{,}693$ b) $\approx 2{,}303$ c) $\approx -2{,}303$ d) $\approx -0{,}693$

**1.170** a) $1$ b) $2$ c) $8{,}5$ d) $-1$ e) $-2$ f) $0$ g) $0$ h) $x$

**1.172** a) $\approx 2{,}161$ b) $\approx 1{,}048$ c) $\approx 1{,}232$ d) $\approx 4{,}907$

**1.173** a) $\frac{^{2}\log x}{^{3}\log x} = \frac{^{2}\log x}{\frac{^{2}\log x}{^{2}\log 3}} = {}^{2}\log 3$ (hängt nicht von x ab)

b) $\frac{^{a}\log x}{^{b}\log x} = \frac{^{a}\log x}{\frac{^{a}\log x}{^{a}\log b}} = {}^{a}\log b$ (hängt nicht von x ab)

c) $\frac{^{2}\log x}{^{10}\log x} = \frac{^{2}\log x}{\frac{^{2}\log x}{^{2}\log 10}} = {}^{2}\log 10$ (hängt nicht von x ab)

**1.174** a) $a^k = \underbrace{a \cdot a \cdot \ldots \cdot a}_{k\text{ Faktoren}}$ $(a \in \mathbb{R})$

b) $a^k = \begin{cases} a \cdot a \cdot \ldots \cdot a & \text{falls } k > 0 \\ 1 & \text{falls } k = 0 \\ \frac{1}{a^{-k}} & \text{falls } k < 0 \end{cases}$ $(a \in \mathbb{R}^*)$

c) $a^k = a^{\frac{n}{m}} = \sqrt[m]{a^n}$ $(a \in \mathbb{R}^+)$

d) $a^k$ ist jene Zahl, die zwischen allen Zahlen $a^x$ mit rationalem $x < k$ und allen Zahlen $a^y$ mit rationalem $y > k$ liegt $(a \in \mathbb{R}^+)$.

**1.175** Siehe Seiten 7, 10, 11, 24, 25 und 27!

**1.176** Siehe Seite 16!

**1.177** Siehe Seite 17!

**1.178** ZB $\sqrt{125} = \sqrt{25 \cdot 5} = \sqrt{5^2 \cdot 5} = \sqrt{5^2} \cdot \sqrt{5} = 5 \cdot \sqrt{5}$

**1.179** a) zB $2 \cdot \sqrt[3]{x} = \sqrt[3]{2^3 \cdot x}$

b) zB $\frac{1}{\sqrt{x+1}} = \frac{1}{\sqrt{x+1}} \cdot \frac{\sqrt{x+1}}{\sqrt{x+1}} = \frac{\sqrt{x+1}}{\sqrt{x+1} \cdot \sqrt{x+1}} = \frac{\sqrt{x+1}}{x+1}$

**1.180** $^{a}\log b$ ist jene Hochzahl, mit der man a potenzieren muss, um b zu erhalten. Für a und b kommen positive reelle Werte mit $a \neq 1$ in Frage. Wäre $a = 1$, müsste man jene Hochzahl suchen, mit der man 1 potenzieren muss, um b zu erhalten. Man müsste also die Gleichung $1^r = b$ nach r auflösen. Für $b = 1$ wäre jede reelle Zahl r eine Lösung, für $b \neq 1$ gäbe es keine Lösung. Beides hätte keinen Sinn.

**1.181** Siehe Seite 29!

**1.182** $a^x = b$ sei gegeben. Man logarithmiert die Gleichung (dh. man geht auf beiden Seiten zum Logarithmus über). Dann erhält man: $a^x = b \Rightarrow {}^{10}\log a^x = {}^{10}\log b \Rightarrow x \cdot {}^{10}\log a = {}^{10}\log b \Rightarrow x = \frac{{}^{10}\log b}{{}^{10}\log a}$

**1.184** Richtig sind die Aussagen 2, 3 und 4.

**1.185** **a)** $(x + y) \cdot (x - y)$ **b)** $a^3 \cdot (8 - a^3)$ **c)** $(y^3 - x^3) \cdot (y^3 + x^3)$ **d)** $a^{n+1} \cdot (a^{n+1} - 1)$

**1.186** **a)** $x^4 - 2x^2y^3 + y^6$ **b)** $a^2b^4 + 2ab^2c^4 + c^8$ **c)** $a^{2n} + a^{2-2n} + 2a$ **d)** $\frac{a^{2n-2}}{b^2} - \frac{2b}{a^2} + \frac{b^4}{a^{2n+2}}$

**1.187** **a)**

| | |
|---|---|
| $(3x)^2 + 4x^2$ | $13x^2$ |
| $(a + b)^2 - 2ab$ | $a^2 + b^2$ |
| $r \cdot s^{m+3} : (s^m \cdot s^2)$ | $rs$ |
| $3k^4 - (k^3 + 2k^2) \cdot k$ | $2k^4 - 2k^3$ |

**b)**

| | |
|---|---|
| $(a + 2b) \cdot (a - 2b)$ | $a^2 - 4b^2$ |
| $(x^2 + y^2) : x^2$ | $1 + (y \cdot x^{-1})^2$ |
| $(-5)^2 \cdot 5$ | $125$ |
| $a^2 \cdot (a - b) + a^2 \cdot (b + 1)$ | $a^3 + a^2$ |

**1.188** **a)** $2 \cdot 10^{-10}$ s **b)** 99 % **c)** 0,0775 ‰; Flugdauer ca. 2 489 Tage, dh. ca. 6,8 Jahre

**1.189** ca. 761 Jahre zu je 365 Tagen

**1.190** **a)** $a\sqrt{a}$ **b)** $\sqrt[n]{a^{n-1}}$ **c)** $\frac{1}{2} + \sqrt{c}$ **d)** $1 + \sqrt[3]{a} + \sqrt[3]{a^2}$

**1.191** **a)** $2a^2 \cdot \sqrt[3]{4a}$ **b)** $2a \cdot \sqrt[12]{2a}$ **c)** $\frac{a}{5} \cdot \sqrt{2}$ **d)** $a \cdot \sqrt[6]{\frac{2ab}{3}}$

**1.192** **a)** $x^2 \cdot \sqrt{3}$ **b)** $\frac{a}{b}$ **c)** $\frac{(a - b)\sqrt{a^2 - b^2}}{a + b}$ **d)** $\frac{k \cdot \sqrt[3]{m^2}}{m}$

**1.193** **a)** $a^{\frac{17}{12}}$ **b)** $a^{-\frac{1}{10}}$ **c)** $a^{\frac{6}{5}}$ **d)** $a^{\frac{1}{3}}$

**1.194** **a)** $a^{-\frac{32}{15}}$ **b)** $b^{\frac{5}{6}}$ **c)** $c^{-\frac{3}{2}}$ **d)** $d^{\frac{15}{8}}$

**1.195** **a)** $x = 4$ **b)** $x = \sqrt[4]{2}$ **c)** $x = a^2$ **d)** $x = \sqrt[b]{a}$

**1.196** **a)** $x = 2$ **b)** $x \approx 1{,}262$ **c)** $x = -5$ **d)** $x = -3$

**1.197**
☐ ☐ ☒ ☐
☒ ☐ ☐ ☒

**1.198** $\left(\frac{7}{8}\right)^4 = \left(\frac{8}{7}\right)^x \Leftrightarrow \frac{7^4}{8^4} = \frac{8^x}{7^x} \Leftrightarrow 7^4 \cdot 7^x = 8^x \cdot 8^4 \Leftrightarrow 7^{4+x} = 8^{4+x} \overset{\text{Fehler!}}{\Leftrightarrow} 7 = 8$
Der Fehler steckt im letzten Schritt. Die Gleichung $7^{4+x} = 8^{4+x}$ ist nur für $x = -4$ erfüllt, dh. es ist $4 + x = 0$. Aus $7^0 = 8^0$ kann jedoch nicht $7 = 8$ geschlossen werden.

## 2 Ungleichungen

**2.02** a) $L=\left\{x\in\mathbb{R}\,\middle|\,x<\frac{7}{6}\right\}=\left]-\infty;\frac{7}{6}\right[$

b) $L=\{x\in\mathbb{R}\mid x>0\}=\mathbb{R}^+$

c) $L=\left\{x\in\mathbb{R}\,\middle|\,x<\frac{13}{6}\right\}=\left]-\infty;\frac{13}{6}\right[$

d) $L=\left\{x\in\mathbb{R}\,\middle|\,x<-\frac{11}{8}\right\}=\left]-\infty;-\frac{11}{8}\right[$

e) $L=\left\{x\in\mathbb{R}\,\middle|\,x<\frac{1}{6}\right\}=\left]-\infty;\frac{1}{6}\right[$

f) $L=\left\{x\in\mathbb{R}\,\middle|\,x\geq\frac{13}{25}\right\}=\left[\frac{13}{25};\infty\right[$

**2.04** a) $L=\left\{x\in\mathbb{R}\,\middle|\,\frac{1}{3}\leq x<\frac{8}{3}\right\}=\left[\frac{1}{3};\frac{8}{3}\right[$

b) $L=\{x\in\mathbb{R}\mid -1\leq x<2\}=[-1;2[$

c) $L=\{x\in\mathbb{R}\mid 1\leq x\leq 2\}=[1;2]$

d) $L=\left\{x\in\mathbb{R}\,\middle|\,\frac{7}{6}\leq x<\frac{7}{3}\right\}=\left[\frac{7}{6};\frac{7}{3}\right[$

e) $L=\varnothing$

f) $L=\left\{x\in\mathbb{R}\,\middle|\,-\frac{2}{3}\leq x<\frac{11}{3}\right\}=\left[-\frac{2}{3};\frac{11}{3}\right[$

g) $L=\left\{x\in\mathbb{R}\,\middle|\,-\frac{1}{3}<x\leq 0\right\}=\left]-\frac{1}{3};0\right]$

h) $L=\left\{x\in\mathbb{R}\,\middle|\,-\frac{27}{5}\leq x\leq-\frac{17}{5}\right\}=\left[-\frac{27}{5};-\frac{17}{5}\right]$

i) $L=\left\{x\in\mathbb{R}\,\middle|\,\frac{2}{5}\leq x\leq\frac{3}{5}\right\}=\left[\frac{2}{5};\frac{3}{5}\right]$

**2.05** a) $L=\{x\in\mathbb{R}\mid x>3\}=]3;\infty[$  b) $L=\left\{x\in\mathbb{R}\,\middle|\,\frac{6}{7}<x<3\right\}=\left]\frac{6}{7};3\right[$  c) $L=\left\{x\in\mathbb{R}\,\middle|\,\frac{11}{8}<x<\frac{11}{7}\right\}=\left]\frac{11}{8};\frac{11}{7}\right[$

**2.06** a) $L=\{x\in\mathbb{R}\mid 1\leq x\leq 3\}=[1;3]$

b) $L=\{x\in\mathbb{R}\mid 16\leq x\leq 40\}=[16;40]$

c) $L=\left\{x\in\mathbb{R}\,\middle|\,x\leq\frac{1}{4}\right\}=\left]-\infty;\frac{1}{4}\right]$

d) $L=\{x\in\mathbb{R}\mid -14<x<6\}=]-14;6[$

e) $L=\left\{x\in\mathbb{R}\,\middle|\,-\frac{9}{2}\leq x\leq\frac{3}{2}\right\}=\left[-\frac{9}{2};\frac{3}{2}\right]$

f) $L=\{x\in\mathbb{R}\mid x\leq 36\}=]-\infty;36]$

g) $L=\{x\in\mathbb{R}\mid 0\leq x\leq 4\}=[0;4]$

h) $L=\{x\in\mathbb{R}\mid -8<x<4\}=]-8;4[$

i) $L=\left\{x\in\mathbb{R}\,\middle|\,x>\frac{1}{18}\right\}=\left]\frac{1}{18};\infty\right[$

j) $L=\{x\in\mathbb{R}\mid 14<x\leq 91\}=]14;91]$

k) $L=\{x\in\mathbb{R}\mid x\leq 0\}=\mathbb{R}_0^-$

l) $L=\left\{x\in\mathbb{R}\,\middle|\,x<\frac{11}{45}\right\}=\left]-\infty;\frac{11}{45}\right[$

**2.08** Veranschauliche die Lösungsmengen auf der Zahlengeraden selbst!

a) $L=\{x\in\mathbb{R}\mid x<-2\ \vee\ x\geq 2\}=]-\infty;-2[\,\cup\,[2;\infty[$

b) $L=\left\{x\in\mathbb{R}\,\middle|\,x<-2\ \vee\ x>\frac{3}{2}\right\}=]-\infty;-2[\,\cup\left]\frac{3}{2};\infty\right[$

c) $L=\left\{x\in\mathbb{R}\,\middle|\,\frac{4}{5}\leq x<1\right\}=\left[\frac{4}{5};1\right[$

d) $L=\left\{x\in\mathbb{R}\,\middle|\,x<-\frac{1}{2}\ \vee\ x>0\right\}=\left]-\infty;-\frac{1}{2}\right[\cup\,]0;\infty[$

e) $L=\left\{x\in\mathbb{R}\,\middle|\,\frac{2}{3}\leq x<3\right\}=\left[\frac{2}{3};3\right[$

f) $L=\{x\in\mathbb{R}\mid x<3\ \vee\ x>5\}=]-\infty;3[\,\cup\,]5;\infty[$

g) $L=\{x\in\mathbb{R}\mid x<0\ \vee\ x>1\}=]-\infty;0[\,\cup\,]1;\infty[$

h) $L=\{x\in\mathbb{R}\mid x<0\ \vee\ x>1\}=]-\infty;0[\,\cup\,]1;\infty[$

i) $L=\left\{x\in\mathbb{R}\,\middle|\,x<0\ \vee\ x>\frac{16}{5}\right\}=]-\infty;0[\,\cup\left]\frac{16}{5};\infty\right[$

j) $L=\left\{x\in\mathbb{R}\,\middle|\,x<\frac{16}{17}\ \vee\ x>1\right\}=\left]-\infty;\frac{16}{17}\right[\cup\,]1;\infty[$

**2.09** a) $L=\left\{x\in\mathbb{R}\,\middle|\,x<0\ \vee\ x>\frac{1}{5}\right\}=]-\infty;0[\,\cup\left]\frac{1}{5};\infty\right[$

b) $L=\{x\in\mathbb{R}\mid x<0\ \vee\ x>2\}=]-\infty;0[\,\cup\,]2;\infty[$

c) $L=\left\{x\in\mathbb{R}\,\middle|\,0<x\leq\frac{1}{8}\right\}=\left]0;\frac{1}{8}\right]$

d) $L=\left\{x\in\mathbb{R}\,\middle|\,x<0\ \vee\ x\geq\frac{3}{10}\right\}=]-\infty;0[\,\cup\left[\frac{3}{10};\infty\right[$

e) $L=\left\{x\in\mathbb{R}\,\middle|\,0<x<\frac{1}{6}\right\}=\left]0;\frac{1}{6}\right[$

f) $L=\left\{x\in\mathbb{R}\,\middle|\,x\leq-\frac{2}{3}\ \vee\ x>0\right\}=\left]-\infty;-\frac{2}{3}\right]\cup\,]0;\infty[$

g) $L=\{x\in\mathbb{R}\mid x<0\ \vee\ x\geq 1\}=]-\infty;0[\,\cup\,[1;\infty[$

h) $L=\left\{x\in\mathbb{R}\,\middle|\,-\frac{2}{5}<x<0\right\}=\left]-\frac{2}{5};0\right[$

i) $L=\varnothing$

j) $L=\left\{x\in\mathbb{R}\,\middle|\,0<x<\frac{2}{5}\right\}=\left]0;\frac{2}{5}\right[$

**2.11** a) $L=\{x\in\mathbb{R}\mid x<5\ \vee\ x>9\}=]-\infty;5[\,\cup\,]9;\infty[$

b) $L=\{x\in\mathbb{R}\mid 4\leq x\leq 6\}=[4;6]$

c) $L=\{x\in\mathbb{R}\mid -7<x<-1\}=]-7;-1[$

d) $L=\left\{x\in\mathbb{R}\,\middle|\,-2<x<\frac{22}{3}\right\}=\left]-2;\frac{22}{3}\right[$

e) $L=\{x\in\mathbb{R}\mid x\leq 1\ \vee\ x\geq 5\}=]-\infty;1]\cup[5;\infty[$

f) $L=\varnothing$

g) $L=\{x\in\mathbb{R}\mid x\leq-16\ \vee\ x\geq 4\}=]-\infty;-16]\cup[-4;\infty[$

h) $L=\varnothing$

**2.12** **a)** $|x-4|<5$; $L=\{x\in\mathbb{R}\,|\,-1<x<9\}=]-1;9[$
**b)** $|x-(-1)|>10$; $L=\{x\in\mathbb{R}\,|\,x<-11 \vee x>9\}=]-\infty;-11[\cup]9;\infty[$

**2.14** **a)** 1. Fall: $a>0$: $L=\left\{x\in\mathbb{R}\,\middle|\,x<\frac{2}{a}-1\right\}=\left]-\infty;\frac{2}{a}-1\right[$
2. Fall: $a<0$: $L=\left\{x\in\mathbb{R}\,\middle|\,x>\frac{2}{a}-1\right\}=\left]\frac{2}{a}-1;\infty\right[$ 3. Fall: $a=0$: $L=\mathbb{R}$

**b)** 1. Fall: $b>0$: $L=\left\{x\in\mathbb{R}\,\middle|\,x\geq\frac{1}{b}-1\right\}=\left[\frac{1}{b}-1;\infty\right[$
2. Fall: $b<0$: $L=\left\{x\in\mathbb{R}\,\middle|\,x\leq\frac{1}{b}-1\right\}=\left]-\infty;\frac{1}{b}-1\right]$ 3. Fall: $b=0$: $L=\emptyset$

**c)** 1. Fall: $a>-2$: $L=\left\{x\in\mathbb{R}\,\middle|\,x<\frac{2}{a+2}\right\}=\left]-\infty;\frac{2}{a+2}\right[$
2. Fall: $a<-2$: $L=\left\{x\in\mathbb{R}\,\middle|\,x>\frac{2}{a+2}\right\}=\left]\frac{2}{a+2};\infty\right[$ 3. Fall: $a=-2$: $L=\mathbb{R}$

**d)** 1. Fall: $b>-2$: $L=\left\{x\in\mathbb{R}\,\middle|\,x<\frac{6}{b+2}\right\}=\left]-\infty;\frac{6}{b+2}\right[$
2. Fall: $b<-2$: $L=\left\{x\in\mathbb{R}\,\middle|\,x>\frac{6}{b+2}\right\}=\left]\frac{6}{b+2};\infty\right[$ 3. Fall: $b=-2$: $L=\mathbb{R}$

**e)** 1. Fall: $r>0$: $L=\left\{x\in\mathbb{R}\,\middle|\,x>\frac{7}{r}+1\right\}=\left]\frac{7}{r}+1;\infty\right[$
2. Fall: $r<0$: $L=\left\{x\in\mathbb{R}\,\middle|\,x<\frac{7}{r}+1\right\}=\left]-\infty;\frac{7}{r}+1\right[$ 3. Fall: $r=0$: $L=\emptyset$

**f)** 1. Fall: $s>0$: $L=\left\{x\in\mathbb{R}\,\middle|\,x<\frac{2}{s}+\frac{3}{2}\right\}=\left]-\infty;\frac{2}{s}+\frac{3}{2}\right[$
2. Fall: $s<0$: $L=\left\{x\in\mathbb{R}\,\middle|\,x>\frac{2}{s}+\frac{3}{2}\right\}=\left]\frac{2}{s}+\frac{3}{2};\infty\right[$ 3. Fall: $s=0$: $L=\mathbb{R}$

**g)** 1. Fall: $c>-6$: $L=\left\{x\in\mathbb{R}\,\middle|\,x<\frac{16}{c+6}\right\}=\left]-\infty;\frac{16}{c+6}\right[$
2. Fall: $c<-6$: $L=\left\{x\in\mathbb{R}\,\middle|\,x>\frac{16}{c+6}\right\}=\left]\frac{16}{c+6};\infty\right[$ 3. Fall: $c=-6$: $L=\mathbb{R}$

**h)** 1. Fall: $d>0$: $L=\left\{x\in\mathbb{R}\,\middle|\,x>-\frac{1}{2d}\right\}=\left]-\frac{1}{2d};\infty\right[$
2. Fall: $d<0$: $L=\left\{x\in\mathbb{R}\,\middle|\,x<-\frac{1}{2d}\right\}=\left]-\infty;-\frac{1}{2d}\right[$ 3. Fall: $d=0$: $L=\mathbb{R}$

**i)** 1. Fall: $t>0$: $L=\{x\in\mathbb{R}\,|\,x\geq-1\}=[-1;\infty[$
2. Fall: $t<0$: $L=\{x\in\mathbb{R}\,|\,x\leq-1\}=]-\infty;-1]$ 3. Fall: $t=0$: $L=\mathbb{R}$

**j)** 1. Fall: $u>0$: $L=\{x\in\mathbb{R}\,|\,x>-5\}=]-5;\infty[$
2. Fall: $u<0$: $L=\{x\in\mathbb{R}\,|\,x<-5\}=]-\infty;-5[$ 3. Fall: $u=0$: $L=\emptyset$

**k)** 1. Fall: $e>0$: $L=\left\{x\in\mathbb{R}\,\middle|\,x<\frac{18}{7e}\right\}=\left]-\infty;\frac{18}{7e}\right[$
2. Fall: $e<0$: $L=\left\{x\in\mathbb{R}\,\middle|\,x>\frac{18}{7e}\right\}=\left]\frac{18}{7e};\infty\right[$ 3. Fall: $e=0$: $L=\mathbb{R}$

**l)** 1. Fall: $f>0$: $L=\left\{x\in\mathbb{R}\,\middle|\,x>\frac{5}{4f}\right\}=\left]\frac{5}{4f};\infty\right[$
2. Fall: $f<0$: $L=\left\{x\in\mathbb{R}\,\middle|\,x<\frac{5}{4f}\right\}=\left]-\infty;\frac{5}{4f}\right[$ 3. Fall: $f=0$: $L=\emptyset$

**m)** 1. Fall: $v>0$: $L=\left\{x\in\mathbb{R}\,\middle|\,x<\frac{1}{6}\right\}=\left]-\infty;\frac{1}{6}\right[$
2. Fall: $v<0$: $L=\left\{x\in\mathbb{R}\,\middle|\,x>\frac{1}{6}\right\}=\left]\frac{1}{6};\infty\right[$ 3. Fall: $v=0$: $L=\emptyset$

**n)** 1. Fall: $a>0$: $L=\left\{x\in\mathbb{R}\,\middle|\,x\geq\frac{4}{5a}\right\}=\left[\frac{4}{5a};\infty\right[$
2. Fall: $a<0$: $L=\left\{x\in\mathbb{R}\,\middle|\,x\leq\frac{4}{5a}\right\}=\left]-\infty;\frac{4}{5a}\right]$ 3. Fall: $a=0$: $L=\emptyset$

**o)** 1. Fall: $g>-20$: $L=\left\{x\in\mathbb{R}\,\middle|\,x<\frac{12}{g+20}\right\}=\left]-\infty;\frac{12}{g+20}\right[$
2. Fall: $g<-20$: $L=\left\{x\in\mathbb{R}\,\middle|\,x>\frac{12}{g+20}\right\}=\left]\frac{12}{g+20};\infty\right[$ 3. Fall: $g=-20$: $L=\mathbb{R}$

**p)** 1. Fall: $h>0$: $L=\left\{x\in\mathbb{R}\,\middle|\,x>\frac{3}{h}\right\}=\left]\frac{3}{h};\infty\right[$
2. Fall: $h<0$: $L=\left\{x\in\mathbb{R}\,\middle|\,x<\frac{3}{h}\right\}=\left]-\infty;\frac{3}{h}\right[$ 3. Fall: $h=0$: $L=\emptyset$

**2.16** **a)** $L = \{x \in \mathbb{R} \mid x < 2 \lor x > 6\} = ]-\infty; 2[ \cup ]6; \infty[$

**b)** $L = \{x \in \mathbb{R} \mid 3 < x < 7\} = ]3; 7[$

**c)** $L = \{x \in \mathbb{R} \mid x < -2 \lor x > 3\} = ]-\infty; -2[ \cup ]3; \infty[$

**d)** $L = \{x \in \mathbb{R} \mid -1 < x < 4\} = ]-1; 4[$

**e)** $L = \left\{x \in \mathbb{R} \,\middle|\, x < -7 \lor x > -\frac{1}{2}\right\} = ]-\infty; -7[ \cup \left]-\frac{1}{2}; \infty\right[$

**f)** $L = \left\{x \in \mathbb{R} \,\middle|\, -1 < x < \frac{1}{3}\right\} = \left]-1; \frac{1}{3}\right[$

**g)** $L = \left\{x \in \mathbb{R} \,\middle|\, -\frac{3}{2} < x < 2\right\} = \left]-\frac{3}{2}; 2\right[$

**h)** $L = \{x \in \mathbb{R} \mid x < -3 \lor x > 4\} = ]-\infty; -3[ \cup ]4; \infty[$

**i)** $L = \{x \in \mathbb{R} \mid 0 < x < 5\} = ]0; 5[$

**2.17** ☐
☒
☒
☐

**2.18** Siehe Seite 34!

**2.19** ZB: $x + 4 < 9 \Leftrightarrow x < 9 - 4$; $p \cdot q > 7 \Leftrightarrow p > \frac{7}{q}$ (wenn $q > 0$) bzw. $p \cdot q > 7 \Leftrightarrow p < \frac{7}{q}$ (wenn $q < 0$)

**2.20** Siehe Seite 35!

**2.22** (3)

**2.23** **a)** $L = \{x \in \mathbb{N} \mid x \geq 18\}$ **b)** $L = \{x \in \mathbb{Z} \mid x \leq -4\}$ **c)** $L = \{x \in \mathbb{Q} \mid x \leq 0\}$

**2.24** **a)** $L = \{x \in \mathbb{R} \mid -1 < x < 1\} = ]-1; 1[$

**b)** $L = \{x \in \mathbb{R} \mid -1 < x < 0 \lor x > 1\} = ]-1; 0[ \cup ]1; \infty[$

**c)** $L = \left\{x \in \mathbb{R} \,\middle|\, 0 < x < \frac{1}{2} \lor x > 1\right\} = \left]0; \frac{1}{2}\right[ \cup ]1; \infty[$

**d)** $L = \left\{x \in \mathbb{R} \,\middle|\, 4 < x < \frac{22}{5}\right\} = \left]4; \frac{22}{5}\right[$

**e)** $L = \left\{x \in \mathbb{R} \,\middle|\, -\frac{57}{10} < x < -\frac{7}{5}\right\} = \left]-\frac{57}{10}; -\frac{7}{5}\right[$

**f)** $L = \{x \in \mathbb{R} \mid x < 0 \lor x > 2\} = ]-\infty; 0[ \cup ]2; \infty[$

**2.25** ☒ ☐
☐ ☒

**2.26** **a)** für alle $n \in \mathbb{N}$ mit $n > 10$
**b)** für alle $z \in \mathbb{Z}$ mit $z < 4$
**c)** für alle $q \in \mathbb{Q}$ mit $q < -1$
**d)** für alle $r \in \mathbb{R}$ mit $r < 1$

**2.27** **1)** $n = 1$: $(1 + h)^1 \geq 1 + h$
$n = 2$: $(1 + h)^2 = 1 + 2h + h^2 \geq 1 + 2h$
$n = 3$: $(1 + h)^3 = 1 + 3h + 3h^2 + h^3 \geq 1 + 3h$

**2)** $a > 1 \Rightarrow a^n = (1 + h)^n \geq 1 + nh > 1$

**3)** Aus $0 < a$ folgt $0 < a^n$.
Aus $a < 1$ folgt $\frac{1}{a} > 1$. Nach 1) gilt somit $\left(\frac{1}{a}\right)^n = \frac{1}{a^n} > 1$. Daraus folgt $a^n < 1$.
Insgesamt gilt also: $0 < a^n < 1$

**2.28** **a)** ZB: $x^2 + 1 \leq 0$ **b)** ZB: $x^2 \leq 0$

# 3 Reelle Funktionen

**3.01** b) Sei $f(x) > f(y)$. Angenommen, es ist $x \leq y$. Dann wäre wegen des monotonen Steigens von f in M auch $f(x) \leq f(y)$, im Widerspruch zur Voraussetzung $f(x) > f(y)$.

**3.02** a) f ist in [a; b] streng monoton fallend, in [b; c] und in [c; d] streng monoton steigend.
b) f ist in [a; b] nicht monoton, in [b; c] monoton fallend und in [c; d] streng monoton fallend.
c) f ist in [a; b] streng monoton fallend, in [b; c] monoton steigend und in [c; d] streng monoton steigend.
d) f ist in [a; b] streng monoton steigend, in [b; c] nicht monoton und in [c; d] streng monoton steigend.

**3.03** a) Sei $f(x) \leq f(y)$. Angenommen, es ist $x < y$. Wegen des strengen monotonen Fallens von f in M wäre dann $f(x) > f(y)$, im Widerspruch zur Voraussetzung $f(x) \leq f(y)$.
b) Sei $f(x) < f(y)$. Angenommen, es ist $x \leq y$. Wegen des strengen monotonen Fallens von f in M wäre dann $f(x) \geq f(y)$, im Widerspruch zur Voraussetzung $f(x) < f(y)$.

**3.04** a) Gilt für alle $x_1, x_2 \in M$: $x_1 < x_2 \Rightarrow f(x_1) < f(x_2)$, dann gilt auch für alle $x_1, x_2 \in M$: $x_1 < x_2 \Rightarrow f(x_1) \leq f(x_2)$
b) Gilt für alle $x_1, x_2 \in M$: $x_1 < x_2 \Rightarrow f(x_1) > f(x_2)$, dann gilt auch für alle $x_1, x_2 \in M$: $x_1 < x_2 \Rightarrow f(x_1) \geq f(x_2)$
c) Nein. Gegenbeispiel: Eine in M konstante Funktion f ist monoton steigend in M, aber nicht streng monoton steigend in M.
d) Nein. Gegenbeispiel: Eine in M konstante Funktion f ist monoton fallend in M, aber nicht streng monoton fallend in M.

**3.05** Zum Beispiel:

a)
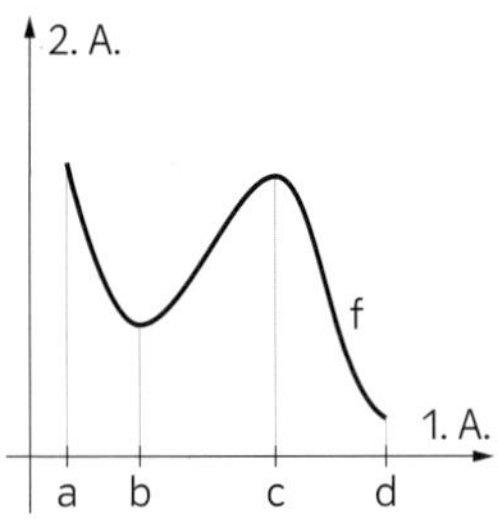


b)
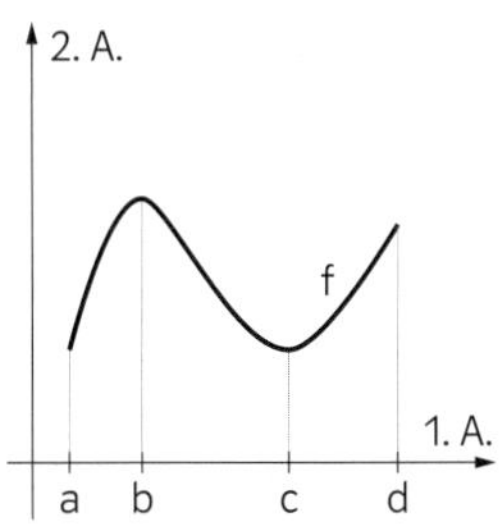


c)
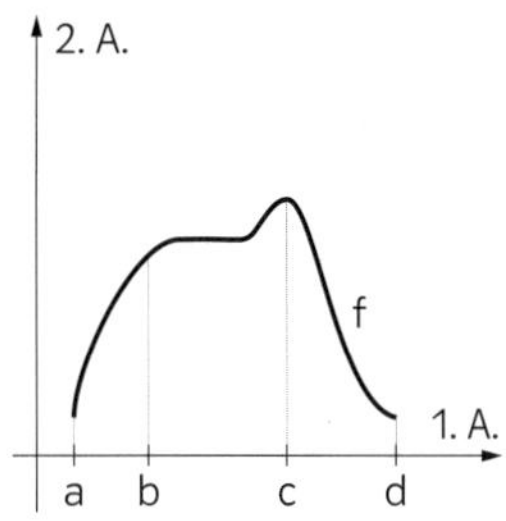


d)
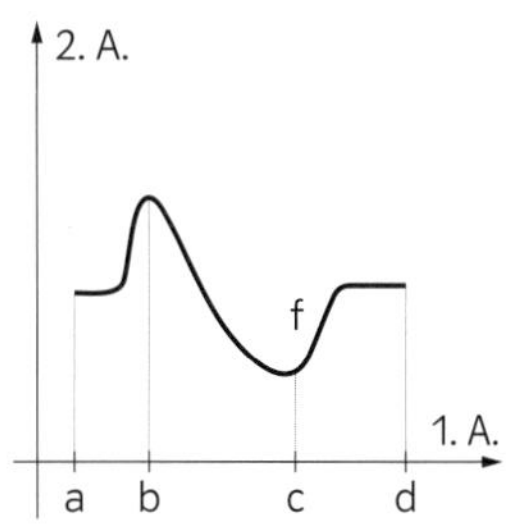


e)
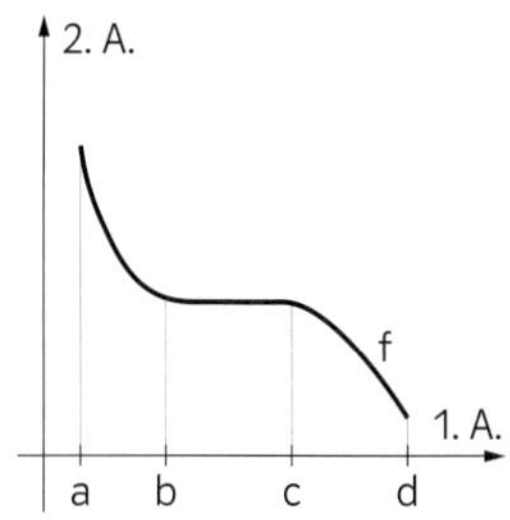


**3.06** Ja, zB: $f(x) = c$ mit $c \in \mathbb{R}$

**3.08** a) Die Funktion f kann in [0; 5] nicht monoton steigend sein.
b) Die Funktion f kann in [0; 5] nicht monoton steigend sein.
c) Die Funktion f kann in [0; 5] nicht streng monoton sein.
d) Die Funktion f kann in [0; 5] nicht monoton fallend sein.
e) Die Funktion f ist in [0; 5] nicht monoton.
f) Die Funktion f ist in [0; 5] nicht monoton.
g) Die Funktion f ist in [0; 5] monoton steigend und monoton fallend.
h) Die Funktion f kann in [0; 5] nicht monoton fallend sein.
i) Die Funktion f kann in [0; 5] nicht streng monoton steigend sein.

**3.10** a) Der Körper schlägt nach 3 s wieder auf dem Boden auf. Nach 1,5 s erreicht er seine größte Höhe von 11,25 m.

b) Der Körper schlägt nach 8 s wieder auf dem Boden auf. Nach 4 s erreicht er seine größte Höhe von 80 m.

**3.11** Der Körper schlägt nach $\frac{v_0}{5}$ s wieder auf dem Boden auf.
Nach $\frac{v_0}{10}$ s erreicht er seine größte Höhe von $\frac{v_0^2}{20}$ m.

**3.12** a) Maximumstellen von f in [0; 4]: 0 und 4, Minimumstelle von f in [0; 4]: 2

b) Maximumstellen von f in [0; 4]: 1 und 5, Minimumstelle von f in [0; 4]: 3

c) Maximumstellen von f in [0; 4]: −3 und 0, Minimumstelle von f in [0; 4]: −1,5

d) Maximumstelle von f in [0; 4]: 1, Minimumstelle von f in [0; 4]: −1

e) Maximumstelle von f in [0; 4]: 1, Minimumstelle von f in [0; 4]: −3

f) Maximumstelle von f in [0; 4]: 1, Minimumstelle von f in [0; 4]: −1

**3.13** ☒ ☐
☒ ☐

**3.15** a) Globale Maximumstelle: 0, globale Minimumstelle: 2
Lokale Maximumstelle: 4, lokale Minimumstelle: 2

b) Globale Maximumstelle: 6, globale Minimumstellen: 0 und 4
Lokale Maximumstelle: 2, lokale Minimumstelle: 4

c) Globale Maximumstelle: 2, globale Minimumstelle: 4
Lokale Maximumstelle: 2, lokale Minimumstelle: 4

**3.16** 1)

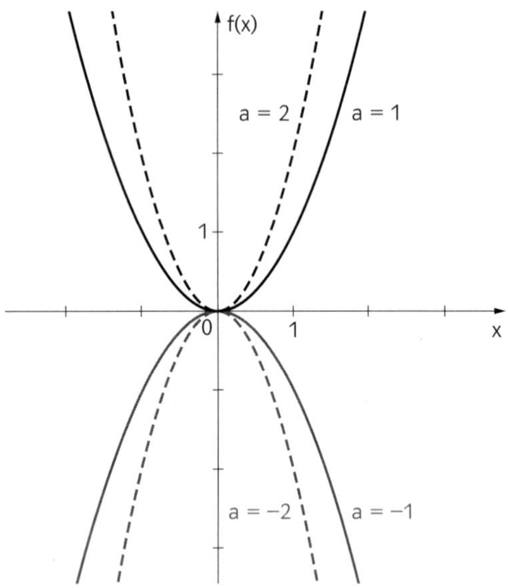


2) Für $a > 0$ ist f in $\mathbb{R}_0^-$ streng monoton fallend, in $\mathbb{R}_0^+$ streng monoton steigend.
Für $a < 0$ ist f in $\mathbb{R}_0^-$ streng monoton steigend, in $\mathbb{R}_0^+$ streng monoton fallend.
Für $a = 0$ ist f konstant und somit in $\mathbb{R}$ sowohl monoton steigend als auch fallend.
Beweise:

1. Fall: $a > 0$

$x_1 < x_2 \leq 0 \Rightarrow x_1^2 > x_2^2 \Rightarrow a \cdot x_1^2 > a \cdot x_2^2 \Rightarrow f(x_1) > f(x_2)$

$0 \leq x_1 < x_2 \Rightarrow x_1^2 < x_2^2 \Rightarrow a \cdot x_1^2 < a \cdot x_2^2 \Rightarrow f(x_1) < f(x_2)$

2. Fall: $a < 0$

$x_1 < x_2 \leq 0 \Rightarrow x_1^2 > x_2^2 \Rightarrow a \cdot x_1^2 < a \cdot x_2^2 \Rightarrow f(x_1) < f(x_2)$

$0 \leq x_1 < x_2 \Rightarrow x_1^2 < x_2^2 \Rightarrow a \cdot x_1^2 > a \cdot x_2^2 \Rightarrow f(x_1) > f(x_2)$

3. Fall: $a = 0$ In diesem Fall ist $f(x) = 0$ für alle $x \in \mathbb{R}$.

**3.17**

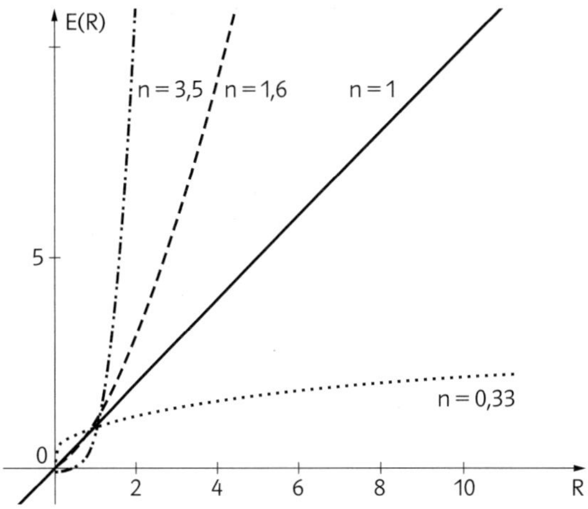


Für den Körper ist eine Schmerzzunahme eine größere Warnung als eine Helligkeitszunahme.

**3.18**

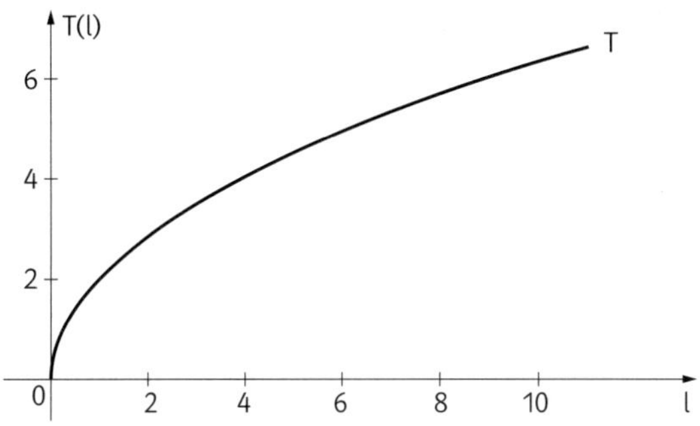


Nein. Es gilt: $T(2 \cdot l) = T(l) \cdot \sqrt{2}$

**3.19** Für gerades n gilt: $f(-x) = (-x)^{\pm n} = x^{\pm n} = f(x)$
Für ungerades n gilt: $f(-x) = (-x)^{\pm n} = -x^{\pm n} = -f(x)$

**3.21**
- **a)** absolute Änderung = 4; relative Änderung = 2; mittlere Änderungsrate = 2; Änderungsfaktor = 3
- **b)** absolute Änderung = −6; relative Änderung = −3; mittlere Änderungsrate = −3; Änderungsfaktor = −2
- **c)** absolute Änderung = 8; relative Änderung = 1,6; mittlere Änderungsrate = 4; Änderungsfaktor = 2,6
- **d)** absolute Änderung = 4; relative Änderung = 2; mittlere Änderungsrate = 2; Änderungsfaktor = 3
- **e)** absolute Änderung = 8; relative Änderung = $\frac{8}{3}$; mittlere Änderungsrate = 4; Änderungsfaktor = $\frac{11}{3}$

**3.22** absolute Änderung ≈ 352 000. Die Bevölkerungszahl Österreichs hat von 2000–2009 um ca. 352 000 zugenommen.
relative Änderung ≈ 0,044. Die Bevölkerungszunahme im Zeitraum 2000–2009 im Verhältnis zur Bevölkerungszahl im Jahr 2009 beträgt ca. 0,044.
mittlere Änderungsrate ≈ 39 111. Im Zeitraum 2000–2009 hat die Bevölkerung im Mittel um ca. 39 111 pro Jahr zugenommen.
Änderungsfaktor ≈ 1,044. Die Bevölkerungszahl 2009 beträgt ungefähr das 1,044-Fache der Bevölkerungszahl im Jahr 2000.

**3.23** ☐
☒
☒

**3.25**
- **2)** Der Graph von g geht aus dem Graphen von f durch Streckung bzw. Stauchung normal zur 1. Achse mit dem Faktor c (Streckung für c > 1, Stauchung für 0 < c < 1) und anschließender Spiegelung an der 1. Achse hervor.
- **3)** Der Graph von g geht aus dem Graphen von f durch Verschiebung parallel zur 2. Achse um c nach oben hervor.
- **4)** Der Graph von g geht aus dem Graphen von f durch Verschiebung parallel zur 2. Achse um c nach unten hervor.

**3.27** $f(x) = x$

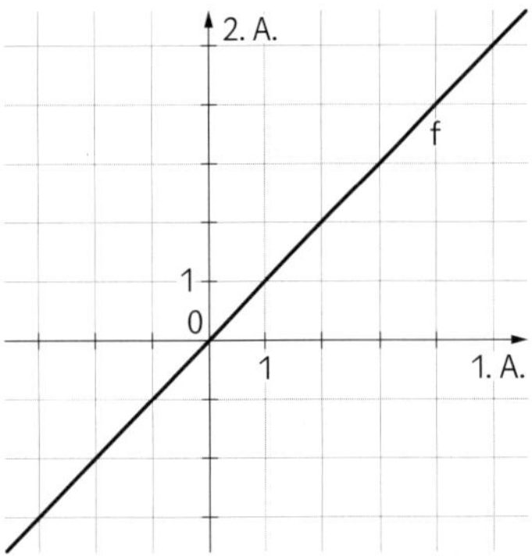


$g(x) = f(x + 1)$

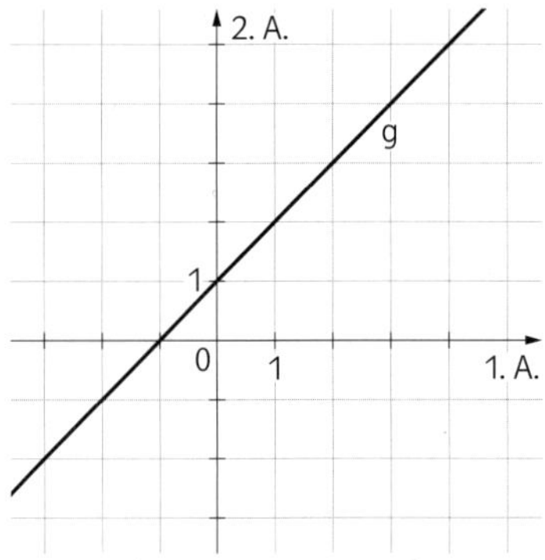


$h(x) = f(x - 2)$

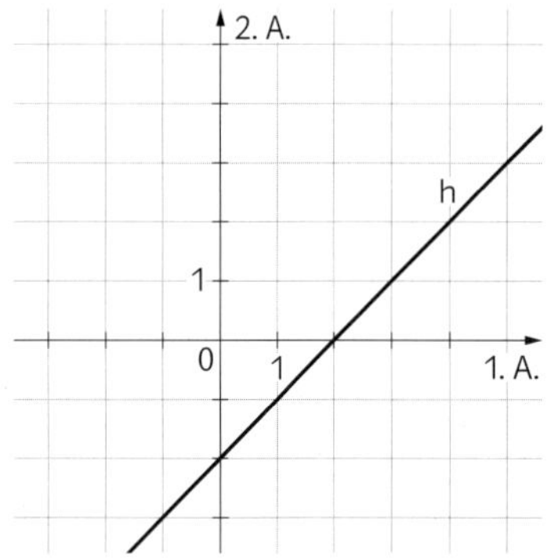


$k(x) = f(3 \cdot x)$

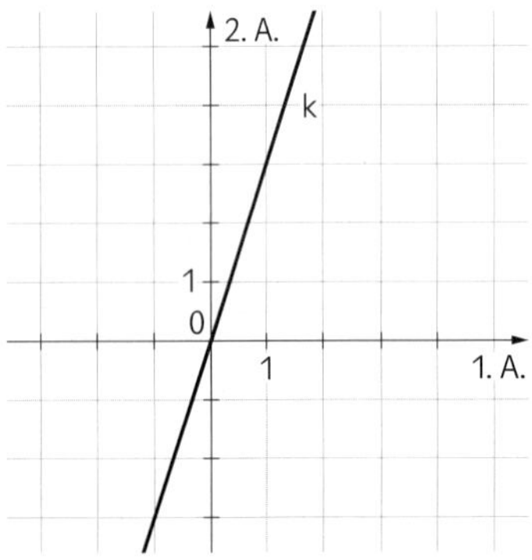


$m(x) = \frac{1}{2} \cdot f(x)$

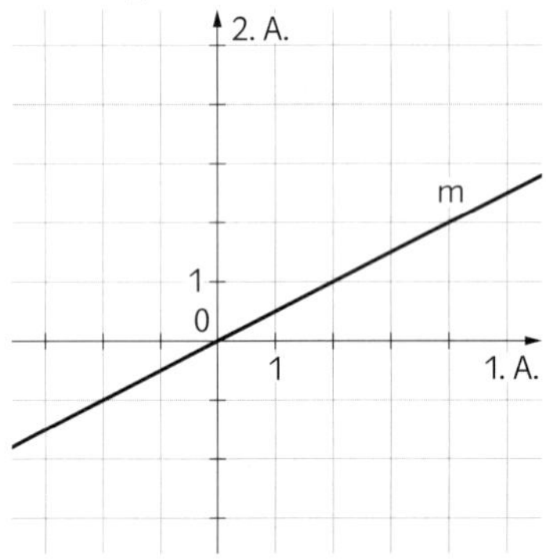


**3.28** $f(x) = \frac{1}{x}$

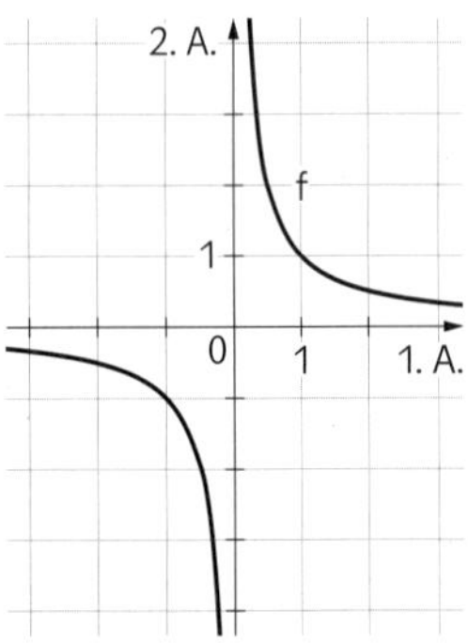


$g(x) = f(x + 2)$

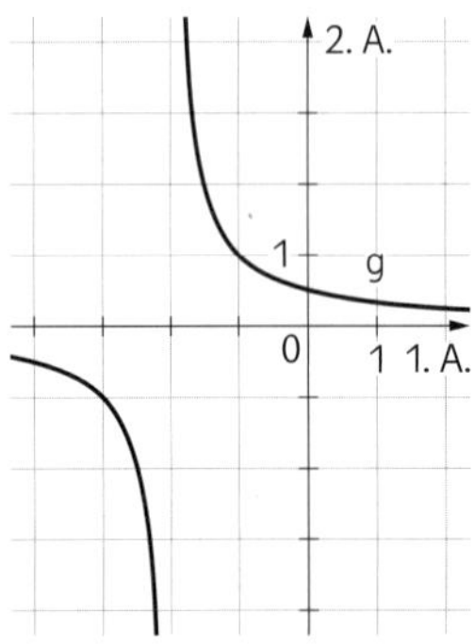


$h(x) = f(x - 2)$

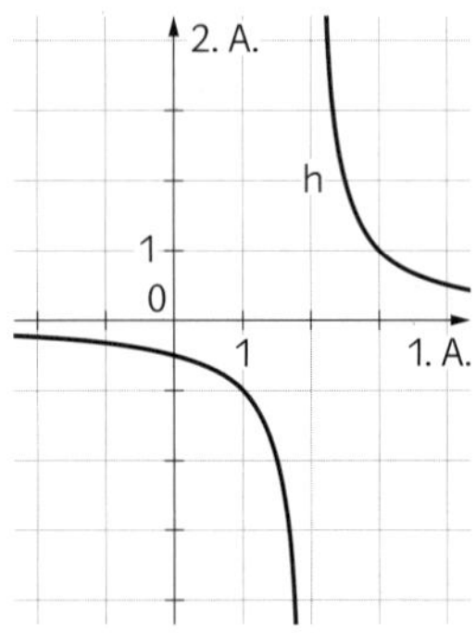


$k(x) = f(2 \cdot x)$

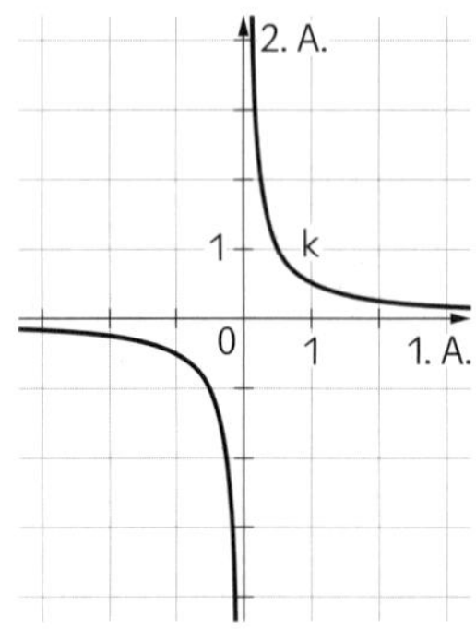


$m(x) = f(-3 \cdot x)$

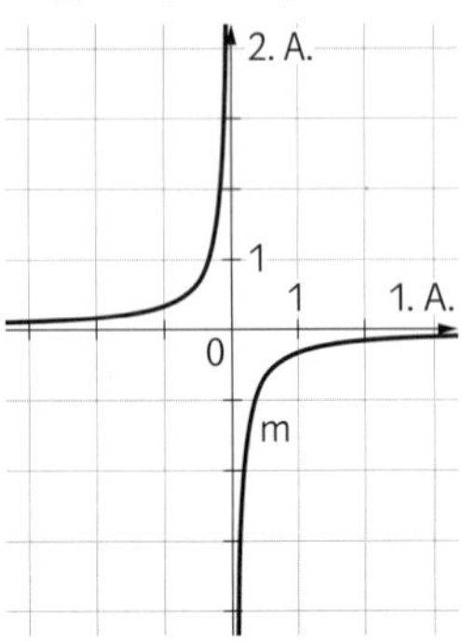


$p(x) = 2 \cdot f(x)$

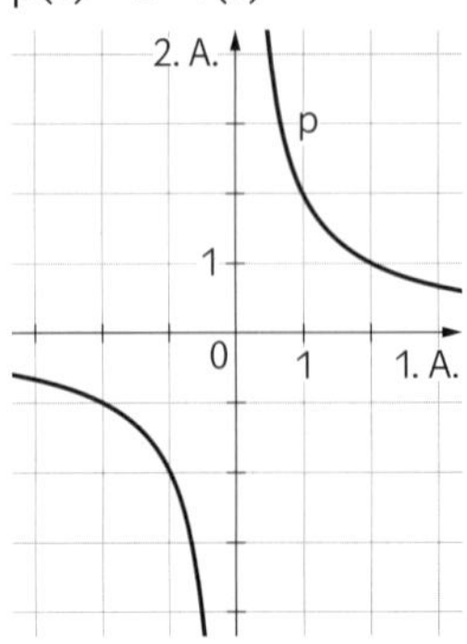


$q(x) = -2 \cdot f(x)$

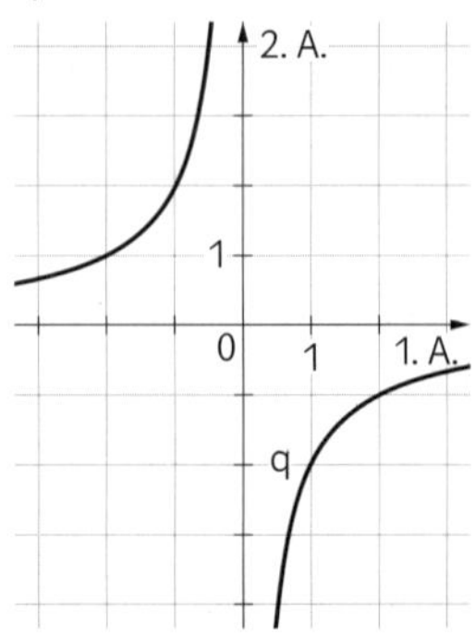


**3.29** **a)** Dies bedeutet eine Streckung bzw. Stauchung normal zur 2. Achse mit dem Faktor c (Streckung für $c > 1$, Stauchung für $0 < c < 1$).

**b)** Dies bedeutet eine Streckung bzw. Stauchung normal zur 1. Achse mit dem Faktor c (Streckung für $0 < c < 1$, Stauchung für $c > 1$).

**3.30** a)

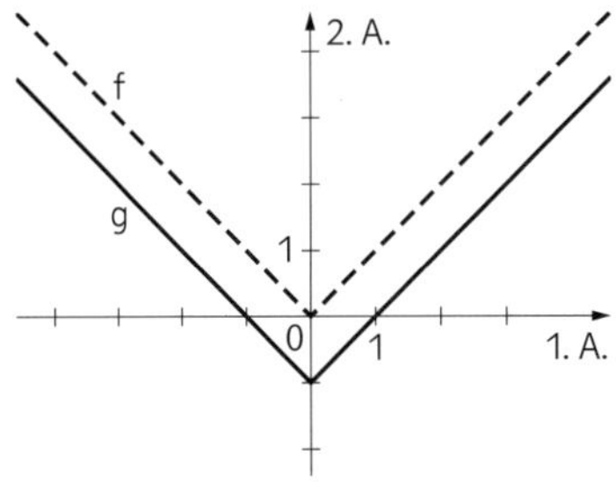


Der Graph von g geht aus dem Graphen von f durch Verschiebung parallel zur 2. Achse um 1 nach unten hervor.

b)

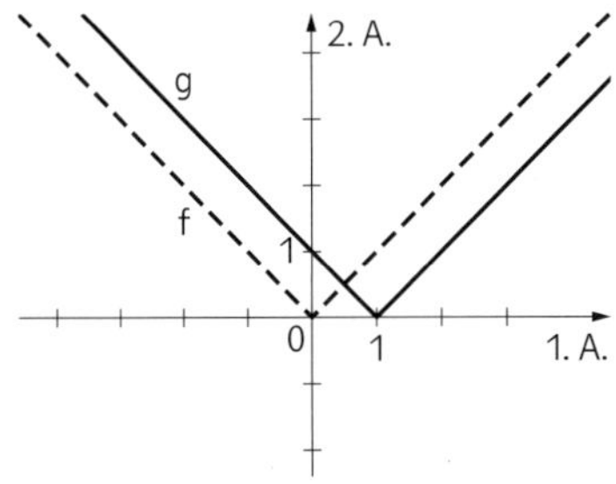


Der Graph von g geht aus dem Graphen von f durch Verschiebung parallel zur 1. Achse um 1 nach rechts hervor.

c)

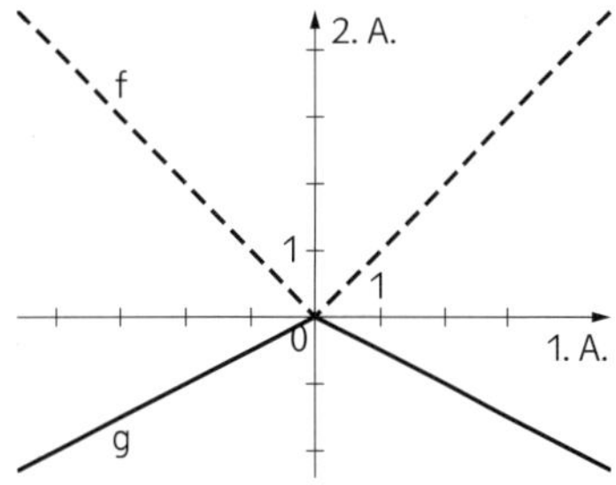


Der Graph von g geht aus dem Graphen von f durch Stauchung normal zur 1. Achse mit dem Faktor $\frac{1}{2}$ und anschließender Spiegelung an der 1. Achse hervor.

d)

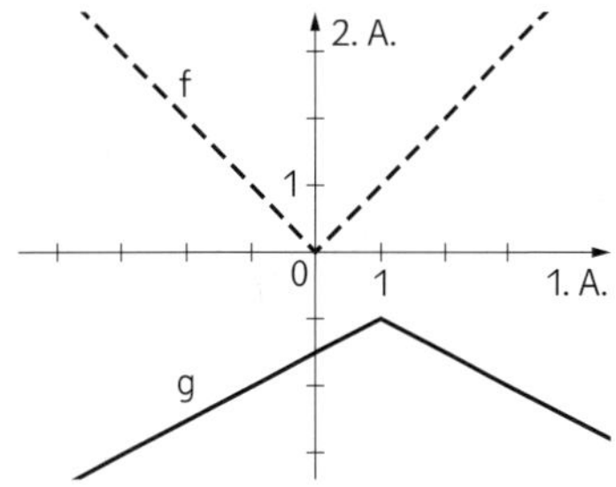


Der Graph von g geht aus dem Graphen von f durch folgende Veränderungen hervor:
- Stauchung normal zur 1. Achse mit dem Faktor $\frac{1}{2}$,
- Spiegelung an der 1. Achse,
- Verschiebung parallel zur 2. Achse um 1 nach unten,
- Verschiebung parallel zur 1. Achse um 1 nach rechts

**3.31** Siehe Seite 40!

**3.32** Siehe Seite 42!

**3.33** Siehe Seite 44!

**3.34** Siehe Seite 45!

**3.35** Siehe Seite 47!

**3.36**

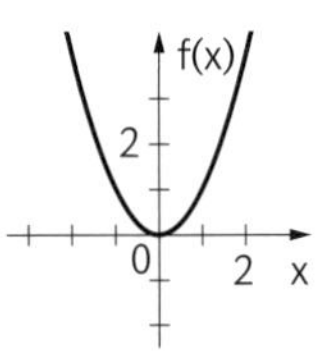


$f(x) = x^2$

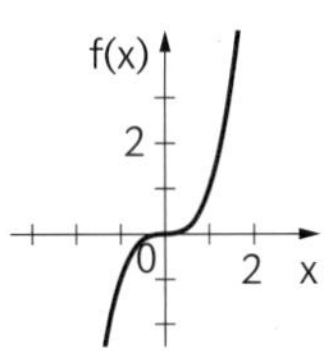


$f(x) = x^3$

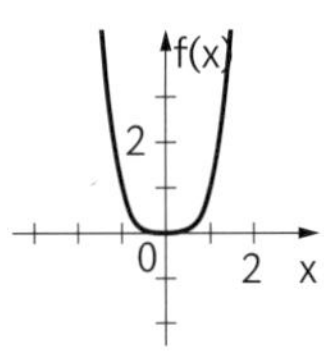


$f(x) = x^4$

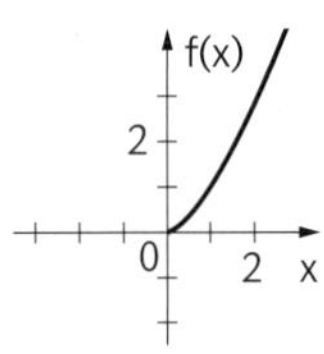


$f(x) = x^{1,5}$

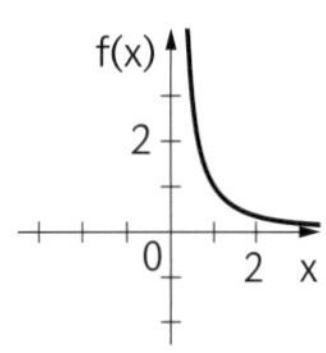


$f(x) = x^{-1,5}$

**3.37** Siehe Seite 47!

**3.38** Eine lineare Funktion f der Form $f(x) = k \cdot x + d$ ist genau dann eine Polynomfunktion (vom Grad 1), wenn $k \neq 0$ und $d = 0$ ist. Eine Potenzfunktion f der Form $f(x) = x^n$ ist genau dann eine Polynomfunktion (vom Grad n), wenn $n \in \mathbb{N}^*$ ist.

**3.39** Siehe Seite 49!

**3.40** Siehe Seite 51!

**3.42** 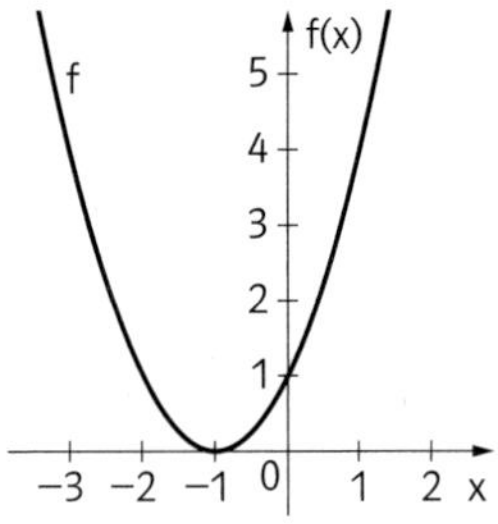


a) absolute Änderung = 8
b) relative Änderung = 8
c) mittlere Änderungsrate = 4
d) Änderungsfaktor = 9

**3.43** $\frac{f(b)-f(a)}{f(a)} = \frac{f(b)}{f(a)} - \frac{f(a)}{f(a)} = \frac{f(b)}{f(a)} - 1$ für $f(a) \neq 0$

**3.44** a) Die Funktion f kann in [−4; 4] nicht monoton fallend sein.
b) Die Funktion f kann in [−4; 4] nicht monoton steigend sein.

**3.45** 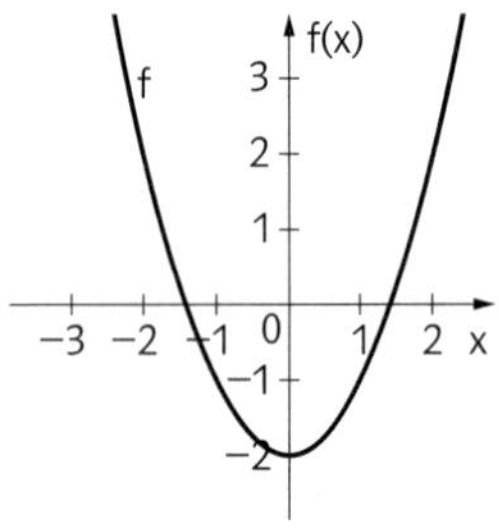


a) f ist in [−2; 2] nicht monoton steigend, weil zB f(−2) > f(0) ist.
f ist in [−2; 2] nicht monoton fallend, weil zB f(0) < f(2) ist.
b) ZB: [0; ∞[
c) ZB: ]−∞; 0]

**3.46** a) streng monoton steigend zB in [−2; 2] oder in [5; 6];
streng monoton fallend zB in [−6; −4] oder in [2; 5];
weder streng monoton steigend noch streng monoton fallend zB in [−4; −2]
b) streng monoton steigend zB in [−6; −3] oder in [2; 6];
streng monoton fallend zB in [−3; 0] oder in [0; 2];
weder streng monoton steigend noch streng monoton fallend zB in [−6; 0]

**3.47**

| wahr | falsch |
|---|---|
| | x |
| x | |
| x | |
| | x |
| x | |

**3.48** a) zB: f mit $f(x) = x^3$ b) zB: f mit $f(x) = x^{-1}$

**3.49** a) Nullstelle: 2
globale Maximumstelle: −1
globale Minimumstelle: 2
lokale Minimumstelle: 2
streng monoton fallend in [−1; 2]
streng monoton steigend in [2; 4]

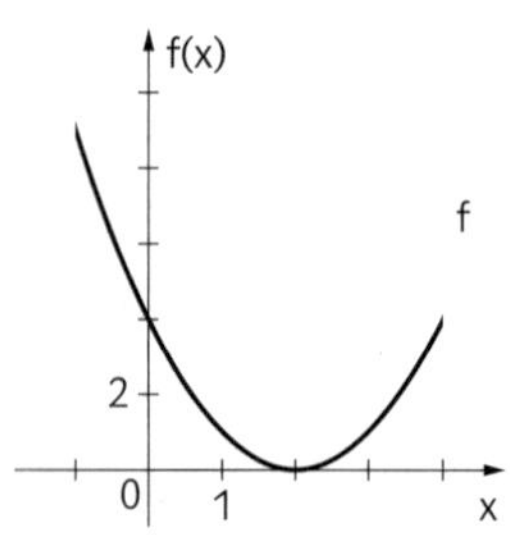


b) Nullstellen: $-\sqrt{2}$; $\sqrt{2}$
globale Maximumstellen: −2 und 2
globale Minimumstelle: 0
lokale Minimumstelle: 0
streng monoton fallend in [−2; 0]
streng monoton steigend in [0; 2]

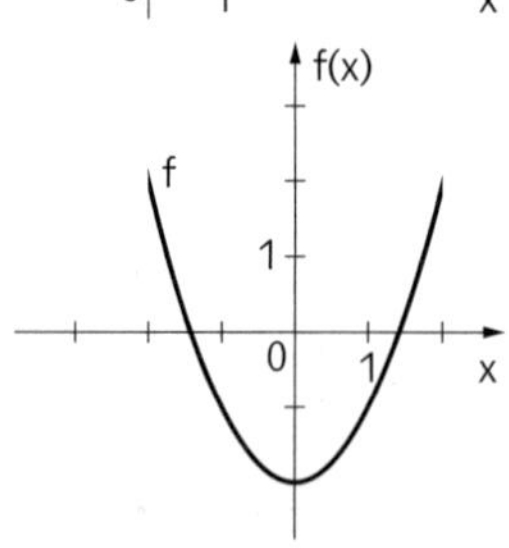

**c)** Nullstelle: 1,5
globale Maximumstelle: 2
globale Minimumstelle: −2
keine lokalen Extremstellen
streng monoton steigend in [−2; 2]

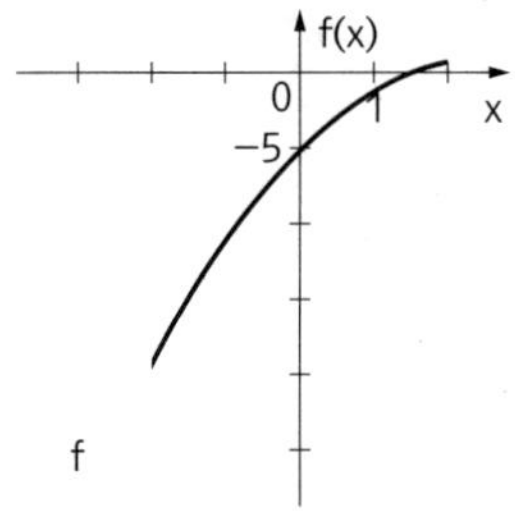


**d)** Nullstelle: 1,5
globale Maximumstelle: 3
globale Minimumstelle: 0
keine lokalen Extremstellen
streng monoton steigend in [0; 3]

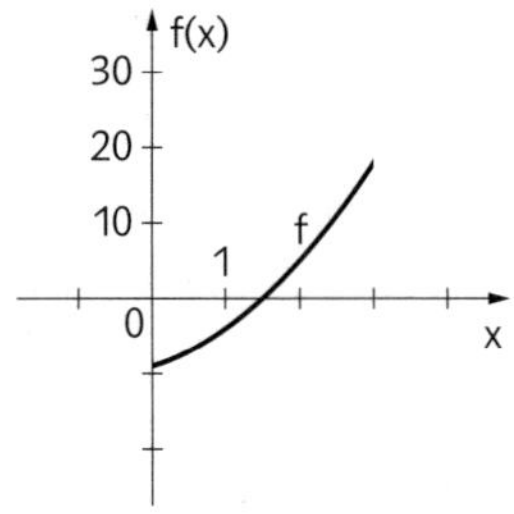


**e)** keine Nullstellen
globale Minimumstelle: 0
lokale Minimumstelle: 0
streng monoton fallend in ]−∞; 0]
streng monoton steigend in [0; ∞[

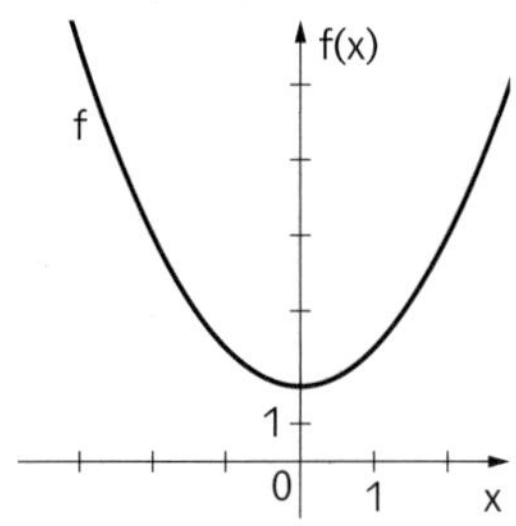


**f)** keine Nullstellen
globale Minimumstelle: −0,5
lokale Minimumstelle: −0,5
streng monoton fallend in ]−∞; −0,5]
streng monoton steigend in [−0,5; ∞[

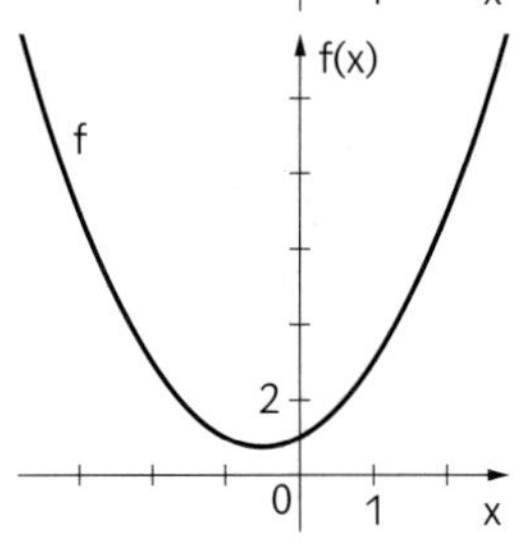


**3.50** **a)** zB:

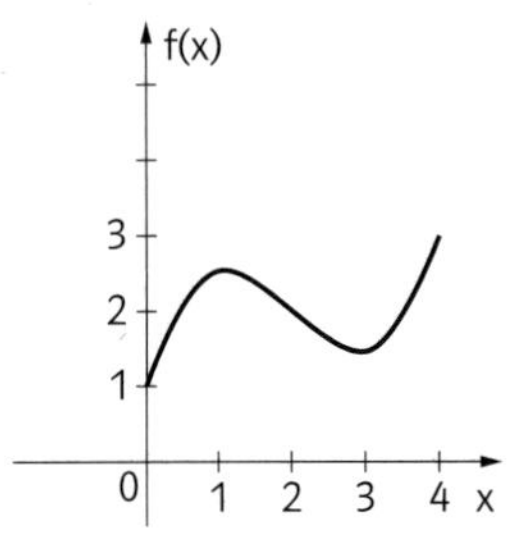


**b)** zB:

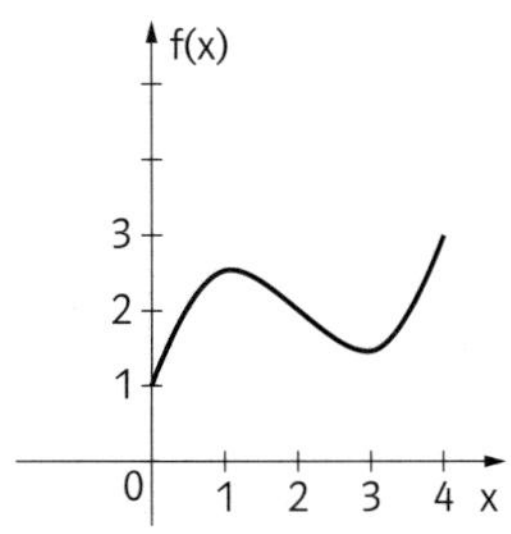


**c)** zB:

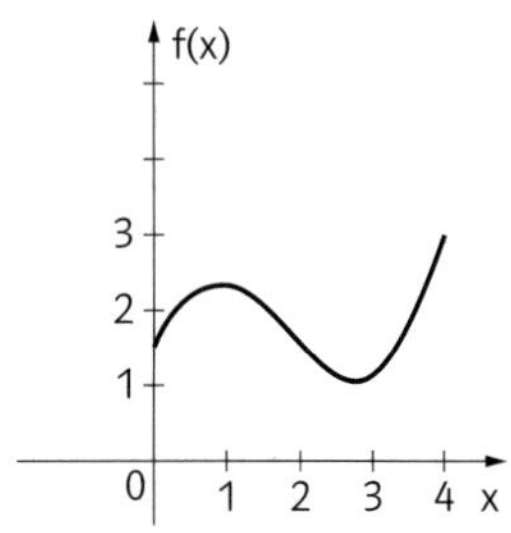


**d)** zB:

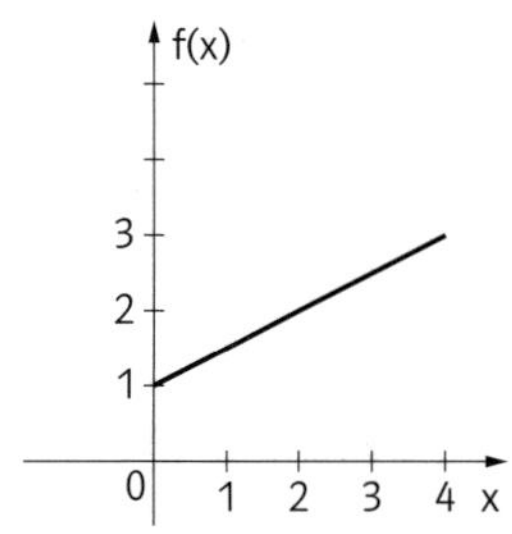


**3.51** globale Maximumstellen: alle Stellen x mit $b \leq x \leq c$
globale Minimumstellen: a; d
lokale Maximumstellen: alle Stellen x mit $b \leq x \leq c$
lokale Minimumstellen: alle Stellen x mit $b < x < c$

**3.52** Ja. Bei einer konstanten Funktion $f: \mathbb{R} \to \mathbb{R}$ ist jede Stelle $x \in \mathbb{R}$ sowohl eine lokale Maximumstelle als auch eine lokale Minimumstelle von f.

# 4 Exponential- und Logarithmusfunktionen

**4.04** **1)** $E(n) = 15\,000 \cdot 1{,}08^n$

| n | E(n) |
|---|---|
| 0 | 15 000 |
| 1 | 16 200 |
| 2 | 17 496 |
| 3 | ≈ 18 896 |
| 4 | ≈ 20 407 |
| 5 | ≈ 22 040 |

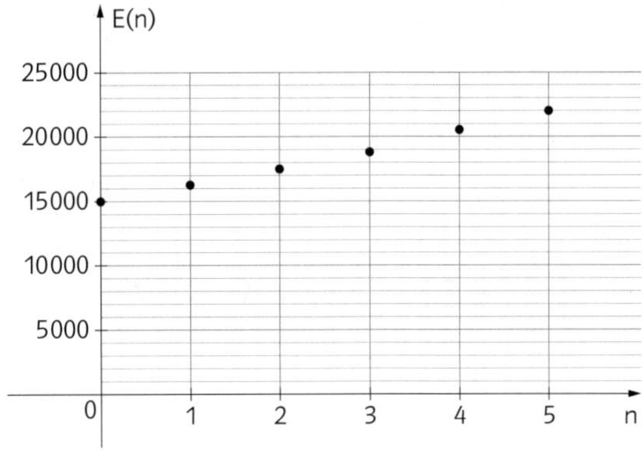


**2)** Unter der Annahme, dass die Einwohnerzahl in gleichen Zeitabschnitten mit dem gleichen Faktor zunimmt, erhält man:
$E: \mathbb{R}_0^+ \rightarrow \mathbb{R}$ mit
$E(t) = 15\,000 \cdot 1{,}08^t$

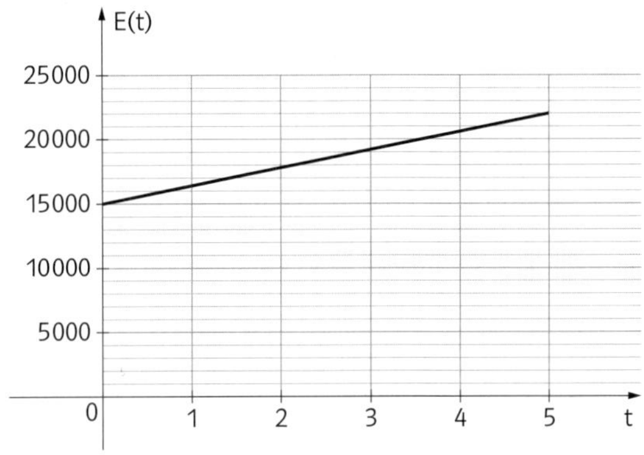


**4.05** **1)** $T(n) = 80 \cdot 0{,}88^n$

| n | T(n) in °C |
|---|---|
| 0 | 80,0 |
| 1 | ≈ 70,4 |
| 2 | ≈ 62,0 |
| 3 | ≈ 54,5 |
| 4 | ≈ 48,0 |
| 5 | ≈ 42,2 |

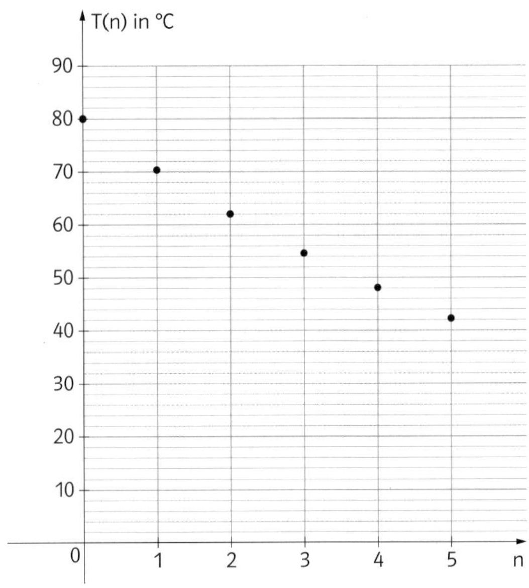

**2)** Unter der Annahme, dass die Temperatur in gleichen Zeitabschnitten mit dem gleichen Faktor abnimmt, erhält man:
$T: \mathbb{R}_0^+ \to \mathbb{R}$
mit $T(t) = 80 \cdot 0{,}88^t$,
t in Minuten

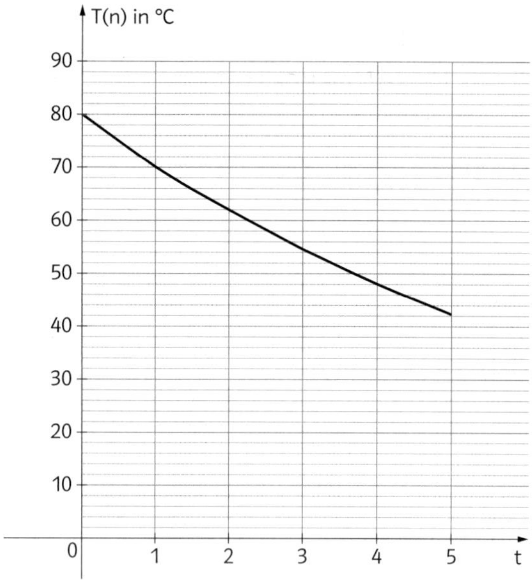


**4.06**

| | mittlere Änderungsrate im Intervall [−10; 0] | [10; 20] | [100; 110] |
|---|---|---|---|
| **a)** | ≈ 0,098 | ≈ 326,8 | $\approx 2{,}3 \cdot 10^{18}$ |
| **b)** | −102,3 | $\approx -9{,}8 \cdot 10^{-5}$ | $\approx -7{,}9 \cdot 10^{-32}$ |

**4.07** **a)**

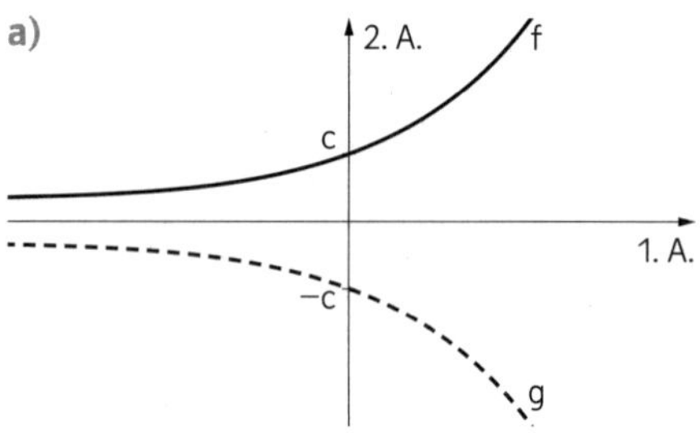


**b)**

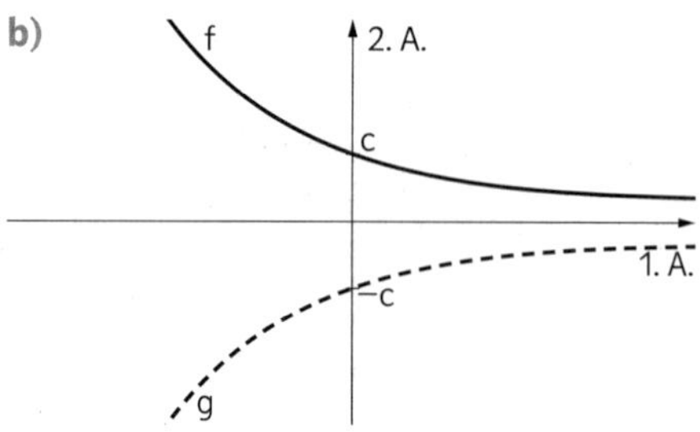


zu a) Der Graph von g geht aus dem Graphen von f durch Spiegelung an der 1. Achse hervor. g ist streng monoton fallend.

zu b) Der Graph von g geht aus dem Graphen von f durch Spiegelung an der 1. Achse hervor. g ist streng monoton steigend.

**4.08** **1)**

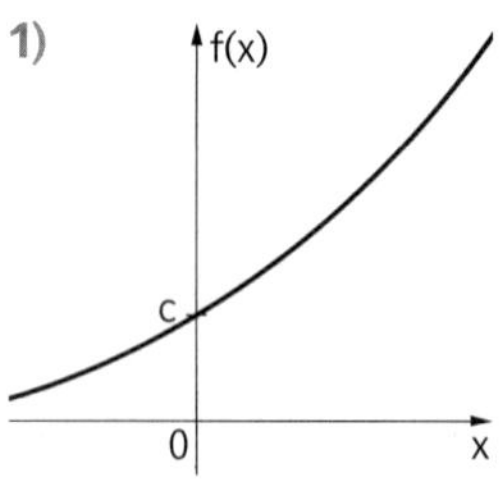


**2)**

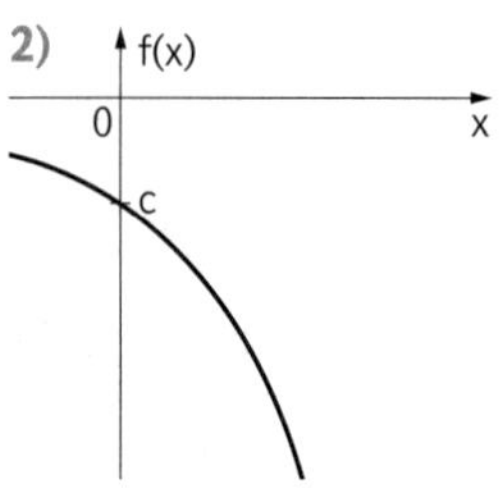


**3)**

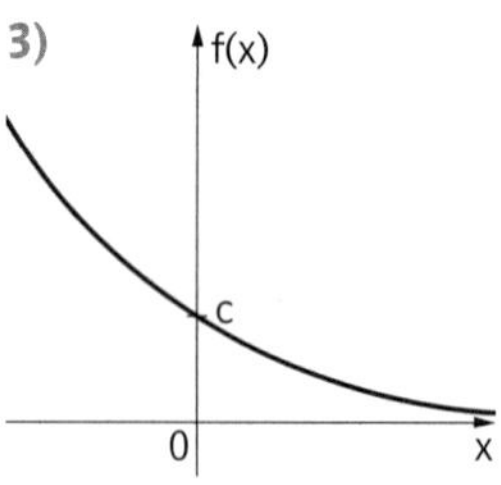


**4)**

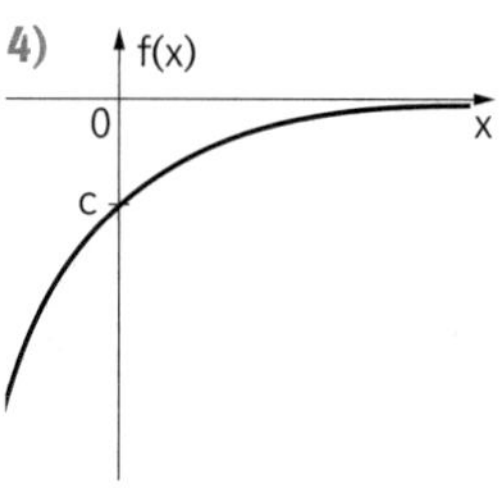


**5)**

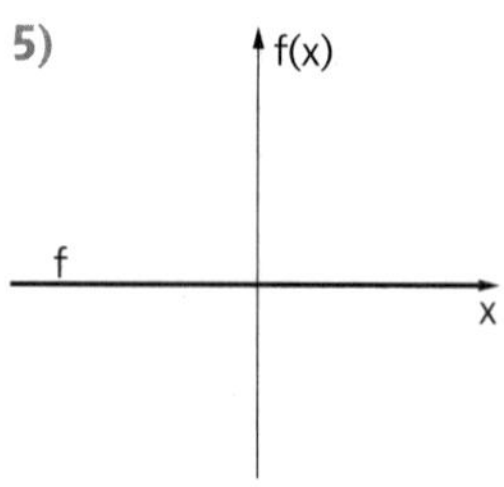


**6)**

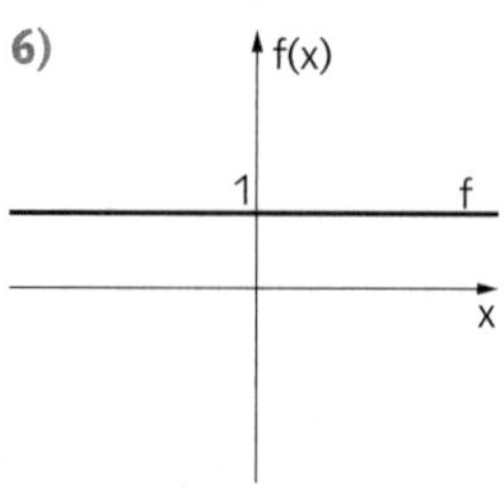

**4.10** a) f(x) wächst auf das 2-Fache.
b) f(x) wächst auf das 1,5-Fache.
c) f(x) fällt auf das 0,5-Fache.
d) f(x) fällt auf das 0,85-Fache.

**4.11** a) f(x) wächst auf das 243-Fache.
b) f(x) wächst ca. auf das 1,611-Fache.
c) f(x) fällt ca. auf das 0,078-Fache.
d) f(x) fällt ca. auf das 0,774-Fache.

**4.12** a) f(x) nimmt um 10 % zu.
b) f(x) nimmt um 44 % zu.
c) f(x) nimmt um 50 % zu.
d) f(x) nimmt um 6,5 % zu.

**4.13** a) f(x) nimmt um 10 % ab.
b) f(x) nimmt um 74 % ab.
c) f(x) nimmt um 60 % ab.
d) f(x) nimmt um 25 % ab.

**4.14** a) f(x) nimmt um 2,01 % zu.
b) f(x) nimmt um 140,25 % zu.
c) f(x) nimmt um 0,2001 % zu.
d) f(x) nimmt um 0,4004 % zu.

**4.15** a) f(x) nimmt um 99,968 % ab.
b) f(x) nimmt um ca. 22,62 % ab.
c) f(x) nimmt um ca. 98,35 % ab.
d) f(x) nimmt um ca. 47,23 % ab.

**4.16** a) $f(x) = 2 \cdot 1{,}1^x$
b) $f(x) = 2 \cdot 0{,}9^x$

**4.17**

| f(0) | Bei Erhöhung von x um 1 erhöht sich f(x) um | Termdarstellung von f |
|---|---|---|
| 10 | 3 % | $f(x) = 10 \cdot 1{,}03^x$ |
| 35 | 12 % | $f(x) = 35 \cdot 1{,}12^x$ |
| 50 | 8 % | $f(x) = 50 \cdot 1{,}08^x$ |
| 35 | 35 % | $f(x) = 35 \cdot 1{,}35^x$ |

**4.18**

| f(0) | Bei Erhöhung von x um 1 vermindert sich f(x) um | Termdarstellung von f |
|---|---|---|
| 100 | 3 % | $f(x) = 100 \cdot 0{,}97^x$ |
| 150 | 12 % | $f(x) = 150 \cdot 0{,}88^x$ |
| 500 | 8 % | $f(x) = 500 \cdot 0{,}92^x$ |
| 1550 | 35 % | $f(x) = 1550 \cdot 0{,}65^x$ |

**4.19** a) keine Exponentialfunktion
Änderungsbeispiel, sodass f die Exponentialfunktion $f(x) = 2 \cdot 1{,}5^x$ ist:

| x | f(x) |
|---|---|
| 0 | 2 |
| 1 | 3 |
| 2 | **4,5** |

b) $f(x) = 32 \cdot 0{,}8^x$
c) $f(x) = 4 \cdot 0{,}5^x$
d) keine Exponentialfunktion
Änderungsbeispiel, sodass f die Exponentialfunktion $f(x) = 64 \cdot 2^x$ ist:

| x | f(x) |
|---|---|
| −3 | **8** |
| 0 | 64 |
| 2 | 256 |

**4.20** a) Nach 12 h sind ca. 160 000 Bakterien, nach 1 Tag ca. 2 560 000 Bakterien vorhanden.
b) $N(t) = 10\,000 \cdot 2^{\frac{t}{3}} = 10\,000 \cdot (\sqrt[3]{2})^t \approx 10\,000 \cdot 1{,}259\,921^t$

**4.21** a) $N(0) = 1300$; $N(5) \approx 1740$; jährliche prozentuelle Zunahme = 6 %
b) $N(0) = 2750$; $N(5) \approx 4430$; jährliche prozentuelle Zunahme = 10 %
c) $N(0) = 3950$; $N(5) \approx 5800$; jährliche prozentuelle Zunahme = 8 %
d) $N(0) = 4200$; $N(5) \approx 8090$; jährliche prozentuelle Zunahme = 14 %
e) $N(0) = 10\,500$; $N(5) \approx 16\,910$; jährliche prozentuelle Zunahme = 10 %
f) $N(0) = 15\,000$; $N(5) \approx 32\,890$; jährliche prozentuelle Zunahme = 17 %

**4.22** a) 2 = Anzahl der erkrankten Tiere zum Zeitpunkt 0
1,01 ist der Faktor, mit dem die Anzahl der erkrankten Tiere täglich zunimmt.
b) Die Anzahl der erkrankten Tiere steigt pro Tag auf das 1,01-Fache.
c) Die Anzahl der erkrankten Tiere nimmt pro Tag um 1 % zu.
d) Die Anzahl der erkrankten Tiere steigt in 10 Tagen ca. auf das 1,105-Fache.
e) Die Anzahl der erkrankten Tiere nimmt in 10 Tagen um ca. 10,5 % zu.

**4.23** a) A: $\mathbb{R}_0^+ \to \mathbb{R}$ mit $A(t) = 500 \cdot 1{,}11^t$, t in Stunden

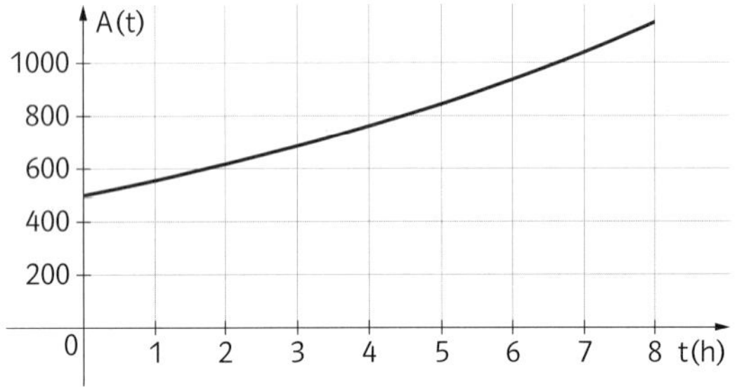


b) $A(8) \approx 1150$
c) Um ca. 52 % Prozent nimmt die Anzahl der Bakterien in 4 h zu.
d) Um ca. 250 % Prozent nimmt die Anzahl der Bakterien in einem halben Tag zu.
e) Die Anzahl der Bakterien wächst in einem halben Tag ca. auf das 3,5-Fache.

**4.24** a) 20 ($m^2$)
b) Der Flächeninhalt steigt pro Tag auf das 1,15-Fache.
c) Der Flächeninhalt nimmt täglich um 15 % zu.
d) In einer Woche steigt der Flächeninhalt ca. auf das 2,66-Fache. Eine Woche nach Beginn des Beobachtungszeitraums misst der Flächeninhalt ca. 53,2 ($m^2$).
e) Der Flächeninhalt steigt in einer Woche um ca. 166 %.
f)

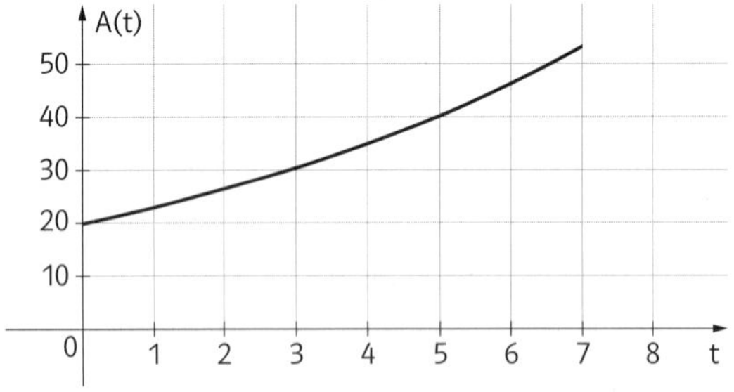


**4.25** a) 100 Gramm
b) Die Menge ungelösten Pulvers sinkt pro Sekunde auf $\frac{1}{90}$.
c) Die Menge ungelösten Pulvers nimmt pro Sekunde um 10 % ab.
d) Die Menge ungelösten Pulvers sinkt in einer Minute auf ca. $\frac{18}{10\,000}$.
e) Die Menge ungelösten Pulvers nimmt pro Minute um ca. 99,82 % ab.

**4.26** a) 65 (°C)
b) Die Temperatur des Körpers sinkt in einer Minute auf $\frac{86}{100}$, in 5 min auf ca. $\frac{47}{100}$.

c) Die Temperatur nimmt pro Minute um 14 %, in jeweils 10 min um ca. 77,9 % ab.

d) 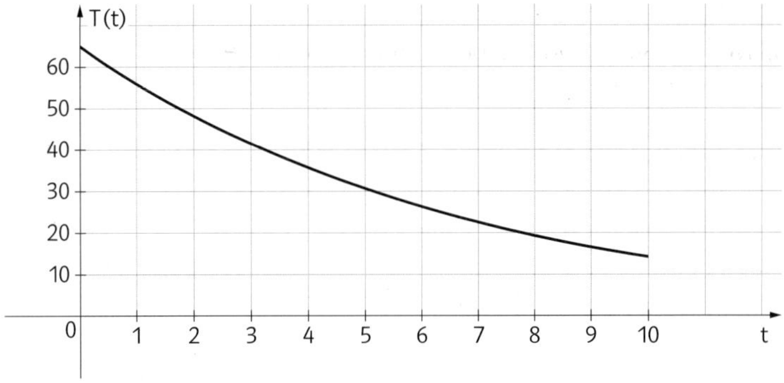


**4.27** a) A: $\mathbb{R} \to \mathbb{R}$ mit $A(t) = 268 \cdot 1{,}12^t$, t in Jahren

b) ca. 832 Bäume

**4.28** $p(h) = 1013 \cdot 0{,}999874^h$ mit p in Meter und p(h) in Hektopascal

a) $p(3797) \approx 628$ hPa b) $p(4807) \approx 553$ hPa c) $p(5895) \approx 482$ hPa d) $p(8850) \approx 332$ hPa

**4.29** a) ca. 20 %, b) ca. 67,2 %, c) ca. 89,3 %, d) ca. 98,8 %

**4.30** a) $N(n) = 1000000 \cdot 0{,}85^n$

| n | N(n) |
|---|---|
| 0 | 1000000 |
| 1 | 850000 |
| 2 | 722500 |
| 3 | 614125 |
| 4 | ≈ 522006 |

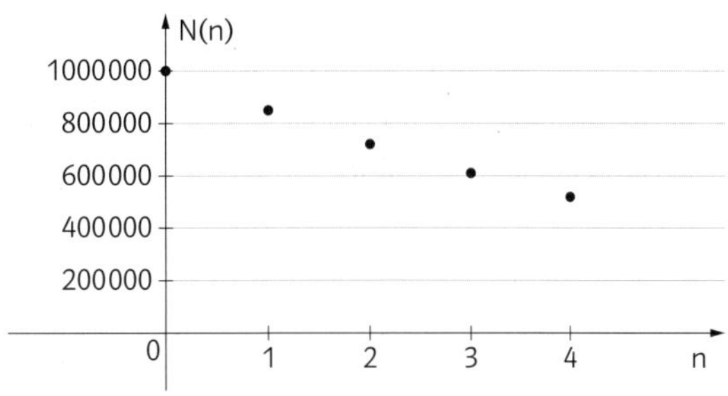


b) Damit man die Punkte in dem Graphen durch eine ununterbrochene Linie verbinden darf, muss man annehmen, dass in gleichen Zeitabschnitten stets die gleiche Atomanzahl zerfällt.
$N(t) = 1000000 \cdot 0{,}85^t$
mit t in Stunden

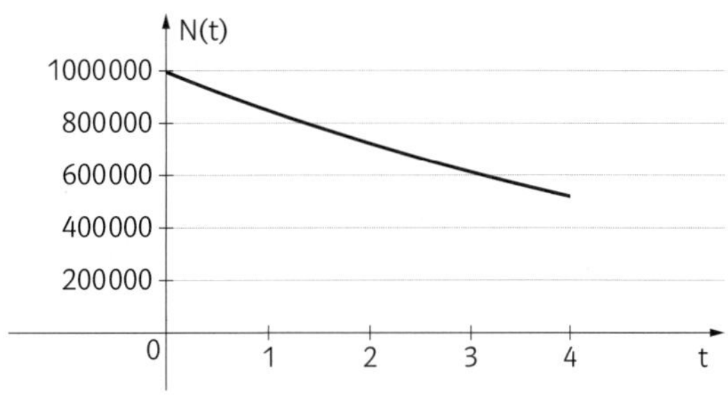

**4.31** **a)** 1500000

**b)** $N(2) \approx 952100$, $N(7) \approx 305600$, $N(14) \approx 62300$, $N(30) \approx 1600$

**c)**

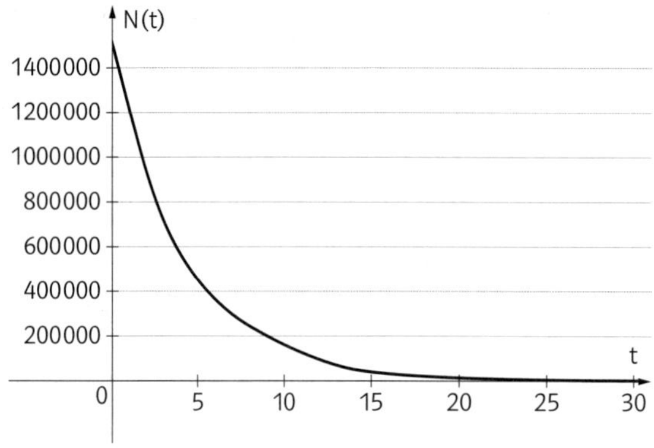


**4.32** **a)** Die Wismutmenge sinkt pro Tag auf ca. $\frac{871}{1000}$ bzw. in 2 Tagen auf ca. $\frac{758}{1000}$.

**b)** Die Wismutmenge nimmt in 7 Tagen um ca. 62,1% bzw. monatlich um ca. 98,4% ab.

**c)**

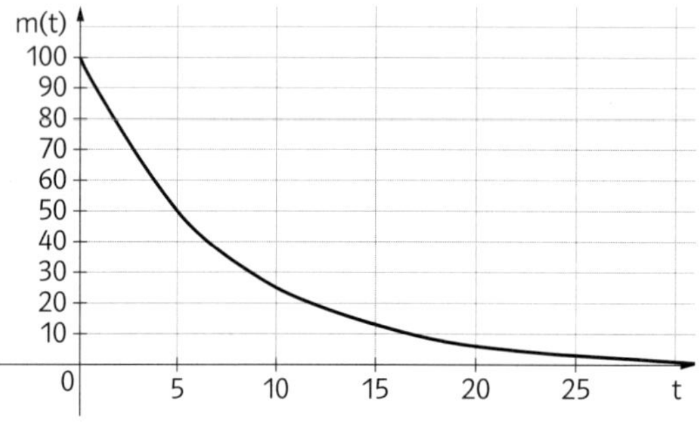


**4.33** **1)** $N(t) = 10^9 \cdot 0{,}5915^t$ mit t in Minuten

**2)** ca. $379600^x$

**4.34** **1)** $N(t) = 10^{12} \cdot 0{,}9527^t$ mit t in Tagen

**2)** ca. 21000

**4.36** **a)** $N(t) \approx 25{,}01 \cdot 1{,}49988^t$

**b)** $N(t) \approx 10{,}01 \cdot 0{,}69985^t$

**c)** $N(t) = 32 \cdot 1{,}8^t$

**d)** $N(t) \approx 119{,}00 \cdot 0{,}97000^t$

**e)** $N(t) \approx 105{,}00 \cdot 1{,}12001^t$

**f)** $N(t) \approx 1319{,}99 \cdot 0{,}61001^t$

**4.37** **a)** Ja, $f(x) = 2^x$

**b)** f ist keine Exponentialfunktion. Denn wäre f eine Exponentialfunktion mit $f(-1) = 0{,}1$ und $f(0) = 0{,}3$, so hätte f die Termdarstellung $f(x) = 0{,}3 \cdot 3^x$. Daraus würde sich $f(2) = 2{,}7$ ergeben, was ein Widerspruch zur Angabe $f(2) = 3$ ist. Daher kann f keine Exponentialfunktion sein.

**c)** f ist keine Exponentialfunktion. Denn erhöht man x ausgehend von 0 um 1, so verdoppelt sich der Funktionswert. Erhöht man x ausgehend von 1 um 3, so müsste sich der Funktionswert vervierfachen, falls f eine Exponentialfunktion wäre. Das ist aber nicht der Fall.

**d)** $f(x) = 4 \cdot 1{,}5^x$

**e)** $f(x) = 0{,}5^x$

**f)** f ist keine Exponentialfunktion. Denn Exponentialfunktionen sind auf ganz $\mathbb{R}$ entweder positiv oder negativ. Das trifft aber auf f nicht zu.

**g)** f ist keine Exponentialfunktion. Denn wäre f eine Exponentialfunktion mit $f(0) = 2$ und $f(1) = 1{,}5$, so hätte f die Termdarstellung $f(x) = 2 \cdot 0{,}75^x$. Daraus würde sich $f(3) = 0{,}84375$ ergeben, was ein Widerspruch zur Angabe $f(3) = 0{,}5$ ist. Daher kann f keine Exponentialfunktion sein.

**h)** f ist keine Exponentialfunktion. Denn wäre f eine Exponentialfunktion mit $f(2) = 2$ und $f(5) = 16$, so hätte f die Termdarstellung $f(x) = 0{,}5 \cdot 2^x$. Daraus würde sich $f(10) = 512$ ergeben, was ein Widerspruch zur Angabe $f(10) = 512$ ist. Daher kann f keine Exponentialfunktion sein.

**4.38** Nach 2 h waren ca. 16 000 Keime in der Milch, nach 6 h waren es ca. 4 491 000.

**4.39** **1)** $N(t) = 8 \cdot 0{,}5^t$ mit t in Jahren und N(t) in Milligramm
**2)** $N(4) = 0{,}5$; $N(6) = 0{,}125$

**4.40** Bei gesunder Bauchspeicheldrüse dürften nach 30 min nur mehr ca. 0,06 g des Farbstoffs vorhanden sein. Tatsächlich sind noch immer 0,1 g des Farbstoffs nachweisbar. Man kann also vermuten, dass die untersuchte Bauchspeicheldrüse nicht normal funktioniert.

**4.42** **a)** $t \approx 1{,}609$ **b)** $t \approx 2{,}315$ **c)** $t \approx 2{,}969$ **d)** $t \approx 3{,}578$

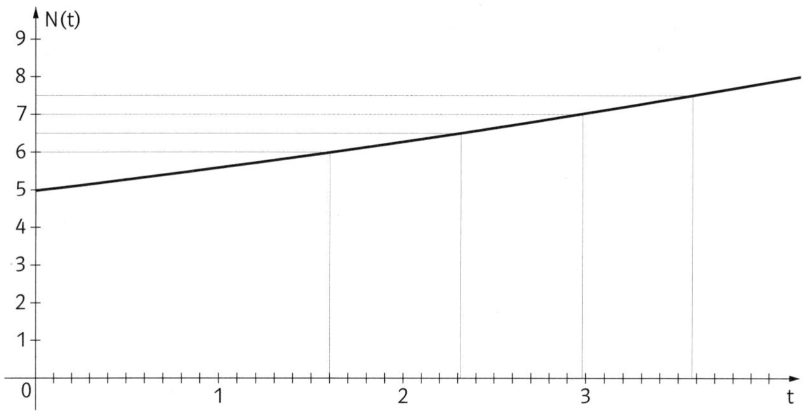


**4.43** **a)** $t \approx 1{,}756$ **b)** $t \approx 2{,}070$ **c)** $t \approx 2{,}513$ **d)** $t \approx 3{,}269$

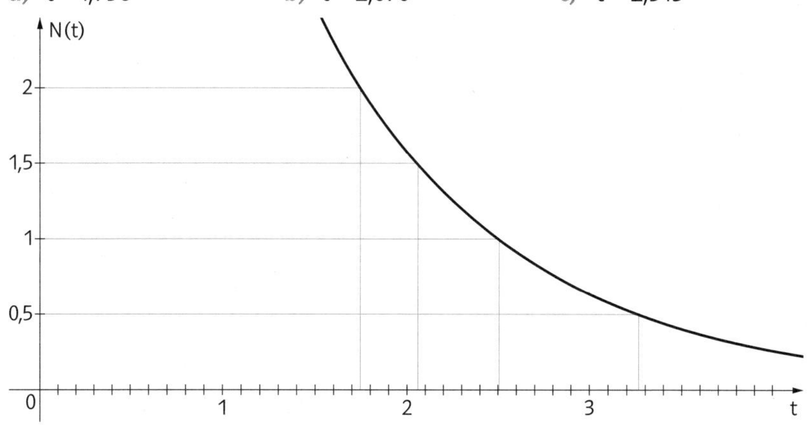


**4.44** Nach **a)** ca. 73 Tagen, **b)** ca. 38 Tagen, **c)** ca. 27 Tagen werden 1000 Menschen das Gerücht gehört haben.

**4.45** a) $t \approx 2{,}05\,h$ b) $t \approx 4{,}35\,h$ c) $t \approx 5{,}61\,h$

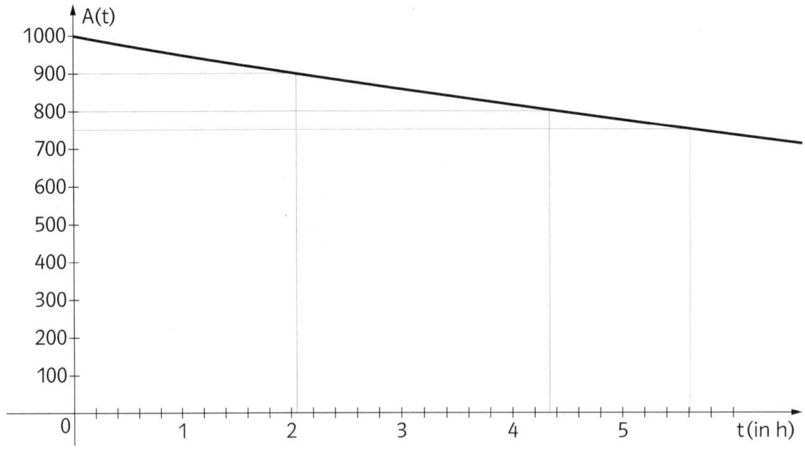


**4.46** a) Im Jahr 2015 wird die Region ca. 114 000 Einwohner haben.
b) Ca. im Jahr 2032 wird die Region 150 000 Einwohner erreicht haben.

**4.47** 1) Ursprünglich lebten ca. 6 200 Menschen in dieser Gegend, wenn man von einer exponentiellen Bevölkerungsabnahme ausgeht.
2) Wenn man eine exponentielle Abnahme der Bevölkerungszahl annimmt, werden nach 10 Jahren voraussichtlich 3 400 Menschen in dieser Gegend leben. Die Bevölkerungszahl nimmt dabei jährlich um ca. 5,8 % ab.
3) Wenn man eine lineare Abnahme der Bevölkerungszahl annimmt, werden nach 10 Jahren voraussichtlich 3 100 Menschen in dieser Gegend leben. Die Bevölkerungszahl nimmt dabei um 300 Personen pro Jahr ab.

**4.51** a) Für die Verdoppelungszeit t gilt: $N(t) = 2 \cdot N_0 \Leftrightarrow N_0 \cdot a^t = 2 \cdot N_0 \Leftrightarrow$
$a^t = 2 \Leftrightarrow t \cdot {}^{10}\log a = {}^{10}\log 2 \Leftrightarrow t = \frac{{}^{10}\log 2}{{}^{10}\log a}$. Die Lösung dieser Gleichung ist unabhängig von $N_0$.
b) Für die Halbwertszeit t gilt: $N(t) = 0{,}5 \cdot N_0 \Leftrightarrow N_0 \cdot a^t = 0{,}5 \cdot N_0 \Leftrightarrow$
$a^t = 0{,}5 \Leftrightarrow t \cdot {}^{10}\log a = {}^{10}\log 0{,}5 \Leftrightarrow t = \frac{{}^{10}\log 0{,}5}{{}^{10}\log a}$. Die Lösung dieser Gleichung ist unabhängig von $N_0$.

**4.52** a) $a \approx 0{,}796712518$; $N(t) \approx N_0 \cdot 0{,}796712518^t$, t in Minuten
b) $a \approx 0{,}834058161$; $N(t) \approx N_0 \cdot 0{,}834058161^t$, t in Tagen
c) $a \approx 0{,}995004232$; $N(t) \approx N_0 \cdot 0{,}995004232^t$, t in Tagen
d) $a \approx 0{,}999567417$; $N(t) \approx N_0 \cdot 0{,}999567417^t$, t in Jahren
e) $a \approx 0{,}990846776$; $N(t) \approx N_0 \cdot 0{,}990846776^t$, t in Tausend Jahren
f) $a \approx 0{,}856298803$; $N(t) \approx N_0 \cdot 0{,}856298803^t$, t in Milliarden Jahren

**4.53** Zerfallsgesetz: $N(t) = N_0 \cdot 0{,}9761^t$, t in Jahren; Halbwertszeit ca. 28,654 Jahre

**4.54** a) nach ca. 70 Jahren b) nach ca. 100 Jahren c) nach ca. 199 Jahren

**4.55** a) nach ca. 6,5 Jahren b) nach ca. 12,9 Jahren c) nach ca. 19,4 Jahren

**4.56** Sei T die Halbwertszeit einer Schadstoffkonzentration mit dem Zerfallsgesetz $N(t) = N_0 \cdot a^t$.
Aus $N(T) = \frac{N_0}{2}$ folgt $a^T = \frac{1}{2}$. Daher gilt für die Schadstoffkonzentration nach 10 Halbwertszeitlängen:
$N(10 \cdot T) = N_0 \cdot a^{10T} = N_0 \cdot (a^T)^{10} = N_0 \cdot \left(\frac{1}{2}\right)^{10} = N_0 \cdot \frac{1}{1024} \approx N_0 \cdot \frac{1}{1000} = 1‰$ des Anfangswerts $N_0$.

**4.57** Bis zum Jahr 2035 verdoppelt sich unter diesen Voraussetzungen der Energieverbrauch.

**4.58** a) Theoretisch, dh. im mathematischen Modell hat der Auflösungsvorgang kein Ende, weil für alle t aus $\mathbb{R}$ gilt: $M(t) > 0$

b) Nach $-\frac{^{10}\log 2}{^{10}\log a}$ Sekunden ist die Hälfte des Zuckers aufgelöst.

c) Nach $\frac{^{10}\log 0{,}1}{^{10}\log a} = \frac{-1}{^{10}\log a}$ Sekunden sind 90 % des Zuckers aufgelöst.

**4.59** a) in ca. 3,1 m b) in ca. 4,9 m c) in ca. 10,3 m

**4.60** $p(h) \approx p_0 \cdot 0{,}999\,874^h$, h in Meter

**4.61** Die nächste 3 ml-Injektion muss zwischen ca. 09:20 Uhr und 13:20 Uhr gesetzt werden.

**4.62** Nach frühestens 283 Tagen ist die DDT-Konzentration auf unter 0,9 mg/kg gesunken.

**4.63** a) ca. $19{,}1 \cdot 10^3$ Jahre b) $20{,}9 \cdot 10^3$ Jahre

**4.64** ca. 1740 v. Chr.

**4.65** ca. 1 800 000 Jahre

**4.66** 1) Der Ötzi starb etwa im Jahr 2660 v. Chr.
2) Ötzis Sterbejahr liegt ungefähr zwischen 2680 v. Chr. und 2630 v. Chr.

**4.68** a) $N(t) \approx 800 \cdot e^{0{,}2231 \cdot t}$ mit der Wachstumskonstanten $\lambda \approx 0{,}2231$
b) $N(t) \approx 450 \cdot e^{0{,}3075 \cdot t}$ mit der Wachstumskonstanten $\lambda \approx 0{,}3075$
c) $N(t) = 180 \cdot e^{0{,}0488 \cdot t}$ mit der Wachstumskonstanten $\lambda \approx 0{,}0488$

**4.69** a) $N(t) \approx 480 \cdot e^{-0{,}2231 \cdot t}$ mit der Abnahmekonstanten $\lambda \approx 0{,}2231$
b) $N(t) \approx 540 \cdot e^{-1{,}0217 \cdot t}$ mit der Abnahmekonstanten $\lambda \approx 1{,}0217$
c) $N(t) = 910 \cdot e^{-3{,}5066 \cdot t}$ mit der Abnahmekonstanten $\lambda \approx 3{,}5066$

**4.70** a) $N(t) \approx 10\,000 \cdot e^{-0{,}020\,20 \cdot t}$ mit der Zerfallskonstanten $\lambda \approx 0{,}020\,20$
b) $N(t) \approx 15\,000 \cdot e^{-0{,}040\,82 \cdot t}$ mit der Zerfallskonstanten $\lambda \approx 0{,}040\,82$
c) $N(t) = 20\,000 \cdot e^{-0{,}010\,05 \cdot t}$ mit der Zerfallskonstanten $\lambda \approx 0{,}010\,05$

**4.71** a) jährliche prozentuelle Zunahme ca. 20 %
b) jährliche prozentuelle Zunahme ca. 10 %
c) jährliche prozentuelle Zunahme ca. 5 %

**4.72** a) jährliche prozentuelle Abnahme ca. 15 %
b) jährliche prozentuelle Abnahme ca. 10 %
c) jährliche prozentuelle Abnahme ca. 5 %

**4.73** Sei $N(t) = N_0 \cdot e^{-\lambda \cdot t}$ das Zerfallsgesetz eines Zerfallsprozesses, dann gilt für die Halbwertszeit T:
$N(T) = \frac{1}{2} \cdot N_0 \Rightarrow e^{-\lambda \cdot T} = \frac{1}{2} \Rightarrow -\lambda \cdot T = \ln\frac{1}{2} \Rightarrow -\lambda \cdot T = -\ln 2 \Rightarrow T = \frac{\ln 2}{\lambda}$

**4.74** a) ca. 3,05 min b) ca. 3,82 Tage c) ca. 1600 Jahre d) ca. 4,5 Milliarden Jahre

**4.75** 1)

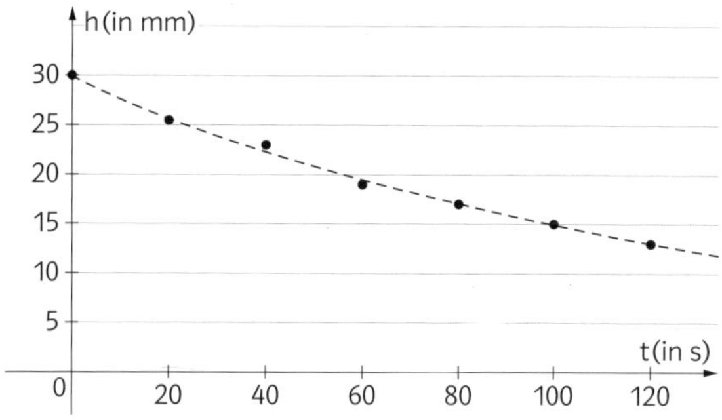

2)

| Zeitintervall | prozentuelle Abnahme der Schaumhöhe um |
|---|---|
| [0; 20] | ca. 13,3 % |
| [20; 40] | ca. 11,5 % |
| [40; 60] | ca. 17,4 % |
| [60; 80] | ca. 10,5 % |
| [80; 100] | ca. 11,8 % |
| [100; 120] | ca. 13,3 % |

Die Bierschierschaumhöhe nimmt in 20 s im Mittel jeweils um ca. 13 % ab, dh. die Schaumhöhe sinkt in 20 s im Mittel jeweils auf ca. 87 % ihres Ausgangswerts. Daher ist es gerechtfertigt, von einer näherungsweisen exponentiellen Abnahme der Schaumhöhe zu sprechen. Für die näherungsweise Termdarstellung $h(t) = h_0 \cdot a^t$ mit t in Sekunden gilt:

- $h(0) = 30 \Rightarrow h_0 = 30$
- $h(20) = 0{,}87 \cdot h_0 \Rightarrow h_0 \cdot a^{20} = 0{,}87 \cdot h_0 \Rightarrow a = \sqrt[20]{0{,}87} \approx 0{,}993$
  $\Rightarrow h(t) = 30 \cdot 0{,}993^t$, (t in Sekunden, h(t) in Millimeter)

3) 30 = Schaumhöhe zum Zeitpunkt 0 in Millimeter
0,993 gibt an, dass die Schaumhöhe pro Sekunde jeweils auf ca. 99,3 % ihres Ausgangswerts sinkt.

4) Es liegt keine sehr gute Bierschaumhaltbarkeit vor, denn die Schaumhöhe ist schon in weniger als 2 min, nämlich in 100 s ausgehend von 30 mm Höhe auf die Hälfte gesunken.

**4.76** Im Jahr 2045

**4.77** a) Bei linearer Abnahme ist die Konzentration nach 2 h auf 60 %, nach 4 h 45 min auf 5 % und nach 5 h auf 0 % gesunken.
b) Bei exponentieller Abnahme ist die Konzentration nach ca. 2 h 17 min auf 60 % und nach 13 h 25,5 min auf 5 % gesunken. Theoretisch sinkt die Konzentration nie auf 0 %.

**4.78** 1) $N_{China}(t) = 1287 \cdot 1{,}006^t$; $N_{China}(t)$ in Millionen; $N_{Indien}(t) = 1049{,}7 \cdot 1{,}0147^t$; $N_{Indien}(t)$ in Millionen

2)

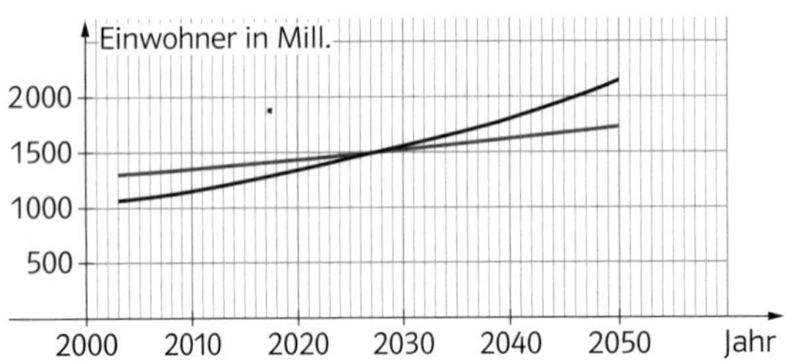


3) Nach diesem Modell übersteigt die Bevölkerungszahl Indiens ca. im Jahr 2027 die Bevölkerungszahl Chinas.

4) Die Prognose ist unsicher, weil sie gleichbleibende jährliche Wachstumsraten voraussetzt.

**4.81** 1)

| | Änderungsmaß der Nächtigungszahlen im Zeitintervall [2006; 2008] | [2008; 2010] |
|---|---|---|
| absolute Änderung | 7244 | 7418 |
| Differenzenquotient | 3622 | 3709 |
| relative Änderung | 2,450 % | 2,449 % |
| Änderungsfaktor | 1,024 50 | 1,024 49 |

In den beiden Zeitintervallen sind relative Änderung bzw. Änderungsfaktor jeweils nahezu gleich groß. Daher können die Nächtigungszahlen besser durch ein exponentielles Modell beschrieben werden.

2) ca. 306 600

**4.83** Sei f eine Logarithmusfunktion mit $f(x) = {}^a\log x$ und seien $x, y \in \mathbb{R}^+$, dann gilt:
$f(x \cdot y) = {}^a\log(x \cdot y) = {}^a\log(x) + {}^a\log(y) = f(x) + f(y)$

**4.84** **a)**

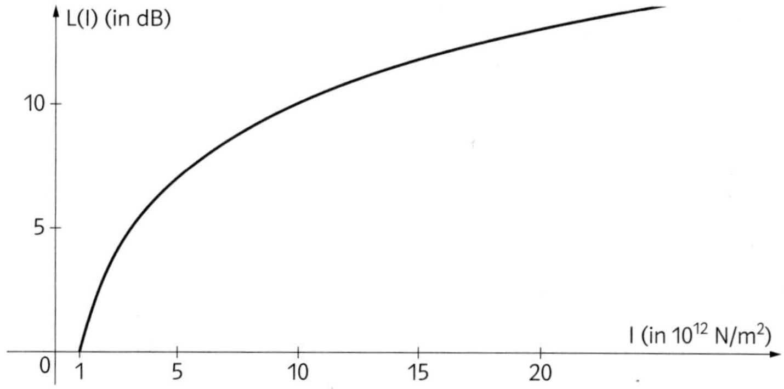


**b)** $L(2 \cdot I) = 10 \cdot {}^{10}\log(2 \cdot I) = 10 \cdot ({}^{10}\log 2 + {}^{10}\log I) = 10 \cdot {}^{10}\log 2 + 10 \cdot {}^{10}\log I \approx 3 + L(I)$

Dh. jede Verdoppelung der Schallintensität I führt zu einer Zunahme der Lautstärke L um ca. 3 dB.

**c)** $L(10 \cdot I) = 10 \cdot {}^{10}\log(10 \cdot I) = 10 \cdot ({}^{10}\log 10 + {}^{10}\log I) = 10 \cdot {}^{10}\log 10 + 10 \cdot {}^{10}\log I = 10 + L(I)$

Dh. jede Verzehnfachung der Schallintensität I führt zu einer Zunahme der Lautstärke L um 10 dB.

**d)** Wir halten zuerst fest: $L = 10 \cdot {}^{10}\log I \iff 10^{\frac{L}{10}} = I$

Wir fragen jetzt: Auf welchen Prozentsatz p ihres ursprünglichen Werts muss I sinken, wenn L um 5 dB reduziert werden soll? Bestimme dazu p so, dass gilt:

$$L - 5 = 10 \cdot {}^{10}\log\frac{I \cdot p}{100} \iff \frac{L}{10} - 0{,}5 = {}^{10}\log\frac{I \cdot p}{100} \iff 10^{\frac{L}{10} - 0{,}5} = \frac{I \cdot p}{100} \iff 10^{\frac{L}{10}} \cdot 10^{-0{,}5} = \frac{I \cdot p}{100} \iff$$

$$\iff I \cdot 10^{-0{,}5} = \frac{I \cdot p}{100} \iff 0{,}316 \approx \frac{p}{100} \iff p \approx 31{,}6$$

Eine Reduktion der Lautstärke um 5 dB ergibt sich durch eine Senkung der Schallintensität auf ca. 31,6 %, dh. durch Senkung um ca. 68,4 % (= 100 % − 31,6 %).

**4.85** **a)** $f(x) = 0{,}5 \cdot 1{,}5^x \iff {}^{10}\log f(x) = {}^{10}\log(0{,}5 \cdot 1{,}5^x) \iff {}^{10}\log f(x) = {}^{10}\log 0{,}5 + x \cdot {}^{10}\log 1{,}5$

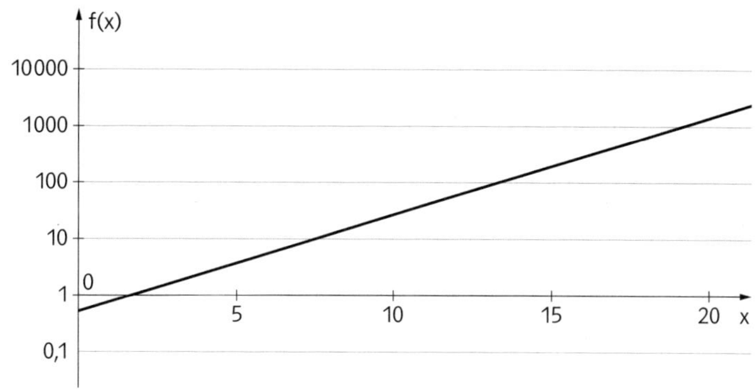


**b)** $f(x) = 2 \cdot x^{1,5} \iff {}^{10}\log f(x) = {}^{10}\log(2 \cdot x^{1,5}) \iff {}^{10}\log f(x) = {}^{10}\log 2 + 1{,}5 \cdot {}^{10}\log x$

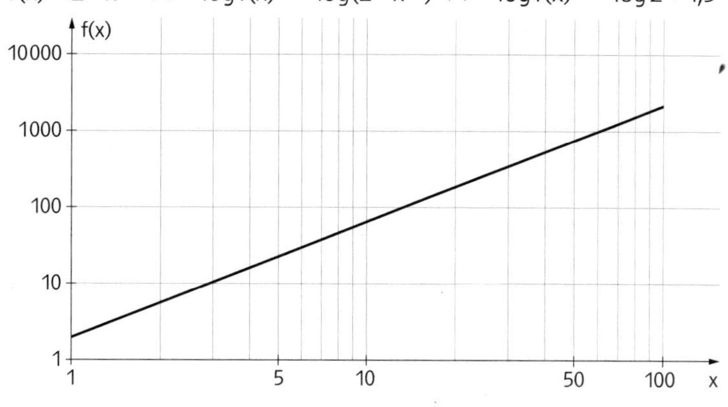

**c)** $f(x) = 3 \cdot 1{,}8^x \Leftrightarrow {}^{10}\log f(x) = {}^{10}\log(3 \cdot 1{,}8^x) \Leftrightarrow {}^{10}\log f(x) = {}^{10}\log 3 + x \cdot {}^{10}\log 1{,}8$

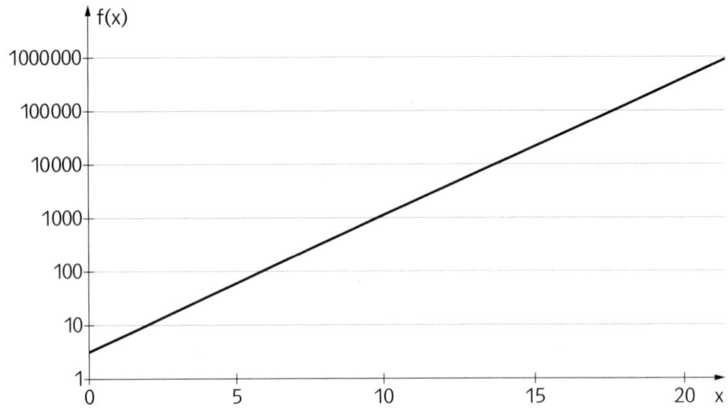


**d)** $f(x) = 0{,}6 \cdot x^2 \Leftrightarrow {}^{10}\log f(x) = {}^{10}\log(0{,}6 \cdot x^2) \Leftrightarrow {}^{10}\log f(x) = {}^{10}\log 0{,}6 + 2 \cdot {}^{10}\log x$

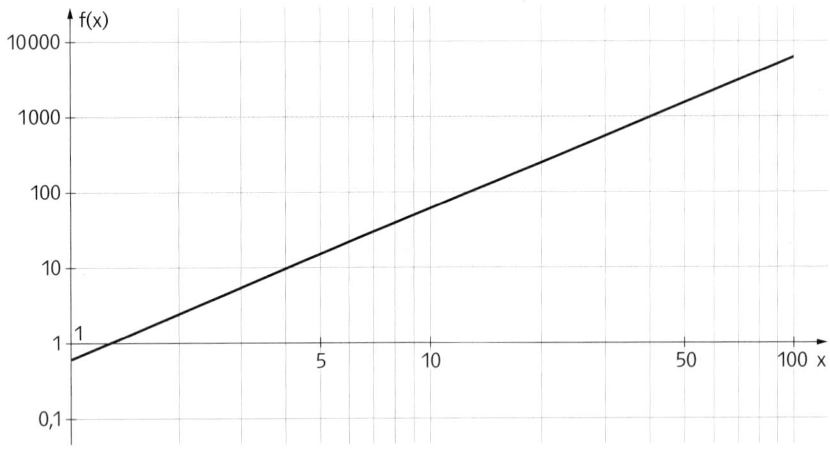


**4.88**

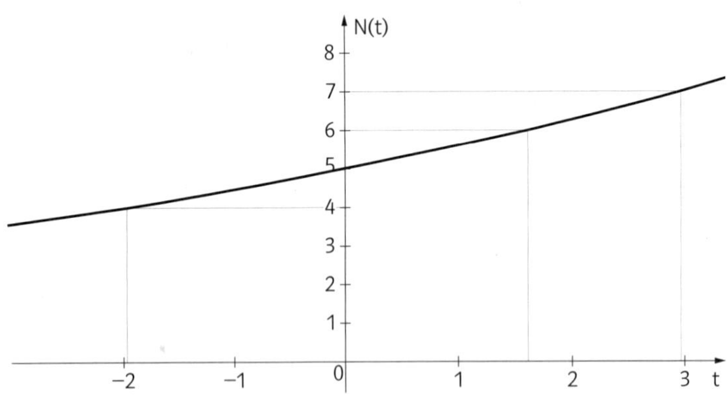


**a)** $N(t) > 5 \Leftrightarrow t > 0$

**b)** $N(t) > 6 \Leftrightarrow t > \approx 1{,}61$

**c)** $4 \leq N(t) \leq 6 \Leftrightarrow \frac{{}^{10}\log 0{,}8}{{}^{10}\log 1{,}12} \approx -1{,}97 \leq t \leq \frac{{}^{10}\log 1{,}2}{{}^{10}\log 1{,}12} \approx 1{,}61$

**d)** $6 \leq N(t) \leq 7 \Leftrightarrow \frac{{}^{10}\log 1{,}2}{{}^{10}\log 1{,}12} \approx 1{,}61 \leq t \leq \frac{{}^{10}\log 1{,}4}{{}^{10}\log 1{,}12} \approx 2{,}97$

**4.89** **a)** nach 50 Tagen **b)** nach 38 Tagen **b)** nach 31 Tagen

**4.90** **a)** ca. 59 500 **b)** ca. im Jahr 2017

**4.91** **a)** nach ca. 2 h 06 min **b)** nach ca. 4 h 24 min **c)** nach ca. 9 h 19 min **d)** nach ca. 19 h 38 min

**4.94** a)

| n | N(n) |
|---|---|
| 0 | 1000 |
| 1 | 1700 |
| 2 | ≈ 2831 |
| 3 | ≈ 4553 |
| 4 | ≈ 6931 |
| 5 | ≈ 9727 |
| 6 | ≈ 12292 |
| 7 | ≈ 13956 |
| 8 | ≈ 14685 |
| 9 | ≈ 14916 |
| 10 | ≈ 14979 |

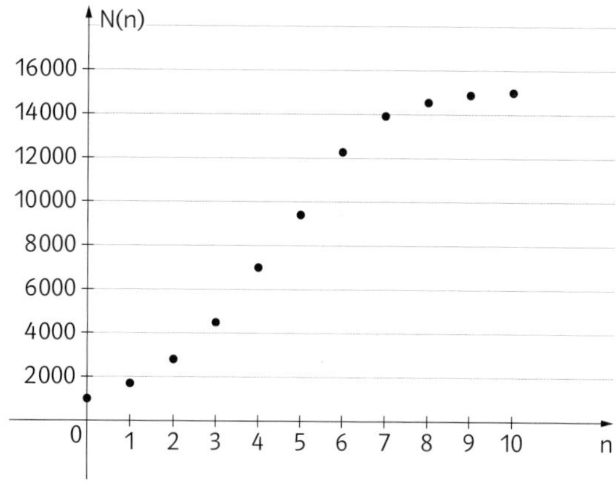


b)

| n | N(n) |
|---|---|
| 0 | 1000 |
| 1 | 2120 |
| 2 | ≈ 4304 |
| 3 | ≈ 7988 |
| 4 | ≈ 12469 |
| 5 | ≈ 14994 |
| 6 | ≈ 15001 |
| 7 | ≈ 15000 |
| 8 | ≈ 15000 |
| 9 | ≈ 15000 |
| 10 | ≈ 15000 |

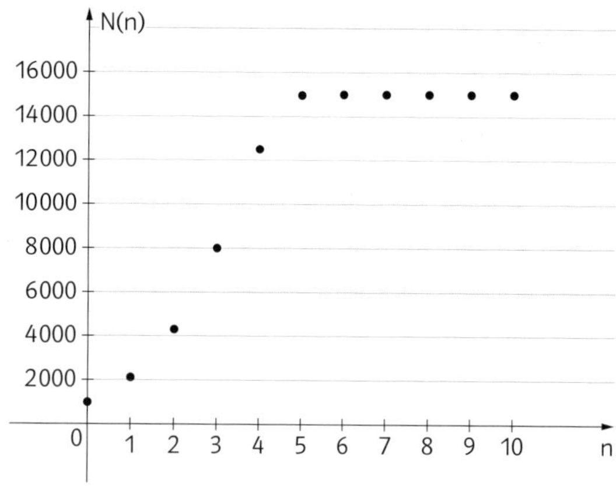


c)

| n | N(n) |
|---|---|
| 0 | 5000 |
| 1 | 6500 |
| 2 | ≈ 8158 |
| 3 | ≈ 9832 |
| 4 | ≈ 11356 |
| 5 | ≈ 12598 |
| 6 | ≈ 13506 |
| 7 | ≈ 14111 |
| 8 | ≈ 14487 |
| 9 | ≈ 14710 |
| 10 | ≈ 14838 |

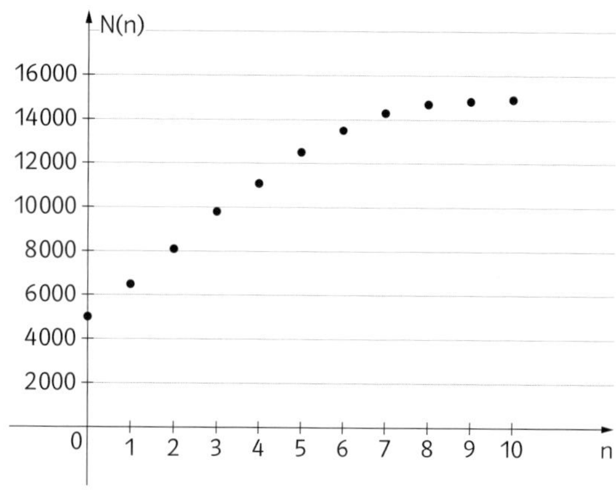


d)

| n | N(n) |
|---|---|
| 0 | 2500 |
| 1 | ≈ 3438 |
| 2 | ≈ 4630 |
| 3 | ≈ 6070 |
| 4 | ≈ 7696 |
| 5 | ≈ 9383 |
| 6 | ≈ 10964 |
| 7 | ≈ 12291 |
| 8 | ≈ 13290 |
| 9 | ≈ 13972 |
| 10 | ≈ 14403 |

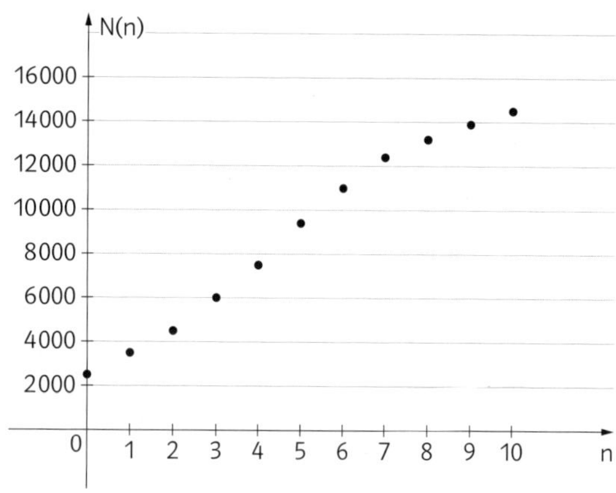

e)

| n | N(n) |
|---|---|
| 0 | 1000 |
| 1 | 1560 |
| 2 | ≈ 2399 |
| 3 | ≈ 3608 |
| 4 | ≈ 5252 |
| 5 | ≈ 7300 |
| 6 | ≈ 9548 |
| 7 | ≈ 11630 |
| 8 | ≈ 13198 |
| 9 | ≈ 14149 |
| 10 | ≈ 14631 |

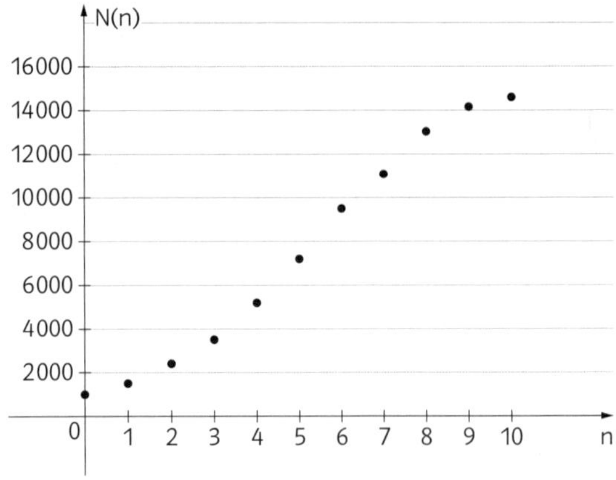


f)

| n | N(n) |
|---|---|
| 0 | 250 |
| 1 | ≈ 508 |
| 2 | ≈ 1024 |
| 3 | ≈ 2025 |
| 4 | ≈ 3864 |
| 5 | ≈ 6876 |
| 6 | ≈ 10787 |
| 7 | ≈ 13968 |
| 8 | ≈ 14977 |
| 9 | ≈ 15001 |
| 10 | ≈ 15000 |

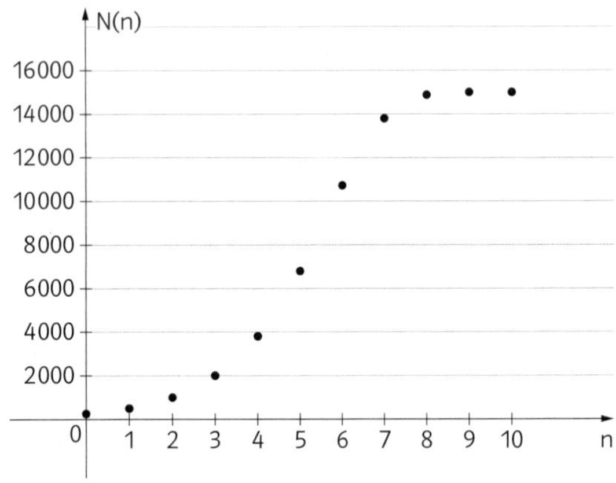


**4.95** 1) $A(n) = 1{,}2^n$, n in Stunden

2) $A(0) = 1$ und $A(n+1) = A(n) + 0{,}0004 \cdot A(n) \cdot [500 - A(n)]$, n in Stunden

**4.96** 1)

| n | N(n) |
|---|---|
| 0 | 10 |
| 1 | ≈ 20 |
| 2 | ≈ 39 |
| 3 | ≈ 77 |
| 4 | ≈ 149 |
| 5 | ≈ 275 |
| 6 | ≈ 474 |
| 7 | ≈ 724 |
| 8 | ≈ 924 |
| 9 | ≈ 994 |
| 10 | ≈ 1000 |
| 11 | ≈ 1000 |
| 12 | ≈ 1000 |
| 13 | ≈ 1000 |
| 14 | ≈ 1000 |
| 15 | ≈ 1000 |

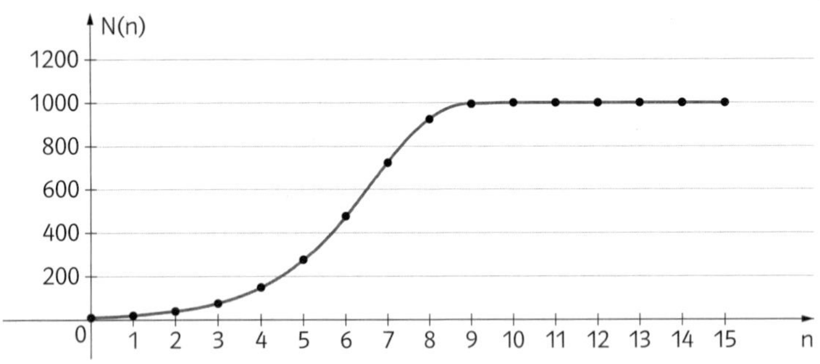


Langfristig erreicht die Populationsgröße die Kapazitätsgrenze K und bleibt dort konstant.

2)

| n | N(n) |
|---|---|
| 0 | 10 |
| 1 | ≈ 30 |
| 2 | ≈ 88 |
| 3 | ≈ 248 |
| 4 | ≈ 620 |
| 5 | ≈ 1091 |
| 6 | ≈ 892 |
| 7 | ≈ 1085 |
| 8 | ≈ 901 |
| 9 | ≈ 1079 |
| 10 | ≈ 908 |
| 11 | ≈ 1075 |
| 12 | ≈ 914 |
| 13 | ≈ 1071 |
| 14 | ≈ 918 |
| 15 | ≈ 1068 |

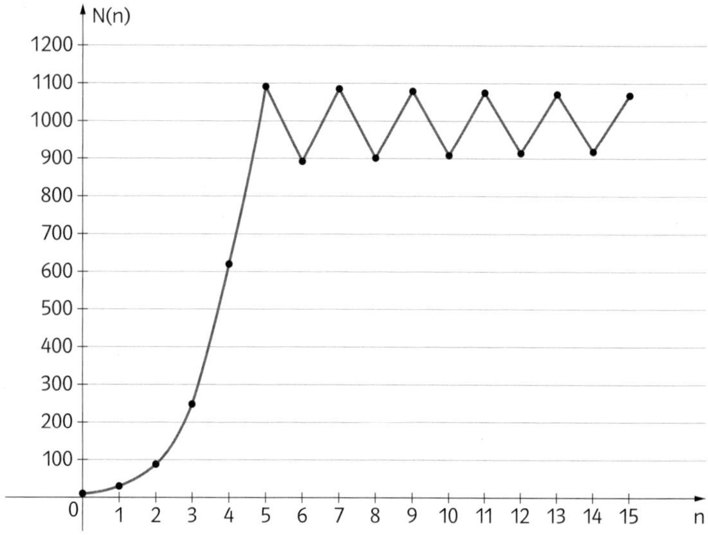


Langfristig schwankt die Populationsgröße periodisch näherungsweise zwischen den zwei Werten 900 und 1100.

3)

| n | N(n) |
|---|---|
| 0 | 10 |
| 1 | ≈ 35 |
| 2 | ≈ 119 |
| 3 | ≈ 380 |
| 4 | ≈ 969 |
| 5 | ≈ 1044 |
| 6 | ≈ 929 |
| 7 | ≈ 1094 |
| 8 | ≈ 837 |
| 9 | ≈ 1178 |
| 10 | ≈ 653 |
| 11 | ≈ 1220 |
| 12 | 550 |
| 13 | ≈ 1169 |
| 14 | ≈ 675 |
| 15 | ≈ 1223 |

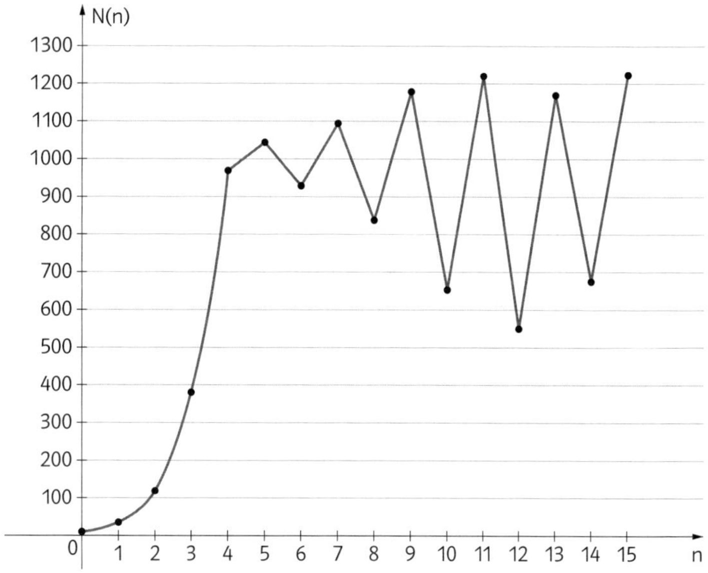


Langfristig schwankt die Populationsgröße stark um die Kapazitätsgrenze.
Die verschiedenen Werte der Populationsgröße scheinen sich langfristig zu wiederholen.

4)

| n | N(n) |
|---|---|
| 0 | 10 |
| 1 | ≈ 38 |
| 2 | ≈ 139 |
| 3 | ≈ 475 |
| 4 | ≈ 1173 |
| 5 | ≈ 604 |
| 6 | ≈ 1274 |
| 7 | ≈ 298 |
| 8 | ≈ 884 |
| 9 | ≈ 1171 |
| 10 | ≈ 610 |
| 11 | ≈ 1276 |
| 12 | ≈ 290 |
| 13 | ≈ 866 |
| 14 | ≈ 1191 |
| 15 | ≈ 553 |

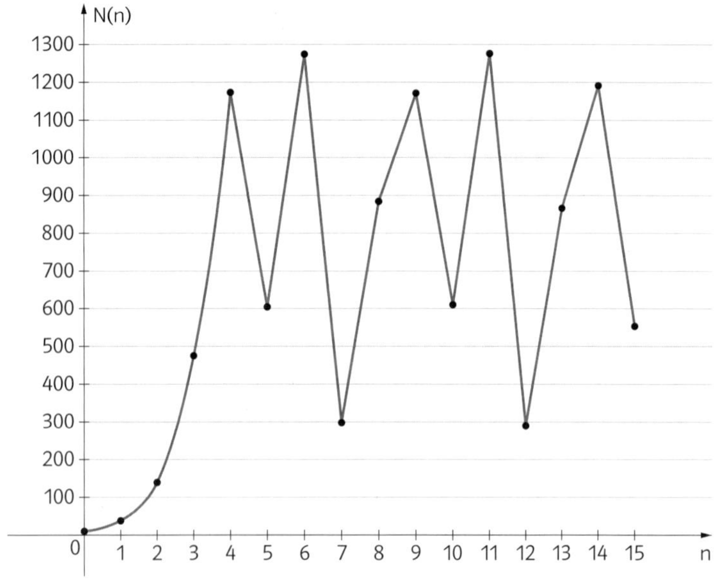


Langfristig ändert sich die Populationsgröße nicht periodisch, sondern völlig „unregelmäßig".

**4.98** 1) $N(t) = \frac{K \cdot N_0 \cdot a^t}{N_0 \cdot a^t + (K - N_0)}$ mit $K = 10\,000$, $N_0 = N(0) = 10$

Wegen $N(10) = 400$ erhält man für a:

$\frac{K \cdot N_0 \cdot a^{10}}{N_0 \cdot a^{10} + (K - N_0)} = 400 \Rightarrow K \cdot N_0 \cdot a^{10} = 400 \cdot N_0 \cdot a^{10} + 400 \cdot (K - N_0) \Rightarrow$

$a^{10} = \frac{400 \cdot (K - N_0)}{(K - 400) \cdot N_0} \Rightarrow a = \sqrt[10]{\frac{400 \cdot (K - N_0)}{(K - 400) \cdot N_0}} \approx 1{,}452$

$N(t) \approx \frac{10\,000 \cdot 1{,}452^t}{1{,}452^t + 999}$

2) $N(30) \approx 9\,860$ Personen

3) $N(60) \approx 10\,000$ Personen $\Rightarrow$ Es ist praktisch die gesamte Population infiziert, dh. es sind keine nicht infizierten Personen übrig.

4) $N(t) = 9\,500 \Rightarrow t \approx 26{,}4 \Rightarrow$ Nach etwas mehr als 26 Tagen sind 95 % infiziert.

5) Da es anfangs nur wenige Infizierte gibt, hat eine infizierte Person fast nur Kontakt zu nicht infizierten Personen, die sich dadurch anstecken, dh. fast jeder Personenkontakt mit einer infizierten Person führt zu einer Neuinfektion. Mit zunehmendem Durchseuchungsgrad der Population werden Neuinfektionen immer seltener. Anfangs erfolgt daher die Ausbreitung der Grippe schnell, später verlangsamt sich die Ausbreitung.

**4.99** 1) $N(t) = \frac{200\,000 \cdot 1 \cdot 1{,}15^t}{1 \cdot 1{,}15^t + (200\,000 - 1)}$; $N(5) \approx 2$

2) $N(t) = 40\,000 \Rightarrow t \approx 77{,}4\,h \Rightarrow$ Nach ca. 77,4 h wissen 20 % der Stadtbewohner vom Gerücht.

3) Da anfangs kaum jemand von dem Gerücht weiß, hat eine informierte Person fast nur Kontakt zu nicht informierten Personen. Fast jeder Kontakt führt also zu einer weiteren Ausbreitung des Gerüchts. Später treffen immer öfter bereits informierte Personen aufeinander, bei solchen Kontakten erfolgt also keine weitere Ausbreitung des Gerüchts. Anfangs erfolgt daher die Ausbreitung schnell, später verlangsamt sich die Ausbreitung.

**4.100** Unter einer Exponentialfunktion versteht man eine reelle Funktion $f: A \rightarrow \mathbb{R}$ mit $f(x) = c \cdot a^x$ (mit $c \in \mathbb{R}$, $a \in \mathbb{R}^+$).
Unter einer Logarithmusfunktion versteht man eine reelle Funktion $f: \mathbb{R}^+ \rightarrow \mathbb{R}$ mit $f(x) = c \cdot {}^a\log x$ (mit $c \in \mathbb{R}$, $a \in \mathbb{R}^+$, $a \neq 1$).

**4.101** a muss eine positive reelle Zahl sein.
$c = f(0)$ = Funktionswert an der Stelle 0
a = Faktor, mit dem sich der Funktionswert ändert, wenn das Argument um 1 erhöht wird.

**4.102** **a)**

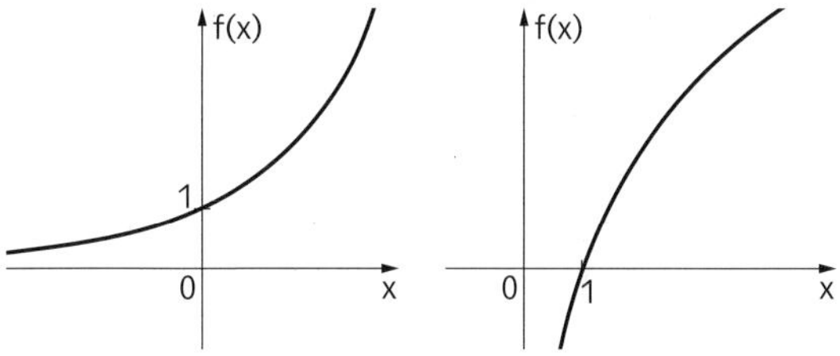


**b)**

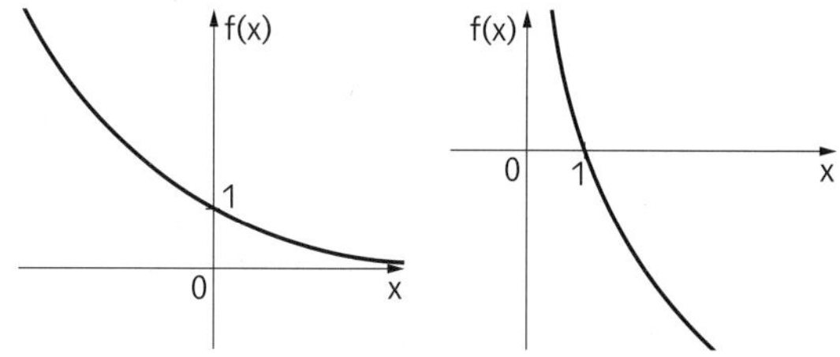


**4.103** **a)**

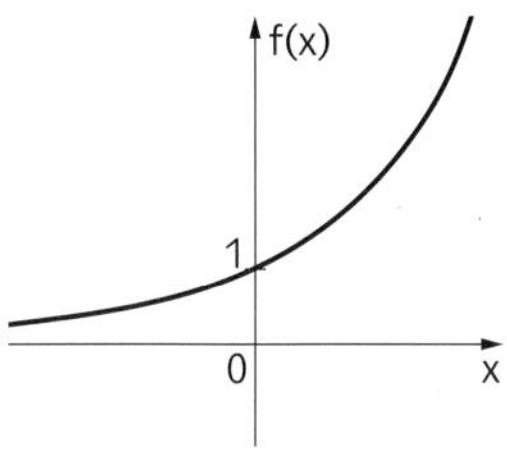


**c)**

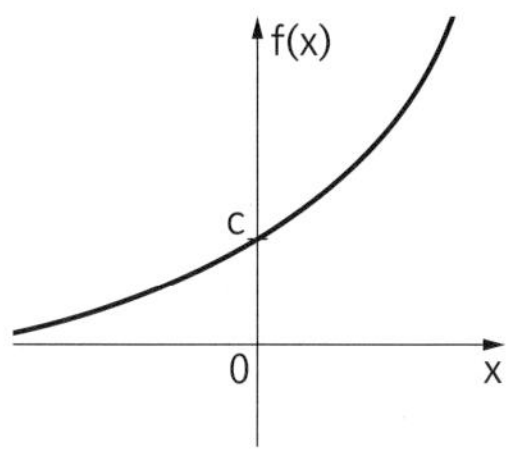


**e)**

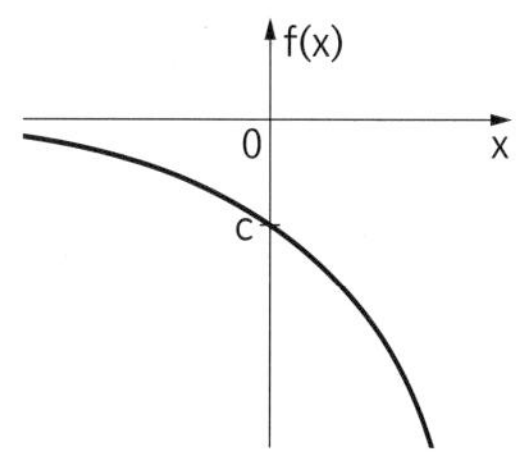


**b)**

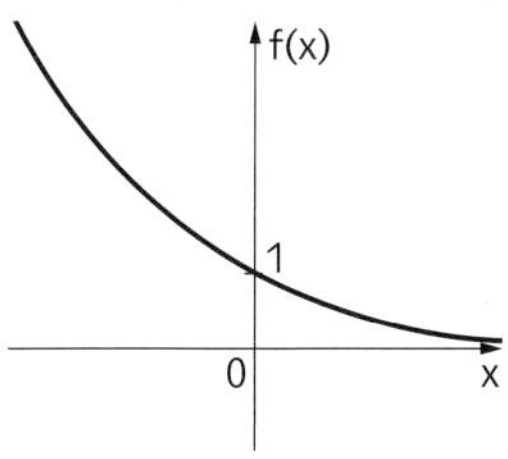


**d)**

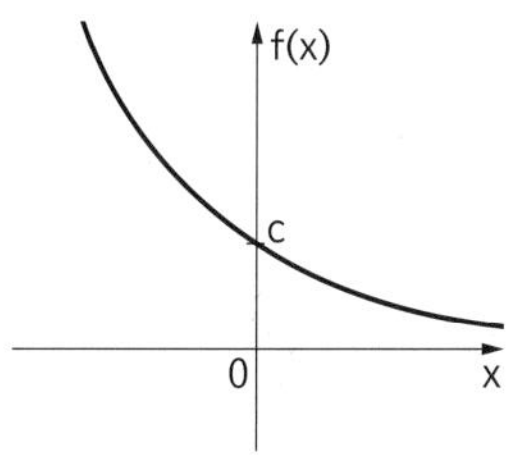


**f)**

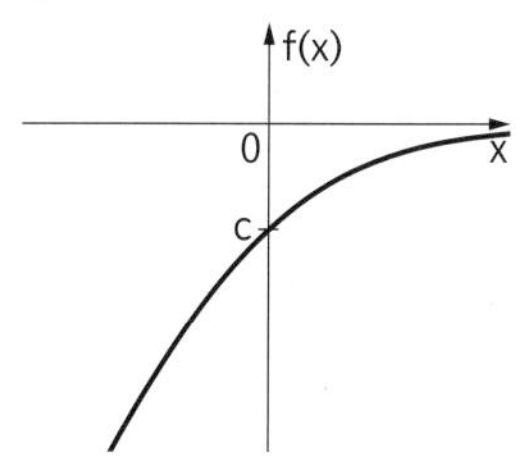


**4.104** Die Graphen der Funktionen liegen symmetrisch zur 2. Achse.

**4.105** Siehe Seite 70!

**4.106** $f(x+1) = a^{x+1} = a^x \cdot a = f(x) \cdot a$.
Setzt man $a = 1 \pm \frac{p}{100}$, dann gilt: $f(x) = f(x) \cdot \left(1 \pm \frac{p}{100}\right)$. Das bedeutet eine Erhöhung bzw. Verminderung von f(x) um p% von f(x).
Für $a > 1$ gilt: $a = 1 + \frac{p}{100} \Leftrightarrow p = 100 \cdot (a-1)$
Für $0 < a < 1$ gilt: $a = 1 - \frac{p}{100} \Leftrightarrow p = 100 \cdot (1-a)$

**4.107** $N_0 = N(0)$ = Wert der betrachteten Größe N zum Zeitpunkt 0
Für $a > 1$ liegt ein Wachstumsprozess, für $0 < a < 1$ liegt ein Abnahmeprozess vor.
λ heißt Wachstums- bzw. Abnahmekonstante (Zerfallskonstante).
Für $a > 1$ gilt: $a = e^{\lambda}$ bzw. $\lambda = \ln a$
Für $0 < a < 1$ gilt: $a = e^{-\lambda}$ bzw. $\lambda = -\ln a$

**4.108** Die Verdopplungszeit T bei einem exponentiellen Wachstumsprozess gibt an, in welcher Zeitspanne sich die untersuchte Größe N jeweils verdoppelt. T ergibt sich als Lösung der Gleichung $N(t) = 2 \cdot N_0$.
Die Halbwertszeit T bei einem exponentiellen Abnahmeprozess gibt an, in welcher Zeitspanne sich die untersuchte Größe N jeweils halbiert. T ergibt sich als Lösung der Gleichung $N(t) = \frac{1}{2} \cdot N_0$.

**4.109** Siehe Seite 78!

**4.111**

a)

| x | f(x) |
|---|---|
| 0 | 1 |
| 1 | 3 |
| 2 | 9 |
| 4 | 81 |

$f(x) = 3^x$

b)

| x | f(x) |
|---|---|
| −3 | 3125 |
| 0 | 25 |
| 1 | 5 |
| 2 | 1 |

$f(x) = 25 \cdot 0{,}2^x$

c)

| x | f(x) |
|---|---|
| −2 | 10 |
| −1 | 4 |
| 0 | 1,6 |
| 3 | 0,1024 |

$f(x) = 1{,}6 \cdot 0{,}4^x$

d)

| x | f(x) |
|---|---|
| −1 | 0,008 |
| 0 | 0,04 |
| 2 | 1 |
| 5 | 125 |

$f(x) = 0{,}04 \cdot 5^x$

**4.112**

| | | |
|---|---|---|
| 1. Tabelle: | direkte Proportionalitätsfunktion | $f(x) = 2 \cdot x$ |
| 2. Tabelle: | Exponentialfunktion | $f(x) = 4 \cdot 0{,}8^x$ |
| 3. Tabelle: | Logarithmusfunktion | $f(x) = {}^3\log x$ |
| 4. Tabelle: | lineare Funktion | $f(x) = 1 - 0{,}5 \cdot x$ |
| 5. Tabelle: | quadratische Funktion | $f(x) = \frac{1}{2} \cdot x^2$ |
| 6. Tabelle: | indirekte Proportionalitätsfunktion | $f(x) = \frac{9}{x}$ |

**4.113**

(1) $g_5: x \mapsto \frac{1}{2}x + 1$ (3) $g_6: x \mapsto \frac{1}{x+1}$ (5) $g_1: x \mapsto 3^x$

(2) $g_2: x \mapsto x^2 + 1$ (4) $g_3: x \mapsto \sqrt[3]{x+1}$ (6) $g_4: x \mapsto {}^2\log[2(x+1)]$

**4.114**

1)

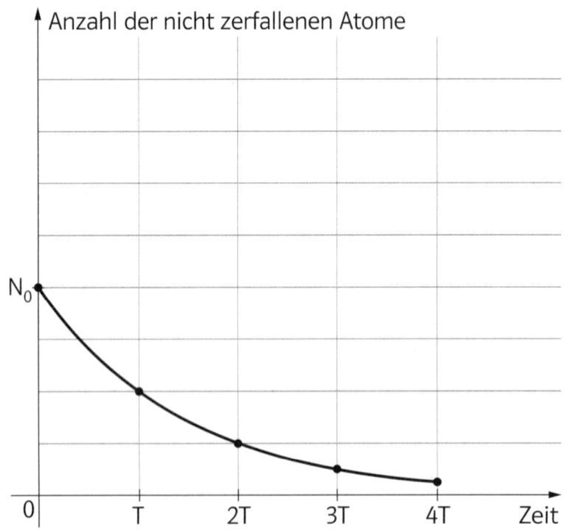


2)

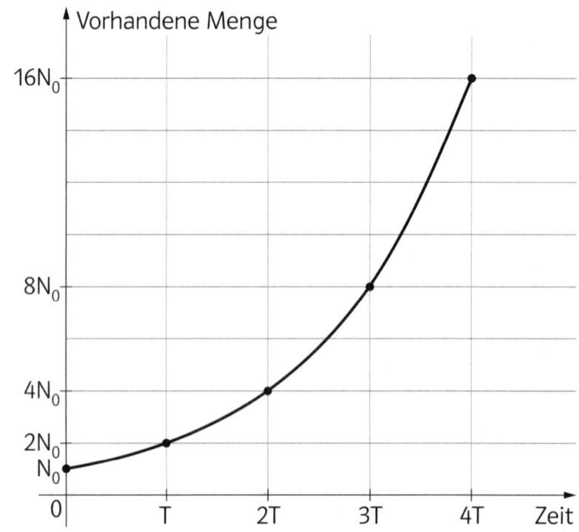


**4.115** Bei exponentiellen Zerfallsprozessen sind Zerfallsdauer und zerfallene Menge nicht zueinander direkt proportional. In zwei Halbwertszeitlängen zerfallen nicht 100 %, sondern 75 % (50 % + 50 % von 50 %) der Ausgangsmenge.

**4.116**

1) $m(t) = m_0 \cdot 0{,}917^t$, t in Tagen; $m(t) \approx m_0 \cdot e^{-0{,}0866478 \cdot t}$ (t in Tagen)

2) ca. 0,36 %

3)

| t in Tagen | 5 | 10 | 15 | 20 |
|---|---|---|---|---|
| ungefähre Restmenge in Prozent von $m_0$ nach t Tagen | 64,8 % | 42,0 % | 27,3 % | 17,7 % |

4) nach 80 Tagen

5) ca. 8 Tage

# 5 Winkelfunktionen

**5.02** a) 0,0087 b) 0,0349 c) 0,0873 d) 1,5184 e) 1,8326 f) 3,9270 g) 5,4105 h) 6,1087

**5.03** a) 2,865° b) 40,107° c) 85,944 d) 71,620° e) 115,737° f) 179,909° g) 272,728° h) 350,077°

**5.04**
a) $\sin 0{,}03 \approx 0{,}0300$; $\cos 0{,}03 \approx 0{,}9996$
b) $\sin 0{,}66 \approx 0{,}6131$; $\cos 0{,}66 \approx 0{,}7900$
c) $\sin 1 \approx 0{,}8415$; $\cos 1 \approx 0{,}5403$
d) $\sin 1{,}74 \approx 0{,}9857$; $\cos 1{,}74 \approx -0{,}1684$
e) $\sin 2{,}39 \approx 0{,}6828$; $\cos 2{,}39 \approx -0{,}7306$
f) $\sin 3{,}04 \approx 0{,}1014$; $\cos 3{,}04 \approx 0{,}9948$
g) $\sin 4{,}86 \approx -0{,}9891$; $\cos 4{,}86 \approx 0{,}1471$
h) $\sin 6{,}21 \approx -0{,}0731$; $\cos 6{,}21 \approx 0{,}9973$

**5.07** a) $[4 \mid 5°]$ b) $[4 \mid 60°]$ c) $[4 \mid 165°]$ d) $[4 \mid 240°]$ e) $[4 \mid 295°]$ f) $[4 \mid 100°]$ g) $[4 \mid 0°]$ h) $[4 \mid 250°]$ i) $[4 \mid 180°]$ j) $[4 \mid 240°]$

**5.08** a) $\left[3 \middle| \frac{3\pi}{4}\right]$ b) $\left[3 \middle| \frac{\pi}{2}\right]$ c) $\left[3 \middle| \frac{\pi}{2}\right]$ d) $\left[3 \middle| \frac{7\pi}{4}\right]$ e) $\left[3 \middle| \frac{\pi}{2}\right]$ f) $\left[3 \middle| \frac{\pi}{2}\right]$ g) $\left[3 \middle| \frac{3\pi}{2}\right]$ h) $\left[3 \middle| \frac{7\pi}{4}\right]$ i) $[3 \mid \pi]$ j) $[3 \mid 0]$

**5.09** a) $-1350° \mathrel{\hat{=}} -\frac{15\pi}{2}$ b) $-1470° \mathrel{\hat{=}} -\frac{49\pi}{6}$ c) $-1920° \mathrel{\hat{=}} -\frac{32\pi}{3}$

**5.10** $1710° \mathrel{\hat{=}} \frac{19\pi}{2}$

**5.11** a) 0,7071 b) 0 c) 1 d) −1 e) 0,7071 f) 1

**5.12**
a) $0;\ 2\pi;\ -\pi$
b) $\frac{5\pi}{2};\ -\frac{3\pi}{2};\ \frac{9\pi}{2}$
c) $\frac{9\pi}{4};\ -\frac{7\pi}{4};\ \frac{17\pi}{4}$
d) $0{,}85 + 2\pi \approx 7{,}133;\ \pi - 0{,}85 \approx 2{,}292;\ 0{,}85 - 2\pi \approx -5{,}433$
e) $\frac{4\pi}{5};\ -\frac{19\pi}{5};\ \frac{21\pi}{5}$
f) $1 + 2\pi;\ 1 - 2\pi;\ \pi - 1$
g) $4{,}75 - 2\pi \approx -1{,}533;\ 4{,}75 + 2\pi \approx 11{,}033;\ 4{,}75 + 4\pi \approx 17{,}316$

**5.13** a) Für $a = \pm\frac{\pi}{4}, \pm\frac{3\pi}{4}, \pm\frac{5\pi}{4}, \dots$ b) Für $a = \pm\pi, \pm 3\pi, \pm 5\pi, \dots$

**5.15** Für jede positive Zahl p gilt $f(x + p) = c = f(x)$. Also ist f periodisch. Es gibt aber keine kleinste Periode.

**5.16** Wenn f streng monoton steigend ist, dann gilt $f(x + p) > f(x)$ für alle $p > 0$. Es kann also keine positive Zahl p geben, sodass $f(x + p) = f(x)$ ist. Die Funktion kann somit nicht periodisch sein.

**5.17** a) $p = 1{,}5$ b) Wertemenge von $f = [-1; 1]$

**5.18** b) Für jede Periode p der Cosinusfunktion muss gelten: $\cos(0 + p) = \cos 0$, also $\cos p = 1$. Diese Gleichung wird von $p = 2\pi$, aber von keiner kleineren positiven Zahl p erfüllt. Somit ist $2\pi$ die kleinste Periode der Cosinusfunktion.

**5.19** Für jede Periode der Tangensfunktion muss gelten: $\tan(0 + p) = \tan 0$, also $\tan p = 0$. Die kleinste positive Zahl p, die diese Gleichung erfüllt, ist $p = \pi$. Somit kann es keine kleinere Periode als $\pi$ geben.

**5.21**
a) $\cos(-x) = \cos(0 - x) = \underbrace{\cos 0}_{1} \cdot \cos x + \underbrace{\sin 0}_{0} \cdot \sin x = \cos x$
b) $\sin(-x) = \sin(0 - x) = \underbrace{\sin 0}_{0} \cdot \cos x - \underbrace{\cos 0}_{1} \cdot \sin x = -\sin x$

c) $\sin\left(x+\frac{\pi}{2}\right)=\sin x\cdot\underbrace{\cos\frac{\pi}{2}}_{0}+\cos x\cdot\underbrace{\sin\frac{\pi}{2}}_{1}=\cos x$

d) $\cos\left(x-\frac{\pi}{2}\right)=\cos x\cdot\underbrace{\cos\frac{\pi}{2}}_{0}+\sin x\cdot\underbrace{\sin\frac{\pi}{2}}_{1}=\sin x$

e) $\sin(2x)=\sin(x+x)=\sin x\cdot\cos x+\cos x\cdot\sin x=2\cdot\sin x\cdot\cos x$

f) $\cos(2x)=\cos(x+x)=\cos x\cdot\cos x-\sin x\cdot\sin x=\cos^2 x-\sin^2 x$

**5.25** Amplitude $r=3$, Schwingungsdauer $T=\pi$, Frequenz $f=\frac{1}{\pi}$, Elongation $s(1)=3\cdot\sin 2\approx 2{,}73$

**5.26** 1) Der Graph von s geht aus dem Graphen von $s_0$ durch eine Streckung mit dem Faktor 2 normal zur 1. Achse hervor. Die Schwingungsdauern und Frequenzen der beiden Schwingungen stimmen miteinander überein. Die Amplitude der zu s gehörigen Schwingung ist doppelt so groß wie die Amplitude der zu $s_0$ gehörigen Schwingung.

2) 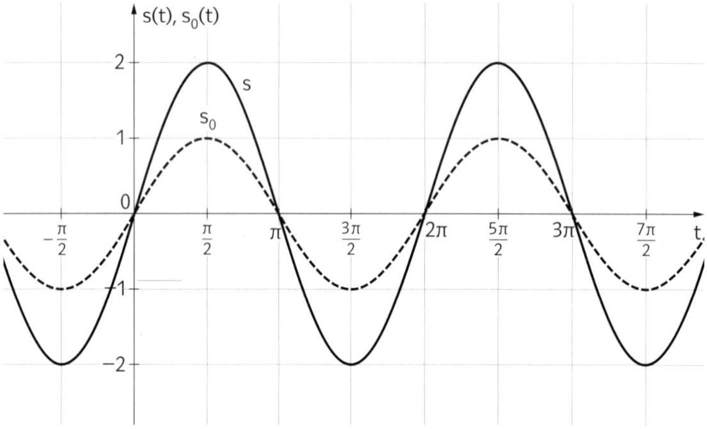


**5.27** 1) Der Graph von s geht aus dem Graphen von $s_0$ durch eine Stauchung mit dem Faktor $\frac{1}{4}$ normal zur 2. Achse hervor. Dies bedeutet: Beim Übergang von $s_0$ zu s bleibt die Amplitude unverändert, die Schwingungsdauer sinkt auf ein Viertel, die Frequenz wird viermal so groß.

2) 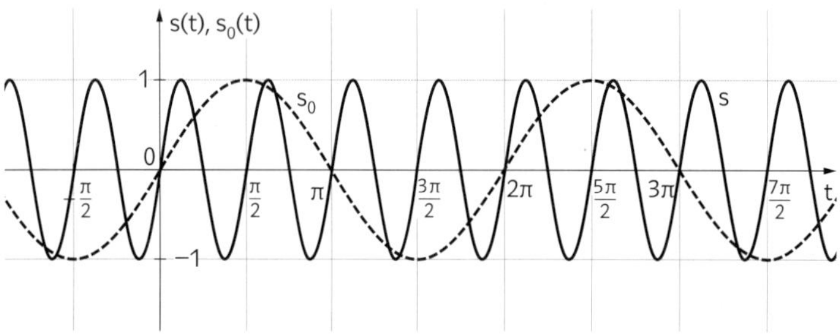


**5.28** 1) Der Graph von s geht aus dem Graphen von $s_0$ durch eine Stauchung mit dem Faktor $\frac{1}{2}$ normal zur 2. Achse und eine anschließende Streckung mit dem Faktor 3 normal zur 1. Achse hervor. Dies bedeutet: Beim Übergang von $s_0$ zu s sinkt die Schwingungsdauer auf die Hälfte, die Frequenz wird doppelt so groß, die Amplitude wird dreimal so groß.

2) 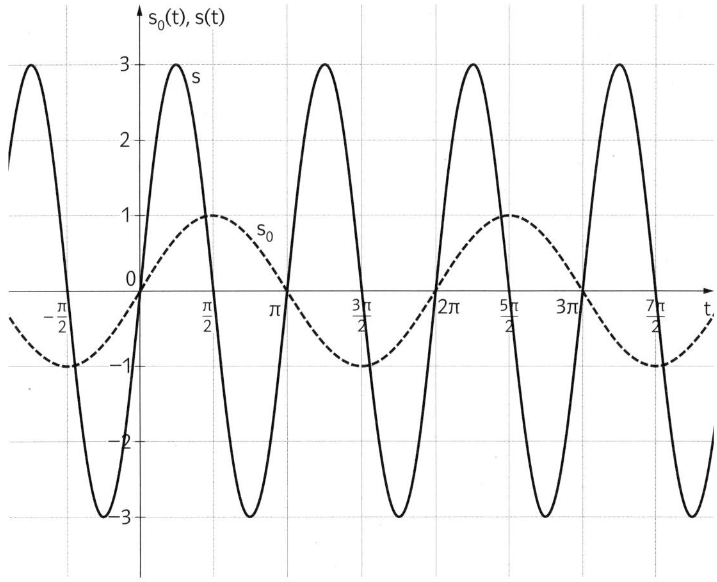


**5.29** 1) Der Graph von s geht aus dem Graphen von $s_0$ durch eine Verschiebung um $\frac{\pi}{2}$ parallel zur 1. Achse nach links hervor. Dies bedeutet: Die zu $s_0$ gehörige Schwingung wird um $\frac{\pi}{2}$ phasenverschoben. Die Amplituden, Schwingungsdauern und Frequenzen stimmen für beide Schwingungen überein.

2) 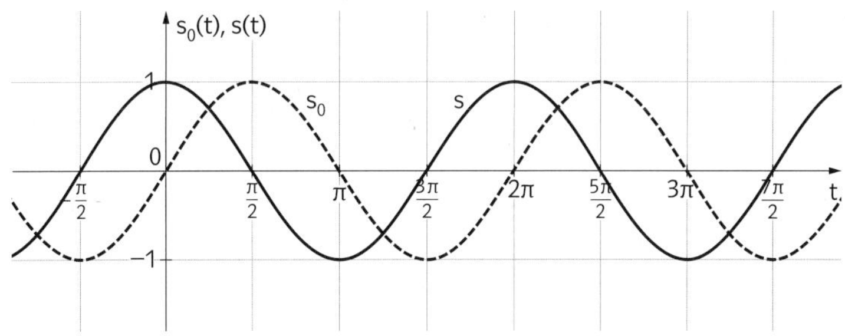


**5.31** a) $r =$ ☐ $-3$ ☐ $\frac{1}{3}$ ☒ $3$

$\omega =$ ☐ $0{,}5$ ☒ $2$ ☐ $\frac{\pi}{2}$

$\varphi =$ ☒ $\frac{\pi}{2}$ ☐ $-\frac{\pi}{2}$ ☐ $\frac{\pi}{4}$

b) $r =$ ☐ $-\frac{2}{3}$ ☒ $\frac{3}{2}$ ☐ $1$

$\omega =$ ☒ $2$ ☐ $-\frac{\pi}{8}$ ☐ $0{,}5$

$\varphi =$ ☒ $\frac{\pi}{4}$ ☐ $-\frac{\pi}{8}$ ☐ $\frac{\pi}{8}$

**5.32** Siehe Seite 82!

**5.33** Drehsinn und Drehwinkelmaß. Siehe Seite 85!

**5.34** Siehe Seite 86!

**5.35** Siehe Seite 88! Die kleinste Periode von sin und cos ist $2\pi$, die kleinste Periode von tan ist $\pi$.

**5.36** 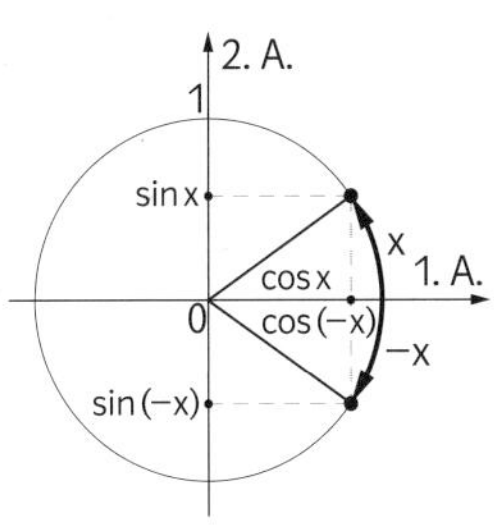


$\cos(-x) = \cos x,\ \sin(-x) = -\sin x$

**5.37** Der Graph von f geht aus dem Graphen von $f_0$ durch eine Verschiebung um $\frac{\varphi}{\omega}$ parallel zur 1. Achse nach links, eine anschließende Stauchung mit dem Faktor $\frac{1}{\omega}$ normal zur 2. Achse, und eine anschließende Streckung mit dem Faktor r normal zur 1. Achse hervor. Die Amplitude wird dabei r-mal so groß, die Frequenz ω-mal so groß, die Schwingungsdauer $\frac{1}{\omega}$-mal so groß.

**5.39**

| Gradmaß | 90° | 180° | 270° | 51,6° | 15° |
|---|---|---|---|---|---|
| Bogenmaß | $\frac{\pi}{2}$ | $\pi$ | $\frac{3\pi}{2}$ | 0,9 | $\frac{\pi}{12}$ |

**5.40**

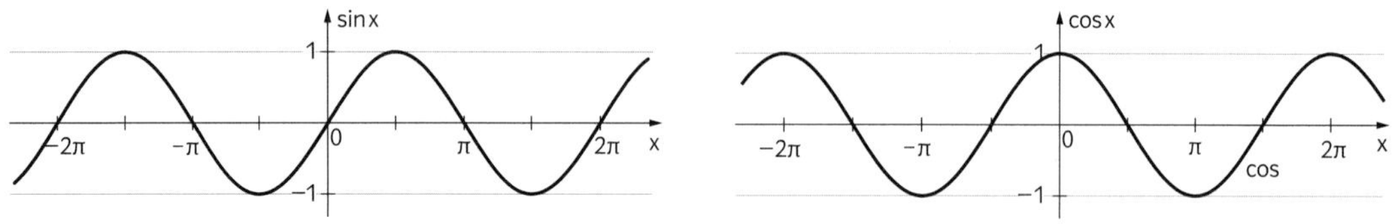


a) $\sin(x-\pi)=\sin(x+\pi)$: Eine Verschiebung des Graphen der Sinusfunktion um π nach rechts oder um π nach links liefert den gleichen Funktionsgraphen (da sin die Periode 2π hat).
b) $\cos(x-\pi)=\cos(x+\pi)$: Eine Verschiebung des Graphen der Cosinusfunktion um π nach rechts oder um π nach links liefert den gleichen Funktionsgraphen (da cos die Periode 2π hat).
c) $\cos\left(x+\frac{\pi}{2}\right)=-\sin x$: Eine Verschiebung des Graphen der Cosinusfunktion um $\frac{\pi}{2}$ nach links liefert den gleichen Graphen wie eine Spiegelung des Graphen der Sinusfunktion an der 1. Achse.
d) $\sin\left(x+\frac{\pi}{2}\right)=\cos x$: Eine Verschiebung des Graphen der Sinusfunktion um $\frac{\pi}{2}$ nach links liefert den Graphen der Cosinusfunktion.
e) $\sin\left(x+\frac{\pi}{2}\right)=-\sin\left(x-\frac{\pi}{2}\right)$: Eine Verschiebung des Graphen der Sinusfunktion um $\frac{\pi}{2}$ nach links und eine Verschiebung des Graphen der Sinusfunktion um $\frac{\pi}{2}$ nach rechts mit anschließender Spiegelung an der 1. Achse liefern denselben Graphen.
f) $\cos\left(x+\frac{\pi}{2}\right)=-\cos\left(x-\frac{\pi}{2}\right)$: Eine Verschiebung des Graphen der Cosinusfunktion um $\frac{\pi}{2}$ nach links und eine Verschiebung des Graphen der Cosinusfunktion um $\frac{\pi}{2}$ nach rechts mit anschließender Spiegelung an der 1. Achse liefern denselben Graphen.

**5.41** a) streng monoton wachsend in: $\ldots, \left[-\frac{9\pi}{2}; -\frac{7\pi}{2}\right], \left[-\frac{5\pi}{2}; -\frac{3\pi}{2}\right], \left[-\frac{\pi}{2}; \frac{\pi}{2}\right], \left[\frac{3\pi}{2}; \frac{5\pi}{2}\right], \left[\frac{7\pi}{2}; \frac{9\pi}{2}\right], \ldots$

streng monoton fallend in: $\ldots, \left[-\frac{7\pi}{2}; -\frac{5\pi}{2}\right], \left[-\frac{3\pi}{2}; -\frac{\pi}{2}\right], \left[\frac{\pi}{2}; \frac{3\pi}{2}\right], \left[\frac{5\pi}{2}; \frac{7\pi}{2}\right], \left[\frac{9\pi}{2}; \frac{11\pi}{2}\right], \ldots$

b) streng monoton wachsend in: $\ldots, [-5\pi; -4\pi], [-3\pi; -2\pi], [-\pi; 0], [\pi; 2\pi], [3\pi; 4\pi], \ldots$

streng monoton fallend in: $\ldots, [-4\pi; -3\pi], [-2\pi; -\pi], [0; \pi], [2\pi; 3\pi], [4\pi; 5\pi], \ldots$

c) globale (und lokale) Maximumstellen: $\ldots, -\frac{11\pi}{2}, -\frac{7\pi}{2}, -\frac{3\pi}{2}, \frac{\pi}{2}, \frac{5\pi}{2}, \frac{9\pi}{2}, \ldots$

globale (und lokale) Minimumstellen: $\ldots, -\frac{9\pi}{2}, -\frac{5\pi}{2}, -\frac{\pi}{2}, \frac{3\pi}{2}, \frac{7\pi}{2}, \frac{11\pi}{2}, \ldots$

d) globale (und lokale) Maximumstellen: $\ldots, -4\pi, -2\pi, 0, 2\pi, 4\pi, \ldots$

globale (und lokale) Minimumstellen: $\ldots, -5\pi, -3\pi, -\pi, \pi, 3\pi, 5\pi, \ldots$

e) Nullstellen: $\ldots, -3\pi, -2\pi, -\pi, 0, \pi, 2\pi, 3\pi, \ldots$

f) Nullstellen: $\ldots, -\frac{5\pi}{2}, -\frac{3\pi}{2}, -\frac{\pi}{2}, \frac{\pi}{2}, \frac{3\pi}{2}, \frac{5\pi}{2}, \ldots$

**5.42** (1) falsch (2) wahr

**5.43** ☐
☒
☐
☒

**5.44** **a)**

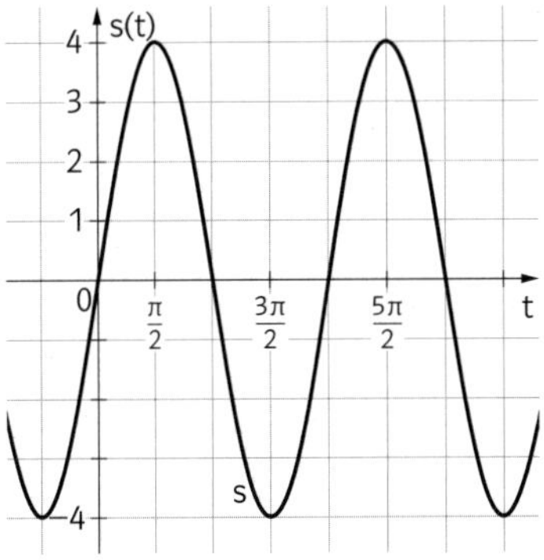


**b)**

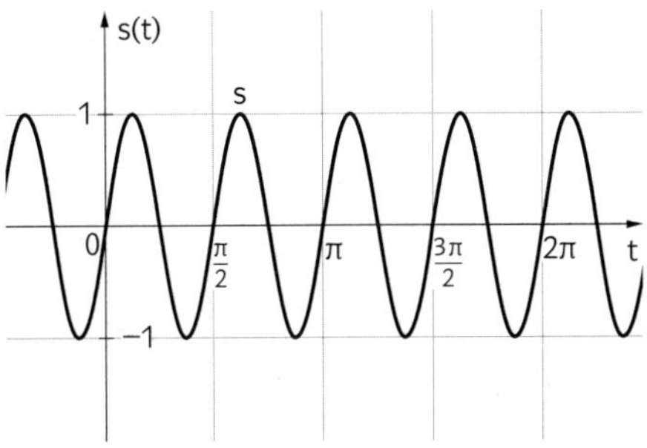


**c)**

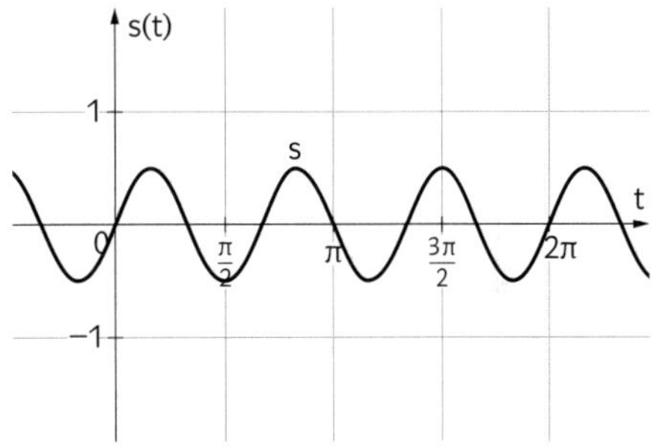


**5.45** $r = 2,\ f = \frac{1}{\pi},\ T = \pi$

**5.46** **a)** $s(t) = 3 \cdot \sin(40\pi \cdot t)$
**b)** $s(t) = 7 \cdot \sin(10\pi \cdot t)$
**c)** $s(t) = 3 \cdot \sin(\pi \cdot t)$
**d)** $s(t) = 6 \cdot \sin\left(\frac{2\pi}{3} \cdot t\right)$

**5.47** **a)** $\omega = 100\pi;\ T = \frac{1}{50}\,\text{s} = 0{,}02\,\text{s};\ s(t) = \sin(100\pi \cdot t)$

**b)** $\omega = 880\pi;\ T = \frac{1}{440}\,\text{s} \approx 0{,}002\,27\,\text{s};\ s(t) = \sin(880\pi \cdot t)$

**c)** $\omega = 2{,}16 \cdot 10^8 \cdot \pi;\ T \approx 9{,}259\,26 \cdot 10^{-9}\,\text{s};\ s(t) = \sin(2{,}16 \cdot 10^8 \cdot \pi \cdot t)$

**5.48** f → 2. Graph; g → 1. Graph; h → 3. Graph

**5.49**

| | vergrößern | verkleinern | beibehalten |
|---|---|---|---|
| Man muss a | x | | |
| Man muss b | x | | |

**5.50** $\cos x = \sin\left(x + \frac{\pi}{2}\right) = r \cdot \sin(\omega x + \varphi)$ mit $r = 1$, $\omega = 1$ und $\varphi = \frac{\pi}{2}$

# 6 Ergänzungen zu Funktionen

**6.01** a)

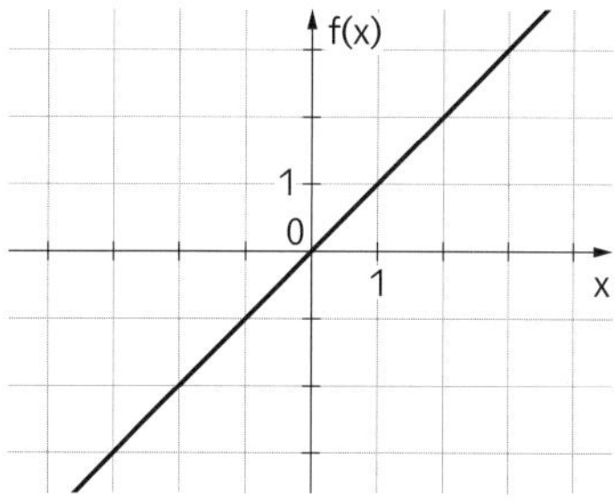


Definitionsmenge = $\mathbb{R}$
Zielmenge = $\mathbb{R}$
Wertemenge = $\mathbb{R}$
Wertemenge = Zielmenge

b)

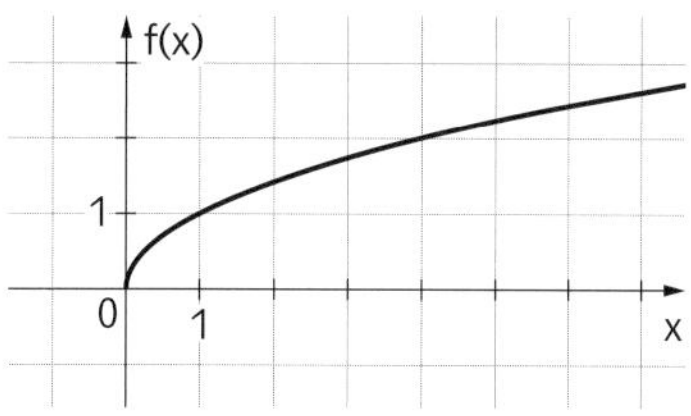


Definitionsmenge = $\mathbb{R}_0^+$,
Zielmenge = $\mathbb{R}$,
Wertemenge = $\mathbb{R}_0^+$,
Wertemenge $\subset$ Zielmenge

c)

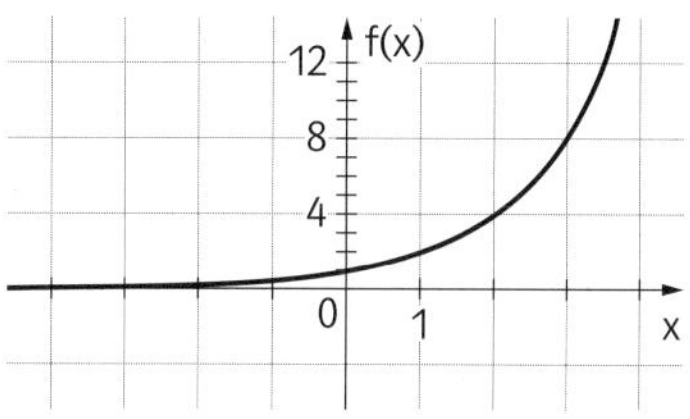


Definitionsmenge = $\mathbb{R}$,
Zielmenge = $\mathbb{R}$,
Wertemenge = $\mathbb{R}^+$,
Wertemenge $\subset$ Zielmenge

d)

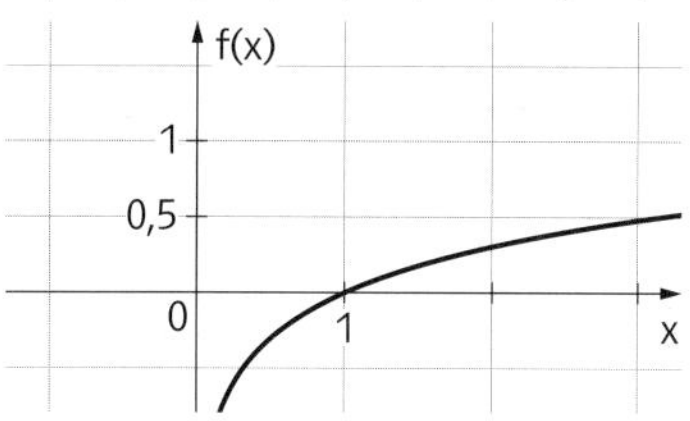


Definitionsmenge = $\mathbb{R}^+$,
Zielmenge = $\mathbb{R}$,
Wertemenge = $\mathbb{R}$,
Wertemenge = Zielmenge

**6.02** a)

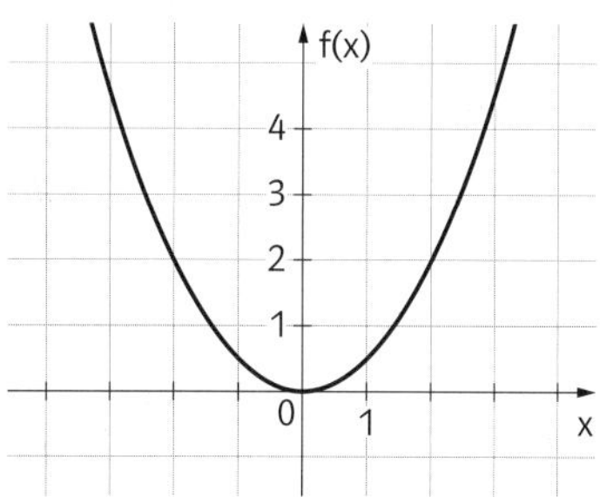


Definitionsmenge = $\mathbb{R}$,
Zielmenge = $\mathbb{R}$,
Wertemenge = $\mathbb{R}_0^+$,
Eingeschränkte Zielmenge = $\mathbb{R}_0^+$
Nein, denn es gibt Elemente der eingeschränkten Zielmenge, die zwei Urbilder besitzen.

b)

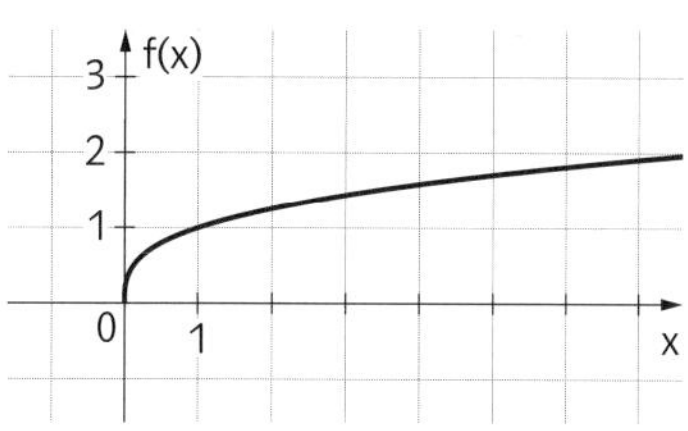


Definitionsmenge = $\mathbb{R}_0^+$, Zielmenge = $\mathbb{R}$,
Wertemenge = $\mathbb{R}_0^+$,
Eingeschränkte Zielmenge = $\mathbb{R}_0^+$
Ja, denn jedes Element der eingeschränkten Zielmenge besitzt genau ein Urbild.

c)

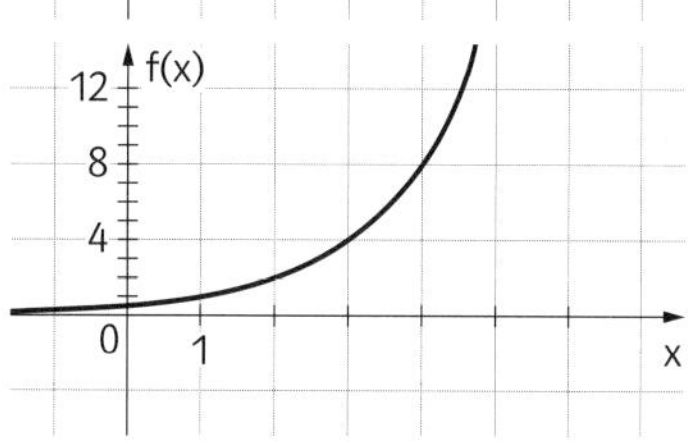


Definitionsmenge = $\mathbb{R}$,
Zielmenge = $\mathbb{R}$,
Wertemenge = $\mathbb{R}^+$,
Eingeschränkte Zielmenge = $\mathbb{R}^+$
Ja, denn jedes Element der eingeschränkten Zielmenge besitzt genau ein Urbild.

**d)** 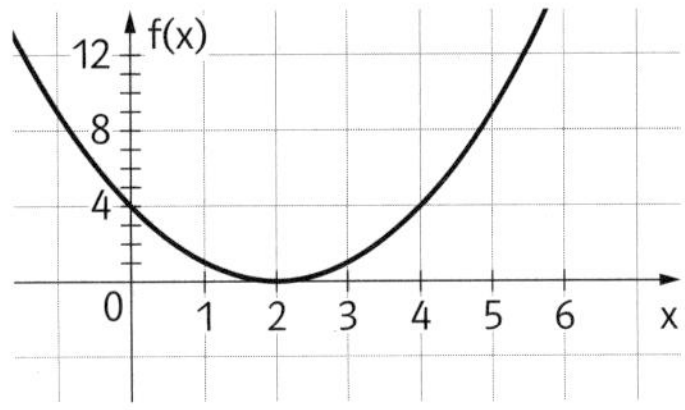


Definitionsmenge = $\mathbb{R}$,
Zielmenge = $\mathbb{R}$,
Wertemenge = $\mathbb{R}_0^+$,
Eingeschränkte Zielmenge = $\mathbb{R}_0^+$
Nein, denn es gibt Elemente der eingeschränkten Zielmenge, die zwei Urbilder besitzen.

**6.03** 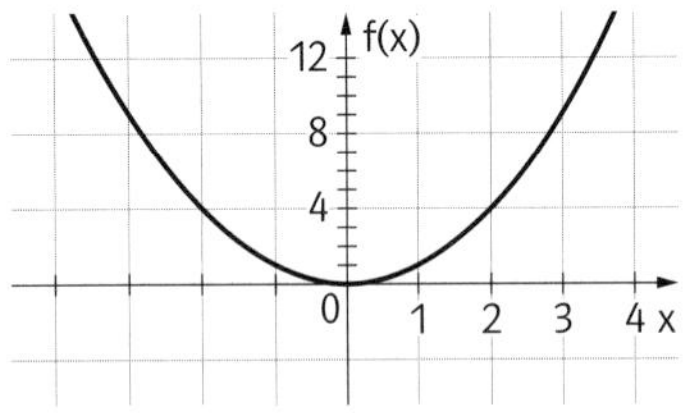


Definitionsmenge = $\mathbb{R}$,
Zielmenge = $\mathbb{R}$,
Wertemenge = $\mathbb{R}_0^+$,
Eingeschränkte Definitionsmenge = $\mathbb{R}_0^+$,
Eingeschränkte Zielmenge = $\mathbb{R}_0^+$
Mit diesen Einschränkungen besitzt jedes Bildelement genau ein Urbild.

**6.04** **1)** Definitionsmenge = $\mathbb{R}$, Wertemenge = $\{-1, 0, 1\}$

**2)** 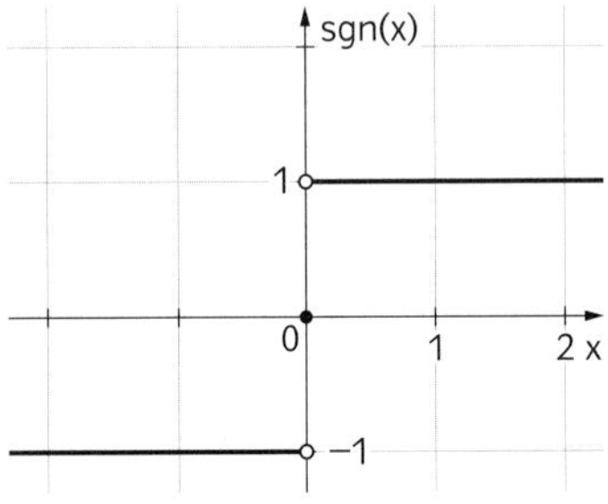


**3)** $\operatorname{sgn}(-5) = -1$

**4)** 5 ist zB ein Urelement von 1, denn $\operatorname{sgn}(5) = 1$. 1 hat unendlich viele Urelemente.

**6.05**
**a)** $(g \circ f)(x) = \sqrt{3x^2}$
**b)** $(g \circ f)(x) = \sqrt[3]{2x+1}$
**c)** $(g \circ f)(x) = (x-2)^2$
**d)** $(g \circ f)(x) = x^2 + 1$
**e)** $(g \circ f)(x) = 2^{-x}$
**f)** $(g \circ f)(x) = (3x+5)^4$
**g)** $(g \circ f)(x) = \sin(3x + \pi)$,
**h)** $(g \circ f)(x) = a^{-kx}$ $(a > 0 \text{ und } k > 0)$

**6.06**
**a)** $f(x) = \sin x$, $g(y) = \sqrt{y}$
**b)** $f(x) = \sin x$, $g(y) = y^2$
**c)** $f(x) = \cos x$, $g(y) = y - 1$
**d)** $f(x) = x - 1$, $g(y) = \cos y$
**e)** $f(x) = \cos x$, $g(y) = \frac{1}{y}$
**f)** $f(x) = x^2 + x + 1$, $g(y) = \sqrt{y}$
**g)** $f(x) = 7x - 4$, $g(y) = y^3$
**h)** $f(x) = x + 1$, $g(y) = y^7$
**i)** $f(x) = -\frac{x}{2}$, $g(y) = 10^y$
**j)** $f(x) = 2^x$, $g(y) = \frac{1}{y}$
**k)** $f(x) = |x|$, $g(y) = \tan y$
**l)** $f(x) = -2x$, $g(y) = e^y$

**6.07**
**a)** $g \circ f\colon [-1; \infty[ \to \mathbb{R}$ mit $(g \circ f)(x) = \sqrt{5x+5}$
**b)** $g \circ f\colon [5; \infty[ \to \mathbb{R}$ mit $(g \circ f)(x) = \sqrt[3]{2x-10}$
**c)** $g \circ f\colon \mathbb{R}\setminus\{1\} \to \mathbb{R}$ mit $(g \circ f)(x) = \frac{1}{x-1}$
**d)** $g \circ f\colon ]-1{,}5; \infty[ \to \mathbb{R}$ mit $(g \circ f)(x) = {}^{10}\log(2x+3)$
**e)** $g \circ f\colon \mathbb{R}^* \to \mathbb{R}$ mit $(g \circ f)(x) = \frac{1}{x^2}$
**f)** $g \circ f\colon \mathbb{R}_0^+ \to \mathbb{R}$ mit $(g \circ f)(x) = \sin\sqrt{x}$
**g)** $g \circ f\colon \mathbb{R}_0^+ \to \mathbb{R}$ mit $(g \circ f)(x) = \sqrt{\sqrt{x}} = \sqrt[4]{x}$
**h)** $g \circ f\colon \mathbb{R} \to \mathbb{R}$ mit $(g \circ f)(x) = c$ (mit $c \in \mathbb{R}$)

**6.10** **a)** Für alle $x \in \mathbb{R}$ und alle $y \in \mathbb{R}$ gilt:
$y = f(x) \Leftrightarrow y = 2x \Leftrightarrow x = \frac{y}{2} \Leftrightarrow x = g(y)$

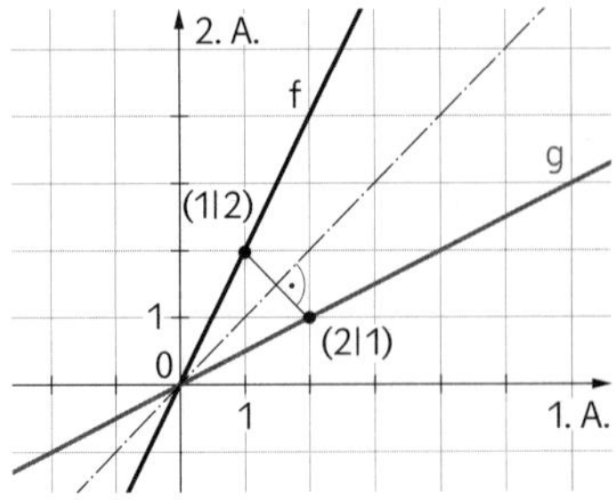

**b)** Für alle $x \in \mathbb{R}_0^+$ und alle $y \in \mathbb{R}_0^+$ gilt:
$y = f(x) \Leftrightarrow y = x^3 \Leftrightarrow x = \sqrt[3]{y} \Leftrightarrow x = g(y)$

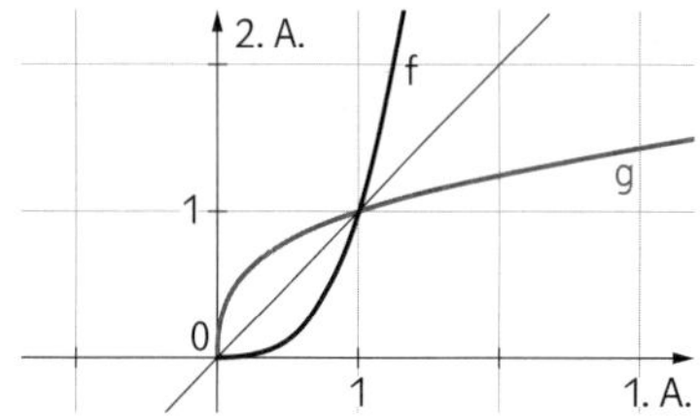


**6.11** **a)** $y = f(x) \Leftrightarrow y = kx + d \Leftrightarrow x = \frac{y-d}{k} \Leftrightarrow x = g(y)$
**b)** $y = f(x) \Leftrightarrow y = x^n \Leftrightarrow x = \sqrt[n]{y} \Leftrightarrow x = g(y)$
**c)** $y = f(x) \Leftrightarrow y = a^x \Leftrightarrow x = {}^a\log y \Leftrightarrow x = g(y)$

**6.12** Wir setzen voraus, dass die beiden reellen Funktionen f: A → A und g: A → A Umkehrfunktionen voneinander sind. Dann gilt für alle $x, y \in A$:
$y = f(x) \Leftrightarrow x = g(y)$
Daraus folgt: $(g \circ f)(x) = g(f(x)) = g(y) = x$ und $(f \circ g)(y) = f(g(y)) = f(x) = y$
Das heißt: $(g \circ f)(x) = (f \circ g)(x) = x = id(x)$

**6.13** (1), (3)

**6.14** (2), (3)

**6.15** **1)** 6.13 (1), 6.13 (3),
**2)** Wenn f: A → B bijektiv ist, dann ist f surjektiv und injektiv. Da f surjektiv ist, besitzt jedes Element $y \in B$ mindestens ein Urelement $x \in A$. Da f injektiv ist, besitzt jedes $y \in B$ höchstens ein Urelement $x \in A$. Somit besitzt jedes $y \in B$ genau ein Urelement $x \in A$. Die Funktion, die jedem $y \in B$ sein Urelement $x \in A$ zuordnet, ist dann die Umkehrfunktion $f^*$ der Funktion f.
Wenn die Umkehrfunktion $f^*$: B → A existiert, dann gibt es zu jedem $y \in B$ genau ein Element $x \in A$ mit $x = f^*(y)$, dh. $y = f(x)$. Somit ist f surjektiv, weil es zu jedem $y \in B$ mindestens ein Urelement $x \in A$ gibt.
f ist aber auch injektiv, weil es zu jedem $y \in B$ höchstens ein Urelement $x \in A$ gibt.
Insgesamt ist f daher bijektiv.

**6.16** A: $(\mathbb{R}^+)^2 \to \mathbb{R} \mid (a, b) \mapsto a \cdot b$; Wertemenge = $\mathbb{R}^+$

**6.17** **a)** A: $(\mathbb{R}^+)^3 \to \mathbb{R} \mid (a, c, h) \mapsto \frac{(a+c) \cdot h}{2}$; Wertemenge = $\mathbb{R}^+$
**b)** A: $(\mathbb{R}^+)^2 \to \mathbb{R} \mid (c, h) \mapsto \frac{(a+c) \cdot h}{2}$ (a konstant); Wertemenge = $\mathbb{R}^+$
A: $(\mathbb{R}^+)^2 \to \mathbb{R} \mid (a, h) \mapsto \frac{(a+c) \cdot h}{2}$ (c konstant); Wertemenge = $\mathbb{R}^+$
A: $(\mathbb{R}^+)^2 \to \mathbb{R} \mid (a, c) \mapsto \frac{(a+c) \cdot h}{2}$ (h konstant); Wertemenge = $\mathbb{R}^+$

**6.18** Zum Beispiel:
- g sei eine feste Gerade einer Ebene E. A = B = Menge der Punkte derselben Ebene E
  f: A → B ordnet jedem Punkt P den zugehörigen Bildpunkt P′ bei Spiegelung von P an der Geraden g zu.
- A = Menge aller Kreise in einer Ebene E, B = Menge aller Punkte derselben Ebene E
  f: A → B ordnet jedem Kreis k seinen Mittelpunkt M zu.

**6.19** Zum Beispiel:
- A = Menge der zugelassenen Kraftfahrzeuge, B = Menge der möglichen amtlichen Kennzeichen
  f: A → B ordnet jedem zugelassenen Kraftfahrzeug sein Kennzeichen zu.
- A = Menge der EU-Staaten, B = Menge aller Städte der EU
  f: A → B ordnet jedem EU-Staat seine Hauptstadt zu.

**6.20** **a)** Ja, denn die Definition einer Funktion ist erfüllt. Von einer Funktion f: A → B wird nur verlangt, dass jedem $x \in A$ genau ein $y \in B$ zugeordnet wird, wobei dieses nicht bekannt sein muss.
**b)** Ja, denn die Definition einer Funktion ist erfüllt.

**6.22** **1)** Wenn r wächst, wächst auch V(r).
**2)** V(r) wird vervierfacht, denn es gilt: $V(2r) = (2r)^2 \cdot \pi \cdot h = 4 \cdot (r^2 \cdot \pi \cdot h) = 4 \cdot V(r)$
**3)** r muss mit dem Faktor $\sqrt{3}$ vergrößert werden, denn es gilt:
$V(\sqrt{3} \cdot r) = (\sqrt{3} \cdot r)^2 \cdot \pi \cdot h = 3 \cdot (r^2 \cdot \pi \cdot h) = 3 \cdot V(r)$
**4)** V(r) ist zu r weder direkt noch indirekt proportional.
**5)** Die Funktion ist vom Typ $x \mapsto c \cdot x^2$, dh. eine quadratische Funktion.
**6)** Der Graph ist Teil einer Parabel mit dem Scheitel in (0 | 0).

**6.23** **1)** Wenn A wächst, nimmt h(A) ab.
Wenn A verdoppelt wird, wird h(A) halbiert, denn es gilt: $h(2A) = \frac{V}{2A} = \frac{1}{2} \cdot \frac{V}{A} = \frac{1}{2} \cdot h(A)$
**2)** Damit h(A) verdreifacht wird, muss A auf ein Drittel verkleinert werden, denn es gilt:
$h\left(\frac{A}{3}\right) = \frac{V}{\frac{A}{3}} = 3 \cdot \frac{V}{A} = 3 \cdot h(A)$
**3)** h(A) ist zu A indirekt proportional.
**5)** Die Funktion ist vom Typ $x \mapsto \frac{c}{x}$, dh. eine indirekte Proportionalitätsfunktion.
**6)** Der Graph ist ein Hyperbelast.
Anhand des Graphen erkennt man: Derselbe kleine Fehler ΔA in der Bestimmung von A wirkt sich auf die Berechnung von h(A) bei kleinem A stärker aus als bei großem A.

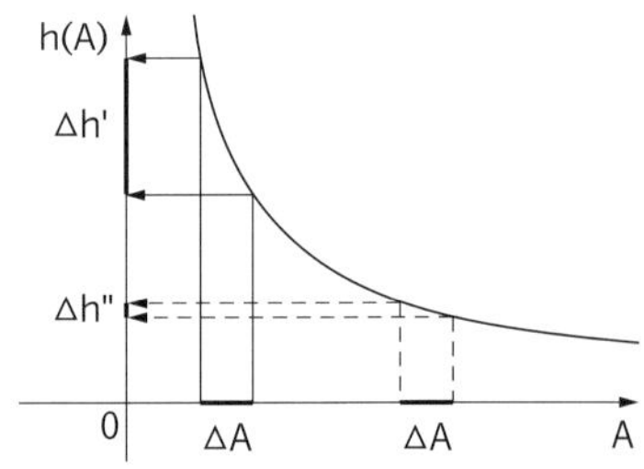


**6.24** **a)** $A(2a, b) = (2a) \cdot b = 2 \cdot (ab) = 2 \cdot A(a, b)$
Verdoppelt man die Länge a eines Rechtecks, so verdoppelt sich der Flächeninhalt A.
$A(a, 2b) = a \cdot (2b) = 2 \cdot (ab) = 2 \cdot A(a, b)$
Verdoppelt man die Breite b eines Rechtecks, so verdoppelt sich der Flächeninhalt A.
$A(2a, 2b) = (2a) \cdot (2b) = 4 \cdot (ab) = 4 \cdot A(a, b)$
Verdoppelt man die Länge a und die Breite b eines Rechtecks, so vervierfacht sich der Flächeninhalt.

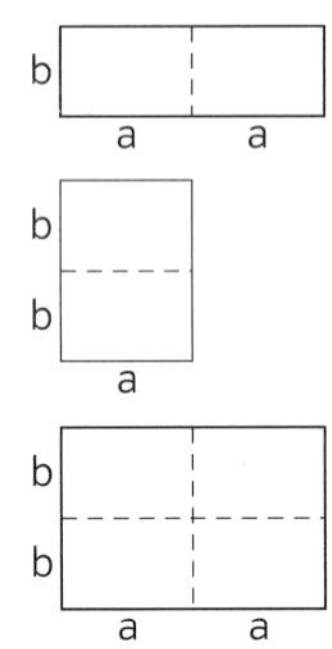


**b)** $A(a + 1, b + 1) - A(a, b) = (a + 1) \cdot (b + 1) - ab = ab + a + b + 1 - ab = a + b + 1$
Der Flächeninhalt nimmt um a + b + 1 zu.

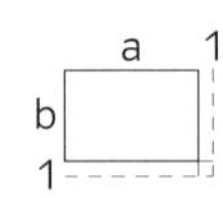


**6.25** $A(x, y) = x^2 - y^2$
**1)** Flächeninhalt eines Rechtecks mit den Seitenlängen x – y und x + y beträgt:
$(x - y) \cdot (x + y) = x^2 - xy + xy - y^2 = A(x, y)$
**2)** $A(2x, 2y) = (2x)^2 - (2y)^2 = 4x^2 - 4y^2 = 4 \cdot (x^2 - y^2) = 4 \cdot A(x, y)$
Verdoppelt man die Streckenlängen x und y, so vervierfacht sich der Flächeninhalt.
**3)** Ja, zB gilt für A(2; 1) = 3 und A(3; 2,5) = 9 – 6,25 = 2,75

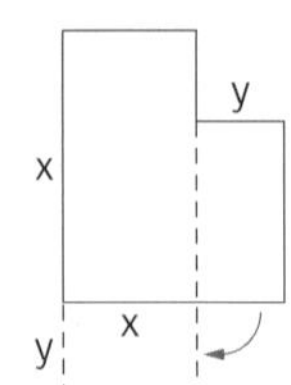


**6.26** **a)** $V(3r, h) = (3r)^2 \cdot \pi \cdot h = 9 \cdot (r^2 \cdot \pi \cdot h) = 9 \cdot V(r, h)$
Verdreifacht man den Radius r eines Zylinders, so verneunfacht sich das Volumen V.
$V(r, 3h) = r^2 \cdot \pi \cdot (3h) = 3 \cdot (r^2 \cdot \pi \cdot h) = 3 \cdot V(r, h)$
Verdreifacht man die Höhe h eines Zylinders, so verdreifacht sich das Volumen V.
$V(3r, 3h) = (3r)^2 \cdot \pi \cdot (3h) = 9 \cdot r^2 \cdot \pi \cdot 3h = 27 \cdot V(r, h)$
Verdreifacht man den Radius und die Höhe h eines Zylinders, so wächst das Volumen auf das 27-Fache.
**b)** $V(k \cdot r, k \cdot h) = t \cdot V(r, h) \Leftrightarrow (k \cdot r)^2 \cdot \pi \cdot (k \cdot h) = t \cdot V(r, h) \Leftrightarrow k^3 \cdot V(r, h) = t \cdot V(r, h) \Leftrightarrow t = k^3$

**6.27** $S(x, y, z) = 4 \cdot (x + y + z)$

**a)** $S(x + 1, y, z) = 4 \cdot (x + 1 + y + z) = 4 \cdot (x + y + z) + 4 = S(x, y, z) + 4$
Vergrößert man die Länge des Quaders um 1 und lässt Breite und Höhe unverändert, so nimmt die Summe aller Kantenlängen des Quaders um 4 zu.

**b)** $S(x + 1, y + 1, z + 1) = S(x, y, z) + 12$

**6.28** $V(r, x, y) = r^2 \cdot \pi \cdot x + \frac{1}{3} \cdot r^2 \cdot \pi \cdot y$

**a)** $V(2r, 2x, 2y) = (2r)^2 \cdot \pi \cdot (2x) + \frac{1}{3} \cdot (2r)^2 \cdot \pi \cdot (2y) = 8 \cdot r^2 \cdot \pi \cdot x + \frac{8}{3} \cdot r^2 \cdot \pi \cdot y = 8 \cdot V(r, x, y)$
Verdoppelt man den Radius r, die Zylinderhöhe x und die Kegelhöhe y, so vergrößert sich das Volumen des Turms auf das Achtfache.

**b)** Das Volumen V wächst auf das 64-Fache. Der Radius r allein müsste verachtfacht werden, um dieselbe Volumszunahme zu erreichen.

**6.29** $V(x, y, z, h) = xyz + \frac{1}{3}xyh$

**a)** $V(x, y, r \cdot z, r \cdot h) = xy(r \cdot z) + \frac{1}{3}xy(r \cdot h) = r \cdot \left(xyz + \frac{1}{3}xyh\right) = r \cdot V(x, y, z, h)$
Vergrößert man die Höhe z des Quaders und die Höhe h der Pyramide jeweils mit dem Faktor r, so vergrößert sich auch das Volumen V des Körpers mit dem Faktor r.

**b)** Werden x, y, z und h verdoppelt, so verachtfacht sich das Volumen V, denn es gilt:
$V(2x, 2y, 2z, 2h) = (2x) \cdot (2y) \cdot (2z) + \frac{1}{3} \cdot (2x) \cdot (2y) \cdot (2h) = 8 \cdot V(x, y, z, h)$

**c)** x, y, z und h müssen verfünffacht werden, damit das Volumen V auf das 125-Fache wächst.

**d)** Beispiele: $V(100 \cdot x, y, z, h) = 100 \cdot V(x, y, z, h)$, $V(x, 100 \cdot y, z, h) = 100 \cdot V(x, y, z, h)$,
$V(10 \cdot x, 10 \cdot y, z, h) = 100 \cdot V(x, y, z, h)$, $V(x, y, 100 \cdot z, 100 \cdot h) = 100 \cdot V(x, y, z, h)$

**6.30** **1)** Die Funktion $a \mapsto s$ (t konstant) ist linear,
die Funktion $t \mapsto s$ (a konstant) ist quadratisch.

**2)**
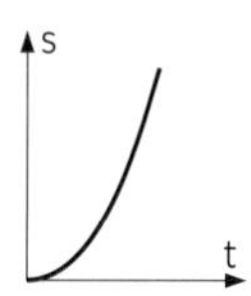


**6.31** **a)** z wächst, wenn x wächst und y konstant bleibt. z fällt, wenn y wächst und x konstant bleibt.

**b)** z fällt, wenn x wächst und y konstant bleibt. z wächst, wenn y wächst und x konstant bleibt.

**c)** z fällt, wenn x wächst und y konstant bleibt. z wächst, wenn y wächst und x konstant bleibt.

**6.32** **a)** **1)** u ist direkt proportional zu y und z, u ist zu keiner der Größen x, y, z indirekt proportional.
**2)** u ist zu $x^2$ direkt proportional.
**3)** Die Funktion $x \mapsto u$ ist eine quadratische Funktion.
Die Funktion $y \mapsto u$ ist eine direkte Proportionalitätsfunktion.
Die Funktion $z \mapsto u$ ist eine direkte Proportionalitätsfunktion.
**4)** u wächst, wenn x wächst und y und z konstant bleiben.

**b)** **1)** u ist direkt proportional zu y, u ist indirekt proportional zu z.
**2)** u ist zu $x^2$ direkt proportional.
**3)** Die Funktion $x \mapsto u$ ist eine quadratische Funktion.
Die Funktion $y \mapsto u$ ist eine direkte Proportionalitätsfunktion.
Die Funktion $z \mapsto u$ ist eine indirekte Proportionalitätsfunktion.
**4)** u wächst, wenn x wächst und y und z konstant bleiben.

**c)** **1)** u ist indirekt proportional zu x und y.
**2)** u ist zu $z^2$ direkt proportional.
**3)** Die Funktion $x \mapsto u$ ist eine indirekte Proportionalitätsfunktion.
Die Funktion $y \mapsto u$ ist indirekte Proportionalitätsfunktion.
Die Funktion $z \mapsto u$ ist eine quadratische Funktion.
**4)** u fällt, wenn x wächst und y und z konstant bleiben.

**d)** **1)** u ist direkt proportional zu x.
**2)** u ist zu $y^2$ direkt proportional und zu $z^2$ indirekt proportional.

3) Die Funktion $x \mapsto u$ ist eine direkte Proportionalitätsfunktion.
Die Funktion $y \mapsto u$ ist eine quadratische Funktion.
Die Funktion $z \mapsto u$ ist indirekte Proportionalitätsfunktion zum Quadrat von z.
4) u wächst, wenn x wächst und y und z konstant bleiben.

**6.33** a) Wenn y wächst, so wächst auch x. Die Größen x und y können daher beide wachsen.
b) Wenn y wächst, so fällt x. Die Größen x und y können daher nicht beide wachsen.
c) Wenn y wächst, so wächst auch x. Die Größen x und y können daher beide wachsen.
d) Wenn y wächst, so fällt x. Die Größen x und y können daher nicht beide wachsen.

**6.34** $E(m,v) = \frac{mv^2}{2}$
1) $E(1{,}5 \cdot m, v) = \frac{1{,}5 \cdot m \cdot v^2}{2} = 1{,}5 \cdot E(m, v)$
Die Stärke des Aufpralls wäre auf das 1,5-Fache gewachsen.
2) $E(m, 2 \cdot v) = \frac{m \cdot (2v)^2}{2} = \frac{4 \cdot m \cdot v^2}{2} = 4 \cdot E(m, v)$
Die Stärke des Aufpralls wäre auf das 4-Fache gewachsen.
3) Die Funktion $m \mapsto E$ (v konstant) ist linear, die Funktion $v \mapsto E$ (m konstant) ist quadratisch.

**6.35** $r : h = R : H \Rightarrow r = \frac{R \cdot h}{H}$ $\qquad V(h) = \frac{1}{3} \cdot r^2 \cdot \pi \cdot h = \frac{1}{3} \cdot \frac{R^2 \cdot h^2}{H^2} \cdot \pi \cdot h = \frac{\pi R^2}{3H^2} h^3$
1) Nein, aber V(h) ist direkt proportional zur 3. Potenz der Höhe h.
2) $V(2h) = \frac{\pi R^2}{3H^2}(2h)^3 = 8 \cdot \frac{\pi R^2}{3H^2} h^3 = 8 \cdot V(h)$ Wird die Höhe h verdoppelt, so wächst V auf das 8-Fache.
$V(3h) = \frac{\pi R^2}{3H^2}(3h)^3 = 27 \cdot \frac{\pi R^2}{3H^2} h^3 = 27 \cdot V(h)$ Wird die Höhe h verdreifacht, so wächst V auf das 27-Fache.
$V(ah) = \frac{\pi R^2}{3H^2}(ah)^3 = a^3 \cdot \frac{\pi R^2}{3H^2} h^3 = a^3 \cdot V(h)$ Wird die Höhe h ver-a-facht, so wächst V auf das $a^3$-Fache.
3) Mit zunehmendem Flüssigkeitsvolumen haben die Teilstriche immer geringere Abstände zueinander.

**6.37** $E = c \cdot \frac{I}{r^2}$ c kann auf folgende Art bestimmt werden: Man lässt eine Lichtquelle mit der bekannten Lichtstärke I auf einen Schirm in der bekannten Entfernung r scheinen und misst die zugehörige Beleuchtungstärke E.

**6.38** 1) $R \approx 0{,}0158 \cdot \frac{l}{A}$
2) $\rho$ hängt vom Material und der Raumtemperatur ab.
3) $R \approx 0{,}0158 \cdot 4 \cdot \frac{l}{d^2 \cdot \pi}$

**6.39** 1) $p = c \cdot \frac{T}{V}$ mit $c \approx 2\,597{,}65$
2) Der Druck nimmt um ca. 22 % zu, denn es gilt:
$$p(1{,}1 \cdot T, 0{,}9 \cdot V) = c \cdot \frac{1{,}1 \cdot T}{0{,}9 \cdot V} = \frac{11}{9} \cdot p(T, V) \approx 1{,}22 \cdot p(T, V)$$

**6.40** a) $u = \frac{2x^2y}{z}$ b) $u = \frac{1{,}5xy}{z^2}$ c) $u = \frac{2xy}{z}$ d) $u = \frac{x^3y^3}{z^3}$

**6.41** x heißt Argument oder Stelle oder Urbild von f(x).
f(x) heißt Funktionswert von f an der Stelle x oder Bildelement von x.
A nennt man Definitionsmenge, B Zielmenge von f. $f(A) = \{f(x) \in B \mid x \in A\}$; $f(A) \subseteq B$

**6.42** a) Ja. Begründung: Sei $f: A \to B \mid x \mapsto f(x)$ eine beliebige Funktion. Schränkt man die Zielmenge von f auf die Wertemenge f(A) ein, so besitzt jedes Element der eingeschränkten Zielmenge mindestens ein Urbild.
b) Nein, denn für die Funktion $f: \mathbb{R} \to \mathbb{R} \mid x \mapsto x^2$ kann durch bloße Einschränkung der Zielmenge niemals erreicht werden, dass jedes Element der eingeschränkten Zielmenge genau ein Urelement besitzt.

**6.43** **1)** $f: \mathbb{R}_0^+ \to \mathbb{R}_0^+ \mid x \mapsto x^3$

**2)** $f: \mathbb{R}^2 \to \mathbb{R} \mid (x, y) \mapsto \sqrt{x^2 + y^2}$

**3)** A = Menge der Dreiecke einer Ebene E, B = Menge der Punkte derselben Ebene E
f: A → B ordnet jedem Dreieck XYZ seinen Schwerpunkt S zu.

**4)** A = Menge der lebenden Menschen, B = Menge der lebenden und verstorbenen Menschen
f: A → B ordnet jedem lebenden Menschen seine Mutter zu.

**6.44** Seien $f: A \to \mathbb{R}$ und $g: A' \to \mathbb{R}$ reelle Funktionen mit $f(A) \subseteq A'$, dann nennt man die Funktion $g \circ f$ mit $(g \circ f)(x) = g(f(x))$ die Verkettung der Funktionen f und g.
Beispiel: $f: \mathbb{R} \to \mathbb{R}$ mit $f(x) = x^2 + 1$, $g: \mathbb{R}^+ \to \mathbb{R}$ mit $g(x) = \ln x$, $(g \circ f): \mathbb{R} \to \mathbb{R}$ mit $(g \circ f)(x) = \ln(x^2 + 1)$

**6.45** Sei f: A → B eine reelle Funktion mit der Eigenschaft, dass jedes Element der Zielmenge B genau ein Urelement $x \in A$ besitzt. Dann nennt man die Funktion $f^*: B \to A$, die jedem Element $f(x) \in B$ sein Urelement $x \in A$ bzgl. f zuordnet, die Umkehrfunktion der Funktion f. Damit $f^*$ existiert, muss also jedes Element der Zielmenge von f genau ein Urelement besitzen.
Die Graphen von $f: x \mapsto f(x)$ und $f^*: x \mapsto f^*(x)$ liegen symmetrisch zur 1. Mediane.

**6.46** Zum Beispiel: $A = \frac{r^2 \cdot \pi \cdot \alpha}{360}$, $r = \sqrt{\frac{360 \cdot A}{\pi \cdot \alpha}}$, $\alpha = \frac{360 \cdot A}{\pi \cdot r^2}$

**Zugehörige Funktionen:**

| | | |
|---|---|---|
| $(r \mid \alpha) \mapsto A(r, \alpha)$ | $(A \mid \alpha) \mapsto r(A, \alpha)$ | $(A \mid r) \mapsto \alpha(A, r)$ |
| $r \mapsto A(r)$, α konstant | $A \mapsto r(A)$, α konstant | $A \mapsto \alpha(A)$, r konstant |
| $\alpha \mapsto A(\alpha)$, r konstant | $\alpha \mapsto r(\alpha)$, A konstant | $r \mapsto \alpha(r)$, A konstant |

**Typische Fragestellungen für die Funktion $r \mapsto A(r)$:**
Wie ändert sich A(r), wenn r wächst (fällt)?
Wie ändert sich A(r), wenn r verdoppelt, verdreifacht, …, ver-k-facht wird?
Wie muss r verändert werden, damit sich A(r) verfünffacht?
Ist A(r) zu r direkt oder indirekt proportional?
Von welchem Typ ist die Funktion $r \mapsto A(r)$?
Wie sieht der Graph der Funktion $r \mapsto A(r)$ aus?

**6.48** **a)** Wird jede Kantenlängen verdoppelt, so verachtfacht sich das Volumen, denn es gilt:
$V(2 \cdot a) = (2 \cdot a)^3 = 8 \cdot a^3 = 8 \cdot V(a)$

**b)** Wird jede Kantenlängen um 10 % verkürzt, so nimmt das Würfelvolumen um 27,1 % (= 100 % – 72,9 %) ab, denn es gilt: $V(0{,}9 \cdot a) = (0{,}9 \cdot a)^3 = 0{,}729 \cdot a^3 = 72{,}9\,\%$ von V(a)

**c)** $V\left(\left(1 + \frac{p}{100}\right) \cdot a\right) = 1{,}15 \cdot V(a) \Leftrightarrow \left(1 + \frac{p}{100}\right)^3 \cdot a^3 = 1{,}15 \cdot a^3 \Leftrightarrow p = 100\left(\sqrt[3]{1{,}15} - 1\right) \approx 4{,}77$

Daraus folgt: Wird jede Kantenlänge um ca. 4,77 % verlängert, so nimmt das Würfelvolumen um 15 % zu.

**d)** $V(k \cdot a) = 2 \cdot V(a) \Leftrightarrow (k \cdot a)^3 = 2 \cdot a^3 \Leftrightarrow k = \sqrt[3]{2} \approx 1{,}26$
Daraus folgt: Man muss jede Kantenlänge ca. mit dem Faktor 1,26 vergrößern, um das Würfelvolumen zu verdoppeln.

**6.49** a = Länge der Grundkante der Pyramide, h = Höhe der Pyramide, $a^2$ = Inhalt der Grundfläche der Pyramide, $a^2h$ = Volumen eines Prismas mit gleicher Grundfläche und gleicher Höhe

**a)** Das Pyramidenvolumen nimmt um 21 % zu, denn es gilt:
$V(1{,}1 \cdot a, h) = \frac{1}{3} \cdot (1{,}1 \cdot a)^2 \cdot h = 1{,}1^2 \cdot V(a, h) = 1{,}21 \cdot V(a, h) = 121\,\%$ von V(a, h)

**b)** Das Pyramidenvolumen nimmt um 10 % zu.
Setzt man nämlich $a^2h = G$, so kann man schreiben: $V(G, h) = \frac{1}{3} \cdot G \cdot h$. Dann gilt:
$V(1{,}1 \cdot G, h) = \frac{1}{3} \cdot (1{,}1 \cdot G) \cdot h = 1{,}1 \cdot V(G, h) = 110\,\%$ von V(G, h).

**c)** Verdoppelt man beispielsweise jede Grundkante und verdreifacht gleichzeitig die Körperhöhe, so verzwölffacht sich das Pyramidenvolumen, denn es gilt:
$V(2 \cdot a, 3 \cdot h) = \frac{1}{3} \cdot (2 \cdot a)^2 \cdot (3 \cdot h) = 4 \cdot 3 \cdot \frac{1}{3} \cdot a^2 \cdot h = 12 \cdot V(a, h)$

**6.50** a) V(h) ist zu h direkt proportional.

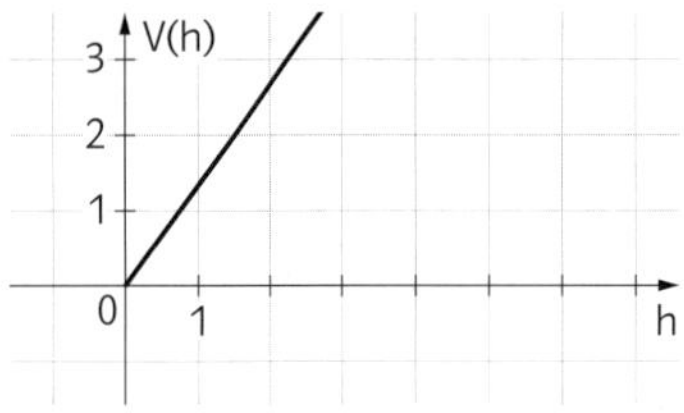


b) h(V) ist zu V direkt proportional.

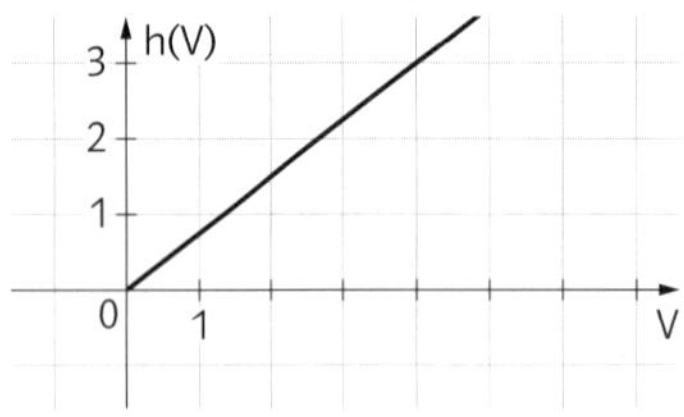


c) V(a) ist zum Quadrat von a direkt proportional.

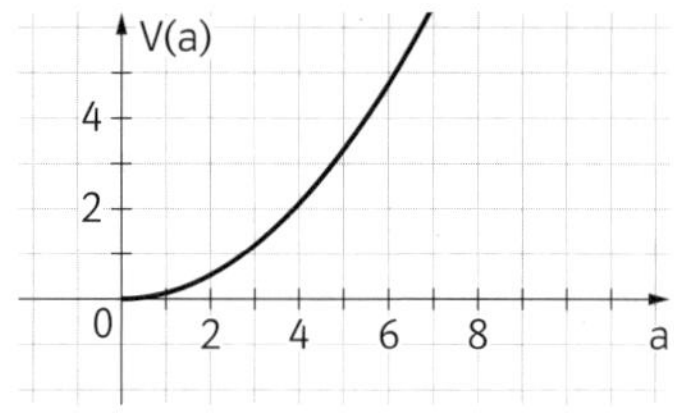


d) h(a) ist zum Quadrat von a indirekt proportional.

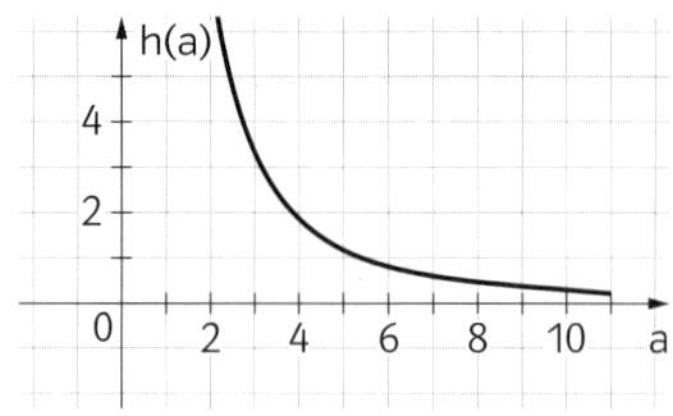


**6.51** 1) Weil die Körpergröße gleich bleibt, nimmt der BMI ab, wenn die Körpermasse verringert wird.
2) Der KVI nimmt um ca. 9,2 % zu.

**6.52** 1) b und g sind zueinander weder direkt noch indirekt proportional.
2) $g \mapsto b$ mit $b(g) = \frac{50 \cdot g}{g - 50}$ für $g > 50$

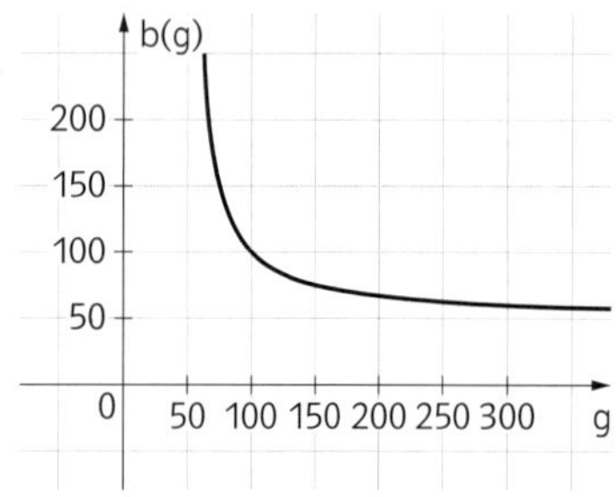


**6.53** 1) W ist direkt proportional zu R und t. W ist direkt proportional zu $I^2$.
2) W verneunfacht sich, wenn I verdreifacht wird.
3) Um die abgegebene Wärmeenergie W zu vervierfachen, muss die Stromstärke verdoppelt werden, falls der Widerstand R und die Zeit t konstant bleiben.
Denn setzt man $W(I) = I^2 \cdot R \cdot t$ (R, t konstant), so gilt: $W(2I) = (2I)^2 \cdot R \cdot t = 4 \cdot W(I)$
Um die abgegebene Wärmeenergie W zu vervierfachen, muss die Zeit t vervierfacht werden, falls der Widerstand R und die Stromstärke konstant bleiben.
Denn setzt man $W(t) = I^2 \cdot R \cdot t$ (I, R konstant), so gilt: $W(4t) = I^2 \cdot R \cdot (4t) = 4 \cdot W(t)$

**6.54** 1) $m \mapsto F$ ist eine direkte Proportionalitätsfunktion, $v \mapsto F$ ist eine quadratische Funktion, $r \mapsto F$ ist eine indirekte Proportionalitätsfunktion
2)

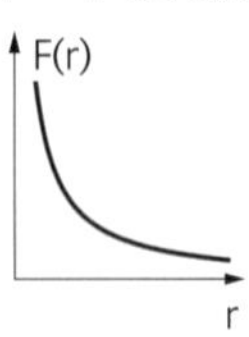


$r \mapsto F$

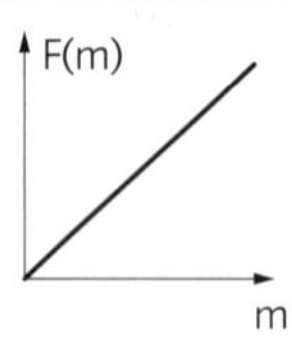


$m \mapsto F$

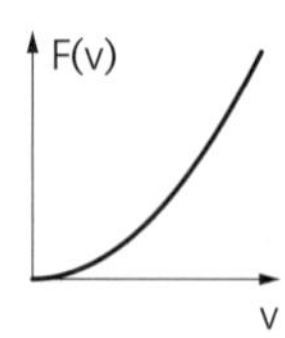


$v \mapsto F$

**6.55** (3) $r = \frac{x^2}{a} + b$

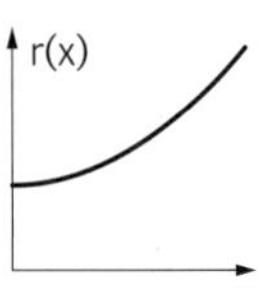

# 7 Folgen

**7.01** a)

| n | $a_n$ |
|---|---|
| 1 | 3 |
| 2 | 5 |
| 3 | 7 |
| 4 | 9 |
| 5 | 11 |

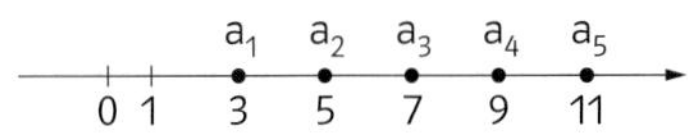


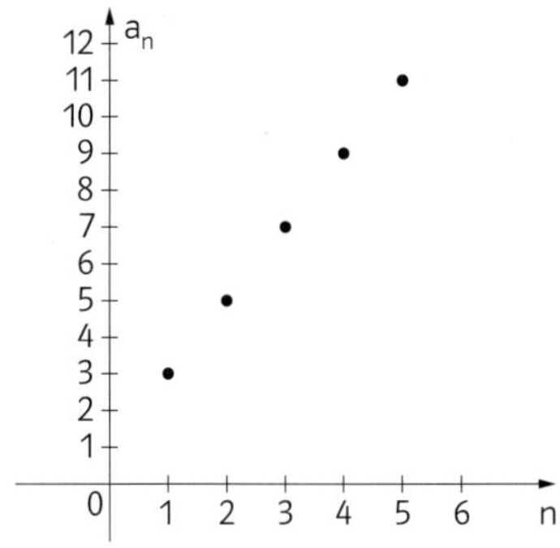


b)

| n | $a_n$ |
|---|---|
| 1 | 0 |
| 2 | −1 |
| 3 | −2 |
| 4 | −3 |
| 5 | −4 |

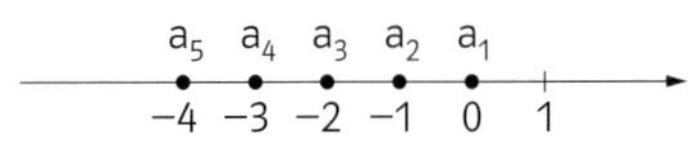


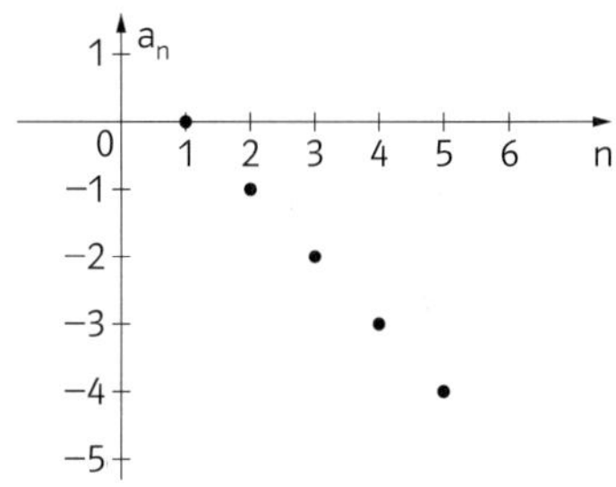


c)

| n | $a_n$ |
|---|---|
| 1 | 3 |
| 2 | 3 |
| 3 | 3 |
| 4 | 3 |
| 5 | 3 |

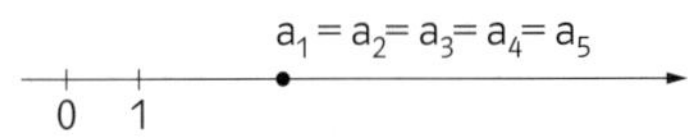


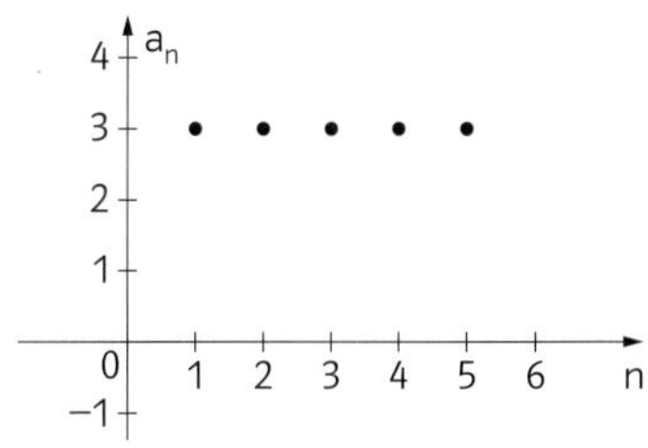


d)

| n | $a_n$ |
|---|---|
| 1 | −2 |
| 2 | 2 |
| 3 | −2 |
| 4 | 2 |
| 5 | −2 |

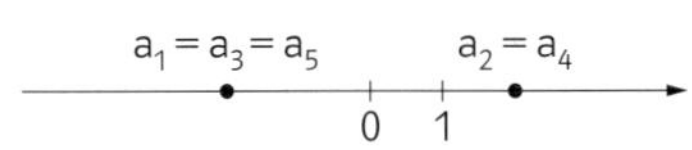


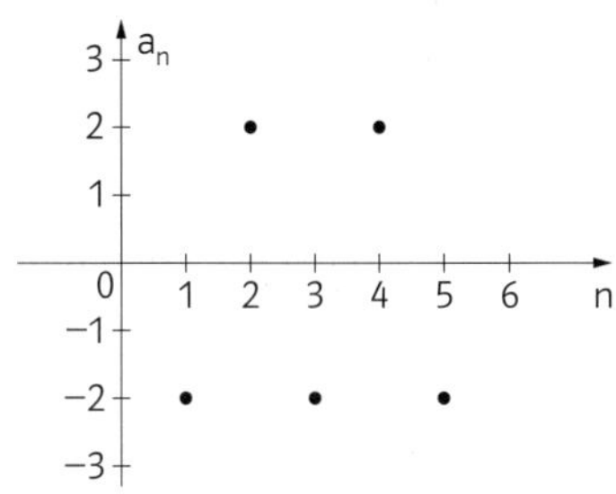


e)

| n | $a_n$ |
|---|---|
| 1 | −6 |
| 2 | −4 |
| 3 | −2 |
| 4 | 0 |
| 5 | 2 |

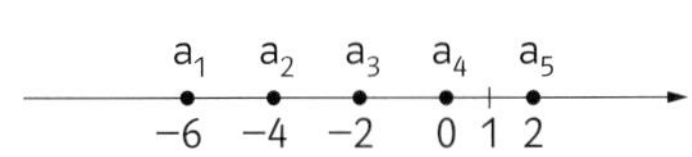


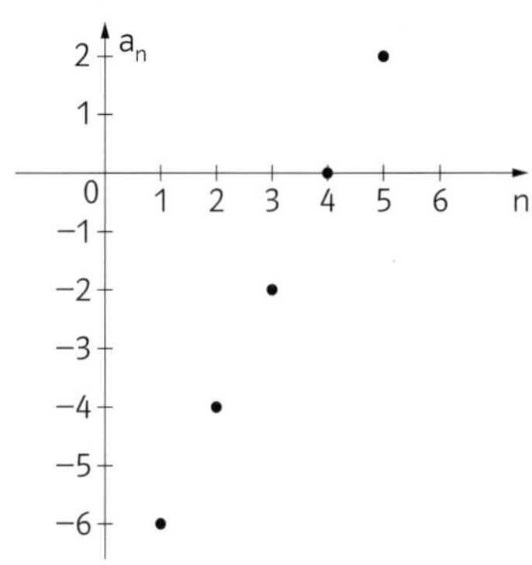


**7.02** a)

| n | 1 | 2 | 3 | 4 | 5 | 6 | 7 |
|---|---|---|---|---|---|---|---|
| $a_n$ | −1 | 1 | −1 | 1 | −1 | 1 | −1 |

b)

| n | 1 | 2 | 3 | 4 | 5 | 6 | 7 |
|---|---|---|---|---|---|---|---|
| $a_n$ | 0 | 1 | 0 | 1 | 0 | 1 | 0 |

**7.03** a) $a_n = 1 + (n-1) \cdot 2 = 2n - 1$
b) $a_n = 1 + (n-1) \cdot 3 = 3n - 2$
c) $a_n = (-1)^n$
d) $a_n = n^2 + 1$

**7.04** einfachste Termdarstellung: $a_n = n \Rightarrow a_1 = 1,\ a_2 = 2,\ a_3 = 3$
Auch mit der Termdarstellung $a_n = -n^3 + 6n^2 - 10n + 6$ ergibt sich: $a_1 = 1,\ a_2 = 2,\ a_3 = 3$
Man erkennt: Eine Termdarstellung einer Folge ist durch die Angabe einiger Folgenglieder nicht eindeutig bestimmt.

**7.05** a) nach unten beschränkt, aber nicht nach oben beschränkt
b) nach oben beschränkt, aber nicht nach unten beschränkt
c) weder nach oben noch nach unten beschränkt
d) beschränkt
e) beschränkt
f) nach unten beschränkt, aber nicht nach oben beschränkt
g) nach unten beschränkt, aber nicht nach oben beschränkt
h) nach oben beschränkt, aber nicht nach unten beschränkt

**7.06** a) zB: $a_n = -n^3$
b) zB: $a_n = n^2$
c) zB: $a_n = (-1)^n \cdot n^4$
d) zB: $a_n = 1 - \frac{1}{n}$

**7.07** a) 2 ist eine obere Schranke der Folge $\left(1 - \frac{1}{n} \,\middle|\, n \in \mathbb{N}^*\right)$, denn es gilt: $1 - \frac{1}{n} \leq 2 \Leftrightarrow -1 \leq \frac{1}{n} \Leftrightarrow n \geq -1$
Weil die letzte Ungleichung für alle $n \in \mathbb{N}^*$ erfüllt ist, gilt auch die erste Ungleichung für alle $n \in \mathbb{N}^*$.
b) 0,999 ist keine obere Schranke der Folge $\left(1 - \frac{1}{n} \,\middle|\, n \in \mathbb{N}^*\right)$, weil es ein Folgenglied gibt, das größer als 0,999 ist. Ein solches Glied ist zB $a_{10\,000} = 0{,}9999$.
c) 0 ist eine untere Schranke der Folge $(n^2 \mid n \in \mathbb{N}^*)$, denn für alle $n \in \mathbb{N}^*$ gilt $n^2 > 0$.
d) 0 ist keine untere Schranke der Folge $((-1)^n \mid n \in \mathbb{N}^*)$, denn alle Folgenglieder mit ungeraden Indizes haben den Wert $-1$, sind also kleiner als 0.
e) ZB: 4 und 5 sind obere Schranken, 2 und 3 sind untere Schranken.

**7.08** a) $a_n < a_{n+1} \Leftrightarrow 2n - 1 < 2(n+1) - 1 \Leftrightarrow 2n - 1 < 2n + 1$
Weil die letzte Ungleichung für alle $n \in \mathbb{N}^*$ erfüllt ist, gilt auch die erste Ungleichung für alle $n \in \mathbb{N}^*$.
b) $a_n < a_{n+1} \Leftrightarrow n^2 - n + 1 < (n+1)^2 - (n+1) + 1 \Leftrightarrow n^2 - n + 1 < n^2 + n + 1 \Leftrightarrow -2n < 0 \Leftrightarrow n > 0$
Weil die letzte Ungleichung für alle $n \in \mathbb{N}^*$ erfüllt ist, gilt auch die erste Ungleichung für alle $n \in \mathbb{N}^*$.
c) $a_n < a_{n+1} \Leftrightarrow \frac{n^2}{n+1} < \frac{(n+1)^2}{(n+1)+1} \Leftrightarrow n^2(n+2) < (n+1)^3 \Leftrightarrow n^3 + 2n^2 < n^3 + 3n^2 + 3n + 1 \Leftrightarrow n^2 + 3n + 1 > 0$
Weil die letzte Ungleichung für alle $n \in \mathbb{N}^*$ erfüllt ist, gilt auch die erste Ungleichung für alle $n \in \mathbb{N}^*$.
d) $a_n < a_{n+1} \Leftrightarrow \frac{n^2 - 1}{n^2 + 1} < \frac{(n+1)^2 - 1}{(n+1)^2 + 1} \Leftrightarrow (n^2 - 1) \cdot (n^2 + 2n + 2) < (n^2 + 2n) \cdot (n^2 + 1) \Leftrightarrow$

$\Leftrightarrow n^4 + 2n^3 + n^2 - 2n - 2 < n^4 + 2n^3 + n^2 + 2n \Leftrightarrow -2n - 2 < 2n \Leftrightarrow 4n > -2 \Leftrightarrow n > -0{,}5$
Weil die letzte Ungleichung für alle $n \in \mathbb{N}^*$ erfüllt ist, gilt auch die erste Ungleichung für alle $n \in \mathbb{N}^*$.

**7.09** a) $a_n > a_{n+1} \Leftrightarrow 10 + \frac{1}{n^2} > 10 + \frac{1}{(n+1)^2} \Leftrightarrow (n+1)^2 > n^2$
Weil die letzte Ungleichung für alle $n \in \mathbb{N}^*$ erfüllt ist, gilt auch die erste Ungleichung für alle $n \in \mathbb{N}^*$.
b) $a_n > a_{n+1} \Leftrightarrow \frac{1}{2n+1} > \frac{1}{2(n+1)+1} \Leftrightarrow 2n + 3 > 2n + 1$
Weil die letzte Ungleichung für alle $n \in \mathbb{N}^*$ erfüllt ist, gilt auch die erste Ungleichung für alle $n \in \mathbb{N}^*$.
c) $a_n > a_{n+1} \Leftrightarrow \frac{2n+1}{n} > \frac{2(n+1)+1}{n+1} \Leftrightarrow (2n+1) \cdot (n+1) > (2n+3) \cdot n \Leftrightarrow 2n^2 + 3n + 1 > 2n^2 + 3n$
Weil die letzte Ungleichung für alle $n \in \mathbb{N}^*$ erfüllt ist, gilt auch die erste Ungleichung für alle $n \in \mathbb{N}^*$.
d) $a_n > a_{n+1} \Leftrightarrow \frac{n+6}{n^2+1} > \frac{(n+1)+6}{(n+1)^2+1} \Leftrightarrow (n+6) \cdot (n^2 + 2n + 2) > (n+7) \cdot (n^2 + 1) \Leftrightarrow$

$\Leftrightarrow n^3 + 8n^2 + 14n + 12 < n^3 + 7n^2 + n + 7 \Leftrightarrow n^2 + 13n + 5 > 0$
Weil die letzte Ungleichung für alle $n \in \mathbb{N}^*$ erfüllt ist, gilt auch die erste Ungleichung für alle $n \in \mathbb{N}^*$.

**7.10** a) streng monoton fallend
b) streng monoton fallend
c) streng monoton steigend
d) nicht monoton
e) streng monoton steigend
f) streng monoton fallend
g) monton fallend
h) nicht monoton

**7.12** a) $\lim\limits_{n \to \infty} a_n = 0$
b) $\lim\limits_{n \to \infty} a_n = 0$
c) $\lim\limits_{n \to \infty} a_n = \frac{1}{4}$
d) $\lim\limits_{n \to \infty} a_n = 3$
e) $\lim\limits_{n \to \infty} a_n = 1$
f) $\lim\limits_{n \to \infty} a_n = 1$
g) $\lim\limits_{n \to \infty} a_n = 4$
h) $\lim\limits_{n \to \infty} a_n = 1$
i) $\lim\limits_{n \to \infty} a_n = 0$
j) $\lim\limits_{n \to \infty} a_n = 0$
k) $\lim\limits_{n \to \infty} a_n = 0$
l) $\lim\limits_{n \to \infty} a_n = \frac{1}{3}$

**7.13** a) $a_n = \frac{n}{n^3} = \frac{1}{n^2}$

Bei wachsendem n nähert sich $\frac{1}{n^2}$ unbegrenzt der Zahl 0. Somit gilt: $\lim\limits_{n \to \infty} a_n = 0$

b) $a_n = \frac{n^3 - 4n}{n^4 - 4} = \frac{\frac{1}{n} - \frac{4}{n^3}}{1 - \frac{4}{n^4}}$

Bei wachsendem n nähern sich $\frac{1}{n}$, $\frac{1}{n^3}$ und $\frac{1}{n^4}$ unbegrenzt der Zahl 0, damit nähert sich der Zähler unbegrenzt der Zahl 0 und der Nenner unbegrenzt der Zahl 1. Somit gilt: $\lim\limits_{n \to \infty} a_n = 0$

c) $a_n = \frac{n^{10} - n^2}{n^{20}} = \frac{1}{n^{10}} - \frac{1}{n^{18}}$

Bei wachsendem n nähern sich $\frac{1}{n^{10}}$ und $\frac{1}{n^{18}}$ unbegrenzt der Zahl 0, damit nähert sich auch die Differenz $\frac{1}{n^{10}} - \frac{1}{n^{18}}$ unbegrenzt der Zahl 0. Somit gilt: $\lim\limits_{n \to \infty} a_n = 0$

d) $a_n = \frac{n}{n^4 - n^3} = \frac{\frac{1}{n^3}}{1 - \frac{1}{n}}$

Bei wachsendem n nähern sich $\frac{1}{n}$ und $\frac{1}{n^3}$ unbegrenzt der Zahl 0, damit nähert sich der Zähler unbegrenzt der Zahl 0 und der Nenner unbegrenzt der Zahl 1. Somit gilt: $\lim\limits_{n \to \infty} a_n = 0$

**7.14**

| n | 100 | 200 | 300 | 400 | 500 | 600 | 700 | 800 | 900 | 1000 |
|---|---|---|---|---|---|---|---|---|---|---|
| $a_n \approx$ | 1,0471 | 1,0268 | 1,0192 | 1,0151 | 1,0125 | 1,0107 | 1,0094 | 1,0084 | 1,0076 | 1,0069 |

Vermutung: $\lim\limits_{n \to \infty} \sqrt[n]{n} = 1$

**7.16** a) Sei $\varepsilon \in \mathbb{R}^+$ vorgegeben. $|a_n - 0| < \varepsilon \Leftrightarrow \frac{3}{n} < \varepsilon \Leftrightarrow n > \frac{3}{\varepsilon}$

Wählt man einen Index $n_0 > \frac{3}{\varepsilon}$, dann ist $|a_n - 0| < \varepsilon$ für alle $n \geqslant n_0$.

b) Sei $\varepsilon \in \mathbb{R}^+$ vorgegeben. $|a_n - 0| < \varepsilon \Leftrightarrow \frac{3}{n+1} < \varepsilon \Leftrightarrow n > \frac{3}{\varepsilon} - 1$

Wählt man einen Index $n_0 > \frac{3}{\varepsilon} - 1$, dann ist $|a_n - 0| < \varepsilon$ für alle $n \geqslant n_0$.

c) Sei $\varepsilon \in \mathbb{R}^+$ vorgegeben. $|a_n - 0| < \varepsilon \Leftrightarrow \left|-\frac{1}{2n}\right| < \varepsilon \Leftrightarrow \frac{1}{2n} < \varepsilon \Leftrightarrow n > \frac{1}{2\varepsilon}$

Wählt man einen Index $n_0 > \frac{1}{2\varepsilon}$, dann ist $|a_n - 0| < \varepsilon$ für alle $n \geqslant n_0$.

d) Sei $\varepsilon \in \mathbb{R}^+$ vorgegeben. $|a_n - 0| < \varepsilon \Leftrightarrow \frac{1}{2n} < \varepsilon \Leftrightarrow n > \frac{1}{2\varepsilon}$

Wählt man einen Index $n_0 > \frac{1}{2\varepsilon}$, dann ist $|a_n - 0| < \varepsilon$ für alle $n \geqslant n_0$.

e) Sei $\varepsilon \in \mathbb{R}^+$ vorgegeben. $|a_n - 0| < \varepsilon \Leftrightarrow \frac{3}{n} < \varepsilon \Leftrightarrow n > \frac{3}{\varepsilon}$

Wählt man einen Index $n_0 > \frac{3}{\varepsilon}$, dann ist $|a_n - 0| < \varepsilon$ für alle $n \geqslant n_0$.

f) Sei $\varepsilon \in \mathbb{R}^+$ vorgegeben. $|a_n - 0| < \varepsilon \Leftrightarrow \left|-\frac{5}{n}\right| < \varepsilon \Leftrightarrow \frac{5}{n} < \varepsilon \Leftrightarrow n > \frac{5}{\varepsilon}$

Wählt man einen Index $n_0 > \frac{5}{\varepsilon}$, dann ist $|a_n - 0| < \varepsilon$ für alle $n \geqslant n_0$.

g) Sei $\varepsilon \in \mathbb{R}^+$ vorgegeben. $|a_n - 0| < \varepsilon \Leftrightarrow \frac{1}{2n-1} < \varepsilon \Leftrightarrow n > \frac{1}{2} \cdot \left(\frac{1}{\varepsilon} + 1\right)$

Wählt man einen Index $n_0 > \frac{1}{2} \cdot \left(\frac{1}{\varepsilon} + 1\right)$, dann ist $|a_n - 0| < \varepsilon$ für alle $n \geqslant n_0$.

h) Sei $\varepsilon \in \mathbb{R}^+$ vorgegeben. $|a_n - 0| < \varepsilon \Leftrightarrow \left|-\frac{6}{n+3}\right| < \varepsilon \Leftrightarrow \frac{6}{n+3} < \varepsilon \Leftrightarrow n > \frac{6}{\varepsilon} - 1$

Wählt man einen Index $n_0 > \frac{6}{\varepsilon} - 1$, dann ist $|a_n - 0| < \varepsilon$ für alle $n \geqslant n_0$.

**7.17** **a)** $\lim\limits_{n \to \infty} a_n = 2$

Sei $\varepsilon \in \mathbb{R}^+$ vorgegeben. $|a_n - 2| < \varepsilon \Leftrightarrow \left|2 - \frac{2}{n} - 2\right| < \varepsilon \Leftrightarrow \frac{2}{n} < \varepsilon \Leftrightarrow n > \frac{2}{\varepsilon}$

Wählt man einen Index $n_0 > \frac{2}{\varepsilon}$, dann ist $|a_n - 2| < \varepsilon$ für alle $n \geqslant n_0$.

**b)** $\lim\limits_{n \to \infty} a_n = 1$

Sei $\varepsilon \in \mathbb{R}^+$ vorgegeben. $|a_n - 1| < \varepsilon \Leftrightarrow \left|1 + \frac{1}{5n} - 1\right| < \varepsilon \Leftrightarrow \frac{1}{5n} < \varepsilon \Leftrightarrow n > \frac{1}{5\varepsilon}$

Wählt man einen Index $n_0 > \frac{1}{5\varepsilon}$, dann ist $|a_n - 1| < \varepsilon$ für alle $n \geqslant n_0$.

**c)** $\lim\limits_{n \to \infty} a_n = 2$

Sei $\varepsilon \in \mathbb{R}^+$ vorgegeben. $|a_n - 2| < \varepsilon \Leftrightarrow \left|2 \cdot \left(1 - \frac{2}{n}\right) - 2\right| < \varepsilon \Leftrightarrow \frac{4}{n} < \varepsilon \Leftrightarrow n > \frac{4}{\varepsilon}$

Wählt man einen Index $n_0 > \frac{4}{\varepsilon}$, dann ist $|a_n - 2| < \varepsilon$ für alle $n \geqslant n_0$.

**d)** $\lim\limits_{n \to \infty} a_n = 0$

Sei $\varepsilon \in \mathbb{R}^+$ vorgegeben. $|a_n - 0| < \varepsilon \Leftrightarrow \frac{1}{3} \cdot \left(1 - \frac{n}{n+1}\right) < \varepsilon \Leftrightarrow n > \left(\frac{1}{3\varepsilon} - 1\right)$

Wählt man einen Index $n_0 > \left(\frac{1}{3\varepsilon} - 1\right)$, dann ist $|a_n - 0| < \varepsilon$ für alle $n \geqslant n_0$.

**e)** $\lim\limits_{n \to \infty} a_n = 2$

Sei $\varepsilon \in \mathbb{R}^+$ vorgegeben. $|a_n - 2| < \varepsilon \Leftrightarrow \left|\frac{4 + 2n}{4 + n} - 2\right| < \varepsilon \Leftrightarrow \left|\frac{-4}{4 + n}\right| < \varepsilon \Leftrightarrow n > \frac{4}{\varepsilon} - 4$

Wählt man einen Index $n_0 > \frac{4}{\varepsilon} - 4$ dann ist $|a_n - 2| < \varepsilon$ für alle $n \geqslant n_0$.

**f)** $\lim\limits_{n \to \infty} a_n = \frac{1}{2}$

Sei $\varepsilon \in \mathbb{R}^+$ vorgegeben. $\left|a_n - \frac{1}{2}\right| < \varepsilon \Leftrightarrow \left|\frac{(-1)^n + n}{2n} - \frac{1}{2}\right| < \varepsilon \Leftrightarrow \left|\frac{(-1)^n}{2n} + \frac{1}{2} - \frac{1}{2}\right| < \varepsilon \Leftrightarrow \frac{1}{2n} < \varepsilon \Leftrightarrow n > \frac{1}{2\varepsilon}$

Wählt man einen Index $n_0 > \frac{1}{2\varepsilon}$, dann ist $\left|a_n - \frac{1}{2}\right| < \varepsilon$ für alle $n \geqslant n_0$.

**g)** $\lim\limits_{n \to \infty} a_n = 2$

Sei $\varepsilon \in \mathbb{R}^+$ vorgegeben. $|a_n - 2| < \varepsilon \Leftrightarrow \left|2 - \frac{2 \cdot (-1)^n}{3n + 1} - 2\right| < \varepsilon \Leftrightarrow \frac{2}{3n + 1} < \varepsilon \Leftrightarrow n > \frac{1}{3}\left(\frac{2}{\varepsilon} - 1\right)$

Wählt man einen Index $n_0 > \frac{1}{3}\left(\frac{2}{\varepsilon} - 1\right)$, dann ist $|a_n - 2| < \varepsilon$ für alle $n \geqslant n_0$.

**h)** $\lim\limits_{n \to \infty} a_n = 2$

Sei $\varepsilon \in \mathbb{R}^+$ vorgegeben. $|a_n - 2| < \varepsilon \Leftrightarrow \left|2 - \frac{(-1)^n}{n} - 2\right| < \varepsilon \Leftrightarrow \frac{1}{n} < \varepsilon \Leftrightarrow n > \frac{1}{\varepsilon}$

Wählt man einen Index $n_0 > \frac{1}{\varepsilon}$, dann ist $|a_n - 2| < \varepsilon$ für alle $n \geqslant n_0$.

**7.18** **a)** Die Folge $(a_n \mid n \in \mathbb{N}^*)$ hat keinen Grenzwert.

Begründung: Die Folgenglieder nehmen abwechselnd die Werte $(-1)$ für ungerade Indizes und $(+1)$ für gerade Indizes an. $(-1)$ ist nicht Grenzwert von $(a_n \mid n \in \mathbb{N}^*)$. Wählt man nämlich als Abstandmaß zB $\varepsilon = \frac{1}{2}$, so kann man keinen Index $n_0$ finden, sodass ab diesem Index $n_0$ alle Folgenglieder $a_n$ sich von $(-1)$ dem Betrage nach um weniger als $\frac{1}{2}$ unterscheiden. Denn das Folgenglied mit dem auf $n_0$ folgenden nächst größeren geraden Index würde sich von $(-1)$ um genau $2 > \varepsilon$ unterscheiden. Durch analoge Überlegungen kann man zeigen, dass auch keine andere Zahl Grenzwert der Folge ist.

**b)** $\lim\limits_{n \to \infty} a_n = 0$

Sei $\varepsilon \in \mathbb{R}^+$ vorgegeben. $|a_n - 0| < \varepsilon \Leftrightarrow \frac{5}{2n} < \varepsilon \Leftrightarrow n > \frac{5}{2\varepsilon}$

Wählt man einen Index $n_0 > \frac{5}{2\varepsilon}$, dann ist $|a_n - 0| < \varepsilon$ für alle $n \geqslant n_0$.

c) Die Folge $(a_n \mid n \in \mathbb{N}^*)$ hat keinen Grenzwert.
Begründung: Die Folgenglieder nehmen abwechselnd die Werte (−2) für ungerade Indizes und (+2) für gerade Indizes an. Durch analoge Überlegungen wie in 7.18 a) kann man zeigen, dass $(a_n \mid n \in \mathbb{N}^*)$ divergent ist.

d) Die Folge $(a_n \mid n \in \mathbb{N}^*) = (-1, 4, -8, 16, -32, 64, -128, 256, \ldots)$ hat keinen Grenzwert.
Begründung: Die Folge ist nicht beschränkt. Sie ist daher nicht konvergent. Beachte die Sätze über konvergente Folgen auf Seite 121!

e) Die Folge $(a_n \mid n \in \mathbb{N}^*)$ hat keinen Grenzwert.
Begründung: Die Folgenglieder nehmen abwechselnd die Werte 0 für ungerade Indizes und (+2) für gerade Indizes an. Durch analoge Überlegungen wie in 7.18 a) kann man zeigen, dass $(a_n \mid n \in \mathbb{N}^*)$ divergent ist.

f) $\lim\limits_{n \to \infty} a_n = \frac{1}{3}$
Sei $\varepsilon \in \mathbb{R}^+$ vorgegeben. Wählt man den Index $n_0 = 1$, dann ist $\left|a_n - \frac{1}{3}\right| < \varepsilon$ für alle $n \geq n_0$.

g) Die Folge $(a_n \mid n \in \mathbb{N}^*)$ hat keinen Grenzwert.
Begründung: Die Folgenglieder nehmen abwechselnd die Werte $\left(-\frac{1}{3}\right)$ für ungerade Indizes und $\left(+\frac{1}{3}\right)$ für gerade Indizes an. Durch analoge Überlegungen wie in 7.18 a) kann man zeigen, dass $(a_n \mid n \in \mathbb{N}^*)$ divergent ist.

h) Die Folge $(a_n \mid n \in \mathbb{N}^*)$ hat keinen Grenzwert.
Begründung: Die Folge ist nicht beschränkt. Sie ist daher nicht konvergent. Beachte die Sätze über konvergente Folgen auf Seite 121!

**7.20** a)

| n | $a_n$ |
|---|---|
| 0 | 2 |
| 1 | 2,5 |
| 2 | 3 |
| 3 | 3,5 |
| 4 | 4 |
| 5 | 4,5 |

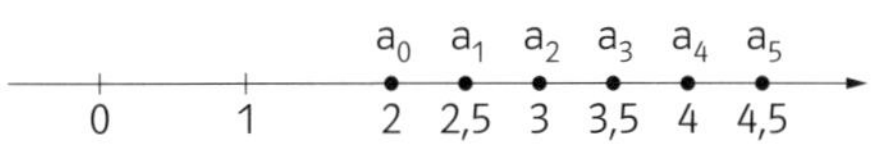


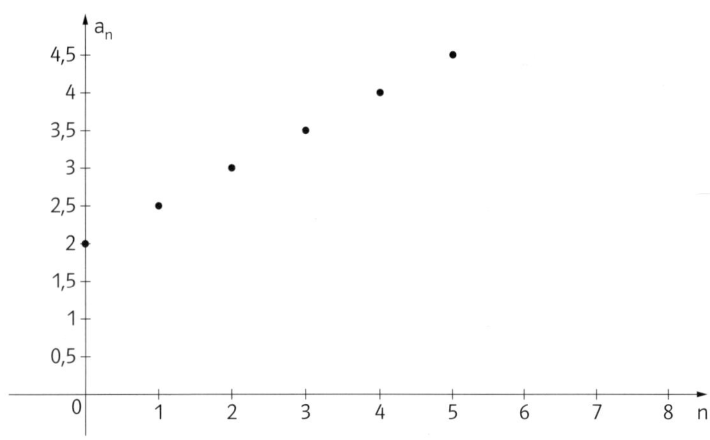


b)

| n | $a_n$ |
|---|---|
| 0 | 10 |
| 1 | 8 |
| 2 | 6 |
| 3 | 4 |
| 4 | 2 |
| 5 | 0 |

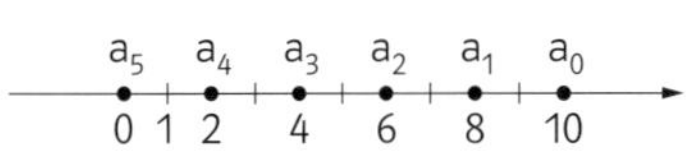


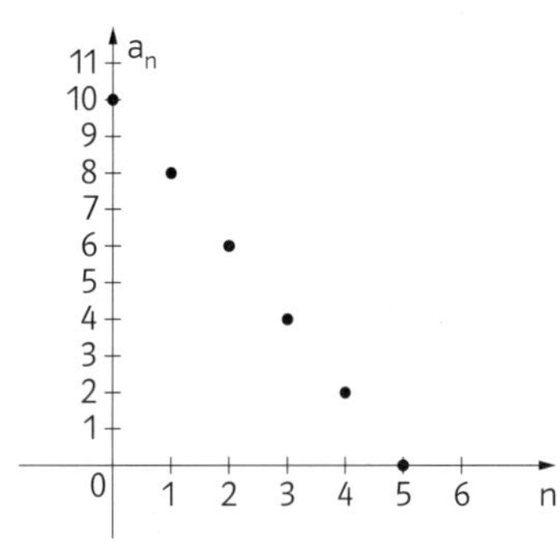


**7.21** 1) $K_n = 800 + 600 \cdot n, \; n \in \mathbb{N}$

2) Werden nur ganze Meter verrechnet, so kann man eine maximale Grabungstiefe von 15 m erreichen.

**7.22** 1) $K_n = 1750 + (n-1) \cdot 650 = 1100 + 650 \cdot n,\ n \in \mathbb{N}^*$
2) 8900
3) nach 22 Monaten

**7.23** 1) $W_n = 165\,000 - 8\,250 \cdot n,\ n \in \mathbb{N}$
2) 82 500 €
3) nach frühestens 8 Jahren
4) nach 20 Jahren

**7.24** a) $a_0 = 1,\ k = 2$ b) $a_0 = -2,\ k = 7$ c) $a_0 = 3,\ k = 0{,}5$ d) $a_0 = 0{,}7,\ k = -0{,}1$

**7.25** a) $a_n = 2n + 1,\quad a_0 = 1,\ a_1 = 3,\ a_2 = 5,\ a_3 = 7,\ a_4 = 9$
b) $a_n = -2n + 10,\quad a_0 = 10,\ a_1 = 8,\ a_2 = 6,\ a_3 = 4,\ a_4 = 2$
c) $a_n = 4n - 3,\quad a_0 = -3,\ a_1 = 1,\ a_2 = 5,\ a_3 = 9,\ a_4 = 13$
d) $a_n = 0{,}2n + 0{,}8,\quad a_0 = 0{,}8,\ a_1 = 1,\ a_2 = 1{,}2,\ a_3 = 1{,}4,\ a_4 = 1{,}6$

**7.26** a) $a_0 = 1,\ a_n = 2n + 1$ c) $a_0 = 7,\ a_n = -3n + 7$
b) $a_0 = 9,\ a_n = 4n + 9$ d) $a_0 = 6{,}5,\ a_n = 2n + 6{,}5$

**7.27** a) $a_0 = 10,\ k = 5,\ a_n = 5n + 10$ c) $a_0 = -7,\ k = -1,\ a_n = -n - 7$
b) $a_0 = -1,\ k = 5,\ a_n = 5n - 1$ d) $a_0 = 4,\ k = 0{,}2,\ a_n = 0{,}2 \cdot n + 4$

**7.28** a) Eine arithmetische Folge mit der Termdarstellung $a_n = 3{,}5n - 2{,}5$ ist möglich.
b) Eine arithmetische Folge kann nicht vorliegen. Mögliche Änderung:

| n | $a_n$ |
|---|---|
| 2 | 15 |
| 4 | 5 |
| 5 | 0 |

c) Eine arithmetische Folge kann nicht vorliegen. Mögliche Änderung:

| n | $a_n$ |
|---|---|
| 3 | 4,4 |
| 11 | 1,2 |
| 16 | −0,8 |

d) Eine arithmetische Folge mit der Termdarstellung $a_n = \frac{1}{3} \cdot (-550n + 4\,210)$ ist möglich.

**7.29** a)

| n | $a_n$ |
|---|---|
| 0 | 1 |
| 1 | 3 |
| 2 | 5 |
| 4 | 9 |

$a_n = 2n + 1$

b)

| n | $a_n$ |
|---|---|
| 0 | 0 |
| 3 | 30 |
| 50 | 500 |
| 100 | 1000 |

$a_n = 10n$

c)

| n | $a_n$ |
|---|---|
| 0 | 15 |
| 2 | 12 |
| 5 | 7,5 |
| 17 | −10,5 |

$a_n = -1{,}5n + 15$

d)

| n | $a_n$ |
|---|---|
| 2 | 0 |
| 3 | 0 |
| 5 | 0 |
| 4 | 0 |

$a_n = 0$

**7.30** 1. Möglichkeit: $a = 9,\ b = 12,\ c = 15$ und $A = 54$
2. Möglichkeit: $a = 12,\ b = 9,\ c = 15$ und $A = 54$

**7.31**
- Wir setzen $a_n = k \cdot n + d$ und drücken das dritte Glied $a_2$ und das siebente Glied $a_6$ durch das mittlere, fünfte Glied $a_4$ aus: $a_2 = a_4 - 2 \cdot k$ und $a_6 = a_4 + 2 \cdot k$
- Aus $a_2 + a_4 + a_6 = 21$ folgt $a_4 - 2 \cdot k + a_4 + a_4 + 2 \cdot k = 21$ und damit $a_4 = 7$.

- Aus $a_2 \cdot a_4 \cdot a_6 = 91$ folgt $(7 - 2 \cdot k) \cdot 7 \cdot (7 + 2k) = 91$ und damit $k = 3$ oder $k = -3$.
- 1. Möglichkeit: $a_2 = 1,\ a_4 = 7,\ a_6 = 13;\ a_n = 3n - 5$
- 2. Möglichkeit: $a_2 = 13,\ a_4 = 7,\ a_6 = 1;\ a_n = -3n + 19$

**7.32** Es ist $a_{n-1} = a_n - k$ und $a_{n+1} = a_n + k$. Daraus folgt: $\frac{a_{n-1} + a_{n+1}}{2} = \frac{a_n - k + a_n + k}{2} = a_n$

**7.33** Es ist $a_{n-1} = a_n - k$ und $a_{n+1} = a_n + k$.
Daraus folgt: $a_{n-1} + a_n + a_{n+1} = a_n - k + a_n + a_n + k = 3 \cdot a_n$. Damit gilt: $3 | (a_{n-1} + a_n + a_{n+1})$

**7.34** Es ist $a = b - k$ und $c = b + k$. Daraus folgt:
$a^2 + ab + b^2 = (b - k)^2 + (b - k) \cdot b + b^2 = b^2 - 2bk + k^2 + b^2 - bk + b^2 = 3b^2 - 3bk + k^2$
$a^2 + ac + c^2 = (b - k)^2 + (b - k) \cdot (b + k) + (b + k)^2 = b^2 - 2bk + k^2 + b^2 - k^2 + b^2 + 2bk + k^2 = 3b^2 + 3k^2$
$b^2 + bc + c^2 = b^2 + b \cdot (b + k) + (b + k)^2 = b^2 + b^2 + bk + b^2 + 2bk + k^2 = 3b^2 + 3bk + k^2$
Damit gilt:
$a^2 + ab + b^2$, $a^2 + ac + c^2$, $b^2 + bc + c^2$ sind Glieder einer arithmetischen Folge mit der Differenz 3bk.

**7.36**

| n | $b_n$ |
|---|---|
| 0 | 0,2 |
| 1 | 0,4 |
| 2 | 0,8 |
| 3 | 1,6 |
| 4 | 3,2 |
| 5 | 6,4 |

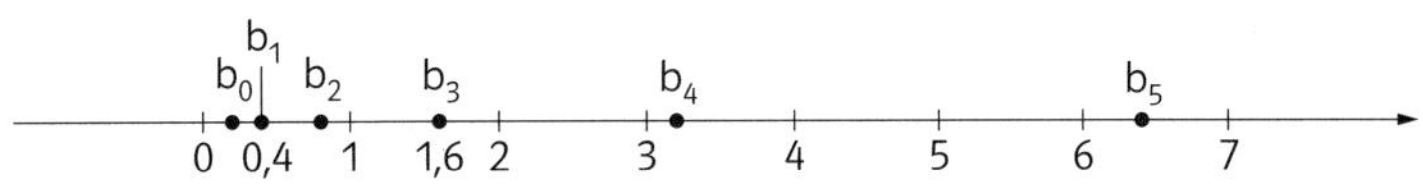


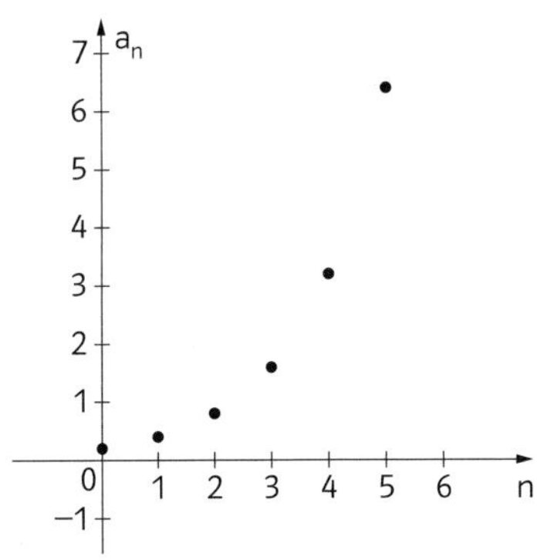


**7.37** **1)** $H_n = 2 \cdot 0{,}8^n$
**2)** Nach der siebenten, dh. ab der achten Aufwärtsbewegung sinkt die Höhe unter 40 cm.
**3)** Theoretisch kommt der Ball nie zur Ruhe, denn alle Folgenglieder $H_n$ sind größer als 0.

**7.38** **1)** $I_n = I_0 \cdot 0{,}9^n$ **2)** 7 Glasplatten

**7.39** **a)** $b_0 = 3,\ q = 2$ **b)** $b_0 = 5,\ q = 3$ **c)** $b_0 = 1{,}5,\ q = -0{,}5$ **d)** $b_0 = -2,\ q = 1{,}2$

**7.40** **a)** $b_n = 2^n$, $b_0 = 1,\ b_1 = 2,\ b_2 = 4,\ b_3 = 8,\ b_4 = 16$
**b)** $b_n = 3 \cdot 3^n$, $b_0 = 3,\ b_1 = 9,\ b_2 = 27,\ b_3 = 81,\ b_4 = 243$
**c)** $b_n = 6 \cdot 0{,}5^n$, $b_0 = 6,\ b_1 = 3,\ b_2 = 1{,}5,\ b_3 = 0{,}75,\ b_4 = 0{,}375$
**d)** $b_n = 0{,}5 \cdot 0{,}1^n$, $b_0 = 0{,}5,\ b_1 = 0{,}05,\ b_2 = 0{,}005,\ b_3 = 0{,}0005,\ b_4 = 0{,}00005$

**7.41** **a)** $b_0 = 6,\ b_n = 6 \cdot 2^n$ **b)** $b_0 = 9,\ b_n = 9 \cdot 3^n$ **c)** $b_0 = 8,\ b_n = 8 \cdot 4^n$ **d)** $b_0 = 1,\ b_n = 0{,}5^n$

**7.42** **a)** $b_0 = 14,\ q = 7,\ b_n = 14 \cdot 7^n$ **b)** $b_0 = 6,\ q = 6,\ b_n = 6 \cdot 6^n$ **c)** $b_0 = 15,\ q = 5,\ b_n = 15 \cdot 5^n$

**7.43** **a)** Eine geometrische Folge mit der Termdarstellung $b_n = (-2)^n$ ist möglich.
**b)** Eine geometrische Folge kann nicht vorliegen. Mögliche Änderung:

| n | $b_n$ |
|---|---|
| 2 | 100 |
| 4 | 4 |
| 6 | 0,16 |

c) Eine geometrische Folge mit der Termdarstellung $b_n = 8 \cdot 1{,}5^n$ ist möglich.

d) Eine arithmetische Folge kann nicht vorliegen. Mögliche Änderung:

| n | $b_n$ |
|---|---|
| 1 | 1 |
| 2 | 1 |
| 5 | 1 |

**7.44** a)

| n | $b_n$ |
|---|---|
| 0 | 3 |
| 1 | 9 |
| 2 | 27 |
| 4 | 243 |

$b_n = 3 \cdot 3^n$

c)

| n | $b_n$ |
|---|---|
| 0 | −5 |
| 2 | −5 |
| 3 | 5 |
| 8 | −5 |

$b_n = -5 \cdot (-1)^n$

b)

| n | $b_n$ |
|---|---|
| 0 | 65 536 |
| 3 | 128 |
| 4 | 16 |
| 5 | 2 |

$b_n = 65\,536 \cdot 0{,}125^n$

d)

| n | $b_n$ |
|---|---|
| 2 | 10 000 |
| 6 | 1 |
| 8 | 0,01 |
| 10 | 0,0001 |

$b_n = 1\,000\,000 \cdot 0{,}1^n$

**7.45** 1) m ist der Radius des Halbkreises mit dem Durchmesser (a + b), daher gilt $m = \frac{a+b}{2}$.
g ist die Höhe auf die Hypotenuse im rechtwinkeligen Dreieck mit den Hypotenusenabschnitten a und b. Wegen des Höhensatzes gilt $g^2 = a \cdot b$, daher ist $g = \sqrt{a \cdot b}$.

2) Im gezeichneten Halbkreis ist der Radius m größer als jede halbe Sehne normal zum Durchmesser des Halbkreises.

**7.46** Es ist $b_{n-1} = \frac{b_n}{q}$ und $b_{n+1} = b_n \cdot q$. Daraus folgt: $\sqrt{b_{n-1} + b_{n+1}} = \sqrt{\frac{b_n}{q} \cdot b_n \cdot q} = \sqrt{b_n^{\,2}} = b_n$

**7.47**

| Folge | beschränkt | nicht beschränkt | streng monoton steigend | streng monoton fallend | konvergent | divergent |
|---|---|---|---|---|---|---|
| $b_n = 3 \cdot 0{,}5^n$ | X | | | X | X | |
| $b_n = -2 \cdot 1{,}5^n$ | | X | X | | | X |
| $b_n = 1{,}3 \cdot 2^{n-1}$ | | X | X | | | X |
| $b_n = -8 \cdot 0{,}99^n$ | X | | X | | X | |

**7.49** 1. Art:
$b_0 = 13$
$b_1 = 13 \cdot 3 = 39$
$b_2 = 13 \cdot 3^2 = 117$
$b_3 = 13 \cdot 3^3 = 351$
Allg.: $b_n = 13 \cdot 3^n$ für $n = 0, 1, 2, 3, \dots$

2. Art:
$b_0 = 13$
$b_1 = b_0 \cdot 3 = 39$
$b_2 = b_1 \cdot 3 = 117$
$b_3 = b_2 \cdot 3 = 351$
Allg.: $b_0 = 13$ und $b_{n+1} = b_n \cdot 3$ für $n = 0, 1, 2, 3, \dots$

**7.51** a) $x_0 = 2$ und $x_{n+1} = x_n \cdot 2$ für $n = 0, 1, 2, 3, \dots$

b) $x_0 = 0$ und $x_{n+1} = x_n + 2n$ für $n = 0, 1, 2, 3, \dots$

c) $x_0 = 3$ und $x_{n+1} = x_n + 2n + 1$ für $n = 0, 1, 2, 3, \dots$

d) $x_0 = 1$ und $x_{n+1} = x_n + 2n$ für $n = 0, 1, 2, 3, \dots$

e) Hinweis: Untersuche die Differenz $x_{n+1} - x_n$! $x_0 = 3$ und $x_{n+1} = x_n + 2 \cdot 3^n$ für $n = 0, 1, 2, 3, \dots$

**7.52** a) $x_n = 5n + 1,\ n \in \mathbb{N}$ b) $x_n = (-1)^{n+1},\ n \in \mathbb{N}$ c) $x_n = 4 \cdot 3^n,\ n \in \mathbb{N}$

**7.53** $x_0 = 1$ und $x_{n+1} = x_n \cdot (n+1)$ für $n = 0, 1, 2, 3, \dots$

**7.54** a) mögliche rekursive Darstellung: $x_0 = 1$ und $x_{n+1} = x_n + n$ für $n = 0, 1, 2, 3, \dots$

mögliche Termdarstellung: $x_n = \frac{1}{2} \cdot n^2 - \frac{1}{2} \cdot n + 1$ für $n \in \mathbb{N}$

b) mögliche rekursive Darstellung: $x_0 = 1$ und $x_{n+1} = x_n + (2n + 1)$ für $n = 0, 1, 2, 3, \dots$
mögliche Termdarstellung: $x_n = n^2 + 1$ für $n \in \mathbb{N}$

c) mögliche Termdarstellung: $x_n = (n + 1)^2$ für $n = 0, 1, 2, 3, \dots$
mögliche rekursive Darstellung: $x_0 = 1$ und $x_{n+1} = x_n + (2n + 3)$ für $n = 0, 1, 2, 3, \dots$

d) mögliche rekursive Darstellung: $x_0 = 2$ und $x_{n+1} = x_n \cdot \sqrt{2}$ für $n = 0, 1, 2, 3, \dots$
mögliche Termdarstellung: $x_n = 2 \cdot (\sqrt{2})^n$ für $n \in \mathbb{N}$

**7.56** a)

| n | 0 | 1 | 2 | 3 | 4 | 5 | 6 | 7 | 8 | 9 |
|---|---|---|---|---|---|---|---|---|---|---|
| $x_n$ | 1 | −1 | −2 | −1 | 1 | 2 | 1 | −1 | −2 | −1 |

b)

| n | 0 | 1 | 2 | 3 | 4 | 5 | 6 | 7 | 8 | 9 |
|---|---|---|---|---|---|---|---|---|---|---|
| $x_n$ | 0 | 2 | 2 | −2 | −6 | −2 | 10 | 14 | −6 | −34 |

c)

| n | 0 | 1 | 2 | 3 | 4 | 5 | 6 | 7 | 8 | 9 |
|---|---|---|---|---|---|---|---|---|---|---|
| $x_n$ | 1 | 1 | 4 | 7 | 13 | 22 | 37 | 61 | 100 | 163 |

d)

| n | 0 | 1 | 2 | 3 | 4 | 5 | 6 | 7 | 8 | 9 |
|---|---|---|---|---|---|---|---|---|---|---|
| $x_n$ | 1 | 1 | 1 | 3 | 5 | 9 | 17 | 31 | 57 | 105 |

**7.57**

| n | 0 | 1 | 2 | 3 | 4 |
|---|---|---|---|---|---|
| $x_n$ | 2 | 3 | 1,5 | 1,25 | 0,375 |

**7.58** $\frac{f_{n+1}}{f_n} = \frac{\left(\frac{1+\sqrt{5}}{2}\right)^{n+1} - \left(\frac{1-\sqrt{5}}{2}\right)^{n+1}}{\left(\frac{1+\sqrt{5}}{2}\right)^{n} - \left(\frac{1-\sqrt{5}}{2}\right)^{n}} = \frac{\left(\frac{1+\sqrt{5}}{2}\right) - \left(\frac{1-\sqrt{5}}{2}\right) \cdot \left(\frac{1-\sqrt{5}}{1+\sqrt{5}}\right)^{n}}{1 - \left(\frac{1-\sqrt{5}}{1+\sqrt{5}}\right)^{n}}$

Weil $\left|\frac{1-\sqrt{5}}{1+\sqrt{5}}\right| < 1$ ist, gilt $\lim\limits_{n \to \infty} \left(\frac{1-\sqrt{5}}{1+\sqrt{5}}\right)^n = 0$. Damit erhält man: $\lim\limits_{n \to \infty} \left(\frac{f_{n+1}}{f_n}\right) = \frac{1+\sqrt{5}}{2}$

**7.59** $f_1 = 1$, denn es gibt genau eine Möglichkeit Stufe 1 zu erreichen.
$f_2 = 1$, denn es gibt nur eine Möglichkeit Stufe 2 zu erreichen, nämlich durch einen zusätzlichen Schritt von Stufe 1 aus, weil Stufe 1 jedenfalls betreten werden muss.
Allgemein gilt für $n > 2$: Hat man Stufe n erreicht, dann muss der letzte Schritt entweder ein Einfachschritt von Stufe $(n - 1)$ aus oder ein Doppelschritt von Stufe $(n - 2)$ aus gewesen sein.
Daher ist die Anzahl der Möglichkeiten auf Stufe n zu gelangen gleich der Summe aus der Anzahl der Möglichkeiten Stufe $(n - 1)$ zu erreichen und der Anzahl der Möglichkeiten Stufe $(n - 2)$ zu erreichen, also gilt: $f_n = f_{n-1} + f_{n-2}$, das ist genau die Rekursionsgleichung der Fibonacci-Folge zusammen mit den passenden Anfangswerten.

**7.60** a) Beispielsweise: $(a_n \mid n \in \mathbb{N})$ mit $a_n = 2 \cdot n + 1$
b) Beispielsweise: $(a_n \mid n \in \mathbb{N})$ mit $a_0 = 1$ und $a_{n+1} = a_n + 2$ für $n = 0, 1, 2, 3, \dots$

**7.61** a) Beispielsweise ist die Folge $(a_n \mid n \in \mathbb{N})$ mit $a_0 = 1$ und $a_{n+1} = a_n + 3$ für $n = 0, 1, 2, 3, \dots$ streng monoton steigend, weil wegen $a_{n+1} = a_n + 3$ stets $a_{n+1} > a_n$ gilt.
b) Beispielsweise ist die Folge $(a_n \mid n \in \mathbb{N})$ mit $a_0 = 1$ und $a_{n+1} = a_n \cdot 0{,}5$ für $n = 0, 1, 2, 3, \dots$ streng monoton fallend, weil wegen $a_{n+1} = a_n \cdot 0{,}5$ stets $a_{n+1} < a_n$ gilt.
c) Beispielsweise ist die Folge $(a_n \mid n \in \mathbb{N})$ mit $a_n = (-1)^n$ beschränkt, weil für alle $n \in \mathbb{N}$ gilt: $|a_n| \leq 1$
d) Beispielsweise ist die Folge $(a_n \mid n \in \mathbb{N})$ mit $a_n = \frac{1}{n}$ konvergent mit dem Grenzwert 0.
Begründung: Sei $\varepsilon \in \mathbb{R}^+$ vorgegeben und $|a_n - 0| < \varepsilon \Leftrightarrow \frac{1}{n} < \varepsilon \Leftrightarrow n > \frac{1}{\varepsilon}$.
Wählt man einen Index $n_0 > \frac{1}{\varepsilon}$, dann ist $|a_n - 0| < \varepsilon$ für alle $n \geq n_0$.
e) Beispielsweise ist die Folge $(a_n \mid n \in \mathbb{N})$ mit $a_n = n^2$ divergent, weil sie nicht beschränkt ist.

**7.62** ■ Die Folge $(a_n \mid n \in \mathbb{N})$ mit $a_n = 1 + \frac{1}{n}$ ist konvergent mit dem Grenzwert 1. Denn:

Sei $\varepsilon \in \mathbb{R}^+$ vorgegeben. $|a_n - 1| < \varepsilon \Leftrightarrow \frac{1}{n} < \varepsilon \Leftrightarrow n > \frac{1}{\varepsilon}$

Wählt man einen Index $n_0 > \frac{1}{\varepsilon}$, dann ist $|a_n - 1| < \varepsilon$ für alle $n \geq n_0$.

■ Die Folge $(b_n \mid n \in \mathbb{N})$ mit $b_n = 1 - \frac{1}{n^2}$ ist konvergent mit dem Grenzwert 1. Denn:

Sei $\varepsilon \in \mathbb{R}^+$ vorgegeben. $|b_n - 1| < \varepsilon \Leftrightarrow \frac{1}{n^2} < \varepsilon \Leftrightarrow n > \frac{1}{\sqrt{\varepsilon}}$

Wählt man einen Index $n_0 > \frac{1}{\sqrt{\varepsilon}}$, dann ist $|b_n - 1| < \varepsilon$ für alle $n \geq n_0$.

■ Die Folge $(c_n \mid n \in \mathbb{N})$ mit $c_n = 1$ ist konvergent mit dem Grenzwert 1. Denn:
Sei $\varepsilon \in \mathbb{R}^+$ vorgegeben. Wählt man den Index $n_0 = 1$, dann ist $|c_n - 1| < \varepsilon$ für alle $n \geq n_0$.

**7.63** **a)** Eine Folge $(a_n \mid n \in \mathbb{N})$ heißt arithmetische Folge, wenn die Differenz $a_{n-1} - a_n$ für alle $n \in \mathbb{N}$ den gleichen Wert k besitzt. Die zugehörige Funktion ist von linearem Typ.
Arithmetische Folgen sind
- nur beschränkt, falls $k = 0$ ist,
- streng monoton steigend, falls $k > 0$ ist, und streng monoton fallend, falls $k < 0$ ist,
- nur konvergent, falls $k = 0$ ist.

**b)** Eine Folge $(b_n \mid n \in \mathbb{N})$, deren Glieder von 0 verschiedenen sind, heißt geometrische Folge, wenn der Quotient $\frac{b_{n+1}}{b_n}$ für alle $n \in \mathbb{N}$ den gleichen Wert q besitzt. Die zugehörige Funktion ist eine Exponentialfunktion.
Geometrische Folgen sind
- nur beschränkt, falls $|q| \leq 1$ ist,
- streng monoton steigend, falls $q > 1$ ist, und streng monoton fallend, falls $0 < q < 1$ ist,
- nur konvergent, falls $-1 < q \leq 1$ gilt.

**7.65** **a)** Die Folge ist weder arithmetisch noch geometrisch.
Mögliche Termdarstellung: $x_n = -\frac{4}{n}$ mit $n \in \mathbb{N}^*$; $x_8 = -\frac{1}{2}$

**b)** Die Folge ist arithmetisch. Mögliche Termdarstellung: $x_n = 0{,}5 \cdot n$ mit $n \in \mathbb{N}$; $x_5 = 2{,}5$

**c)** Die Folge ist weder arithmetisch noch geometrisch.
Mögliche Termdarstellung: $x_n = n^2$ mit $n \in \mathbb{N}$; $x_9 = 81$

**d)** Die Folge ist arithmetisch. Mögliche Termdarstellung: $x_n = 4n - 11$ mit $n \in \mathbb{N}$; $x_1 = -7$

**e)** Die Folge ist geometrisch. Mögliche Termdarstellung: $x_n = 10^n$ mit $n \in \mathbb{N}$; $x_1 = 10$

**f)** Die Folge ist weder arithmetisch noch geometrisch.
Mögliche Termdarstellung: $x_n = \sqrt[3]{n}$ mit $n \in \mathbb{N}$; $x_{64} = 4$

**7.66** Sei $(I_n \mid n \in \mathbb{N})$ eine geometrische Folge von Schallintensitäten mit der Termdarstellung $I_n = I_0 \cdot q^n$ $(n > 1, q > 1)$ und $(L_n \mid n \in \mathbb{N})$ die zugehörige Folge der Lautstärken. Dann gilt für alle $n \in \mathbb{N}$:
$L_n = 10 \cdot {}^{10}\log(I_n) = 10 \cdot {}^{10}\log(I_0 \cdot q^n) = 10 \cdot {}^{10}\log(I_0) + 10 \cdot {}^{10}\log(q) \cdot n$
Dh. $(L_n \mid n \in \mathbb{N})$ ist eine arithmetische Folge mit $L_0 = 10 \cdot {}^{10}\log(I_0)$ und der Differenz $10 \cdot {}^{10}\log(q)$.

**7.67** **1)** Weil die Folge $(f_0, f_1, \ldots, f_{12})$ geometrisch ist, kann man setzen: $f_n = f_0 \cdot q^n$ für $n = 1, \ldots, 12$
Aus $f_{12} : f_0 = 2:1$ folgt $(f_0 \cdot q^{12}) : f_0 = 2:1$, daraus $q^{12} = 2$ und schließlich $q = \sqrt[12]{2}$.

**2)** $f_9 = 440 \Rightarrow f_0 \cdot q^9 = 440 \Rightarrow f_0 = \frac{440}{(\sqrt[12]{2})^9} = \frac{440}{(\sqrt[4]{8})} \approx 262\,\text{Hz}$ (Werte der Frequenzen auf Hz genau!)

| n | 0 | 1 | 2 | 3 | 4 | 5 | 6 | 7 | 8 | 9 | 10 | 11 | 12 |
|---|---|---|---|---|---|---|---|---|---|---|---|---|---|
| $f_n$ | 262 | 277 | 294 | 311 | 330 | 349 | 370 | 392 | 415 | 440 | 466 | 494 | 523 |

**7.68** $d_n = 0{,}01 \cdot 2^n$ für $n \in \mathbb{N}$
Man muss das Papier mindestens 8-mal zusammenlegen.

**7.69** **a)** $x_1 = 1$ und $x_n = x_{n-1} + n$ für $n = 2, 3, 4, \ldots$ **b)** $x_1 = 4$ und $x_n = x_{n-1}$ für $n = 2, 3, 4, \ldots$

# 8 Reihen

**8.01** a) 66 b) 144 c) 117 d) 460 e) 410 f) 119 g) −210 h) −90 i) 1978 j) 77 k) 106 l) 159

**8.02** a) $\frac{m(m+1)}{2}$ b) $\frac{(r+1)(r+2)}{2}$ c) $\frac{(s-2)(s+3)}{2}$ d) $\frac{(t-5)(t+7)}{4}$

**8.03** a) 357 b) 4345 c) −14950 d) 1216350

**8.04** a) 1001000 b) 250000 c) 1216350 d) −50500

**8.05** a) Es liegt eine endliche arithmetische Reihe mit n Gliedern $a_1 = 1$ und $a_n = n$ vor, daher gilt für die Summe S der Reihe $\frac{n(n+1)}{2}$.

b) Es liegt eine endliche arithmetische Reihe mit n Gliedern $a_1 = 2$ und $a_n = 2n$ vor, daher gilt für die Summe S der Reihe $\frac{n(2+2n)}{2} = n \cdot (n+1)$.

c) Es liegt eine endliche arithmetische Reihe mit n Gliedern $a_1 = 4$ und $a_n = 4n$ vor, daher gilt für die Summe S der Reihe $\frac{n(4+4n)}{2} = 2n \cdot (n+1)$.

d) Es liegt eine endliche arithmetische Reihe mit n Gliedern $a_1 = 10$ und $a_n = 10n$ vor, daher gilt für die Summe S der Reihe $\frac{n(10+10n)}{2} = 5n \cdot (n+1)$.

**8.06**

| n | $a_1$ | $a_n$ | S |
|---|---|---|---|
| 76 | 4 | 454 | 17404 |
| 12 | 906 | 4974 | 35280 |
| 50 | 0,5 | 1593 | 39837,5 |

**8.07**
- Anzahl der Kästchen im Rechteck $= n \cdot (n+1)$
- Anzahl der grünen Kästchen $= 1 + 2 + 3 + \ldots + n$
- Die 1. Spalte von links stimmt gedreht um 180° und grüne Kästchen in weiß verfärbt mit der 1. Spalte von rechts überein. Die 2. Spalte von links stimmt gedreht um 180° und grüne Kästchen in weiß bzw. weiße Kästchen in grün verfärbt mit der 2. Spalte von rechts überein. Die 3. Spalte von links stimmt gedreht um 180° und grüne Kästchen in weiß bzw. weiße Kästchen in grün verfärbt mit der 3. Spalte von rechts überein, usw. Es gibt also gleich viele grüne wie weiße Kästchen.
- Daher ist die Anzahl der grünen Kästchen gleich der halben Anzahl aller Kästchen des Rechtecks.

  Damit ergibt sich: $1 + 2 + 3 + \ldots + n = \frac{n(n+1)}{2}$

**8.08** 465

**8.09** a) 2047 b) 88573 c) 1,24992 d) 48828124 e) 77,1561 f) 0,4992

**8.10** a) $\frac{a^9-1}{a-1}$ b) $\frac{u^{16}-1}{u-1}$ c) $2 \cdot \frac{b^k-1}{b-1}$ d) $u \cdot \frac{v^{m+1}-1}{v-1}$

**8.11** a) (6, 12, 22, 48, 96, 192, 384); Summe = 762
b) $(-12, -48, -96, \ldots, (-3) \cdot 4^n)$; Summe $= (-4) \cdot (4^n - 1)$

**8.13** a) Quotient $q = 2$, also $|q| \geq 1$, daher ist die Reihe divergent.
b) Quotient $q = \frac{1}{2}$, also $|q| < 1$, daher ist die Reihe konvergent mit der Summe $S = 2$.
c) Quotient $q = -\frac{1}{2}$, also $|q| < 1$, daher ist die Reihe konvergent mit der Summe $S = \frac{2}{3}$.
d) Quotient $q = -1$, also $|q| \geq 1$, daher ist die Reihe divergent.
e) Quotient $q = \frac{1}{4}$, also $|q| < 1$, daher ist die Reihe konvergent mit der Summe $S = 4$.
f) Quotient $q = -0{,}1$, also $|q| < 1$, daher ist die Reihe konvergent mit der Summe $S = \frac{50}{11}$.

**8.14** 9 m

**8.15** 1) $25\pi\,\text{cm} \approx 78{,}54\,\text{cm}$ 2) $\frac{50}{9}\,\text{cm} \approx 5{,}56\,\text{cm}$

**8.16** 1) 25 cm 2) 12,5 cm

**8.17** 1) 20 cm 2) $\frac{10}{3}\,\text{cm} \approx 3{,}33\,\text{cm}$

**8.18** 1) 2 m 2) 2,5 m

**8.19** 1) $\frac{6}{(2-\sqrt{3})}\,\text{cm} \approx 22{,}39\,\text{cm}$

**8.20** 1) $\frac{180}{11}\,\text{cm}^2 \approx 16{,}36\,\text{cm}^2$ 2) 24 cm

**8.21** Sei A der Flächeninhalt des grünen Dreiecks. Dann gilt für die Summe S der Flächeninhalte aller weißen Dreiecke: $S = \frac{1}{4} \cdot A + 3 \cdot \left(\frac{1}{4}\right)^2 \cdot A + 3^2 \cdot \left(\frac{1}{4}\right)^3 \cdot A + 3^3 \cdot \left(\frac{1}{4}\right)^4 \cdot A + \ldots$
Es liegt also eine geometrische Reihe mit dem Anfangsglied $\frac{1}{4} \cdot A$ und dem Quotienten $q = \frac{3}{4}$ vor, daher ergibt sich für $S = \frac{1}{4} \cdot A \cdot \frac{1}{1-\frac{3}{4}} = A$.

**8.22** a) $200\pi\,\text{cm}^2 \approx 628{,}32\,\text{cm}^2$
b) $400\,\text{cm}^2$
c) $\frac{40\pi}{2-\sqrt{2}}\,\text{cm} \approx 214{,}52\,\text{cm}$
d) $\frac{80\sqrt{2}}{2-\sqrt{2}}\,\text{cm} \approx 193{,}14\,\text{cm}$

**8.23** a) ca. 154,3 cm b) der 7. Ausschlag c) ca. 385,8 cm

**8.24** a) $5\sqrt{3}$ b) $a\sqrt{3}$

**8.25** 1) $\frac{864}{49}\,\text{cm}^3 \approx 17{,}63\,\text{cm}^3$ 2) $54\,\text{cm}^2$ 3) $47{,}52\,\text{cm}^2$

**8.27** a) ca. $3{,}589 \cdot 10^{21}$ €, also ca. 3,6 Trilliarden € b) ca. $6{,}657 \cdot 10^{21}$ €, also ca. 6,7 Trilliarden €

**8.28** a) Eine endliche arithmetische Reihe $a_1 + \ldots + a_n$ hat die Summe $S = \frac{n}{2} \cdot (a_1 + a_n)$.
b) Eine endliche geometrische Reihe $b_1 + \ldots + b_n$ mit dem Quotienten q hat die Summe $S = b_1 \cdot \frac{1-q^n}{1-q}$.

**8.29** Eine unendliche geometrische Reihe $b_1 + b_2 + \ldots$ mit dem Quotienten q besitzt eine Summe unter der Voraussetzung, dass $|q| < 1$ gilt. Der Wert der Summe S der Reihe ist dann $b_1 \cdot \frac{1}{1-q}$.

**8.31** 1) $2^{63}$ Körner ≈ 9,223 Trillionen Körner
2) $2^{64}-1$ Körner ≈ 18,45 Trillionen Körner
3) ca. 1512 Weltproduktionen

**8.32** 4096

**8.33**

| | $x_n = -0{,}5^n$ | $x_n = (-0{,}5)^n$ | $x_n = 2 - 0{,}5 \cdot n$ | $x_n = 2 \cdot 0{,}5^n$ | $x_n = 2 \cdot 1{,}5^n$ |
|---|---|---|---|---|---|
| konvergent | x | x | | x | |
| divergent | | | x | | x |

**8.34** a) Kosten für 208 m Grabungstiefe bei Angebot I: 130 040 €
Kosten für 208 m Grabungstiefe bei Angebot II: ca. 131 437 €
Das Angebot I ist bei 208 m Grabungstiefe für den Auftraggeber günstiger.
b) mit Angebot I höchstens 209 m, mit Angebot II höchstens 216 m

# 9 Sparen, Renten und Kredite

**9.03** a) $K_3 \approx 5267{,}12$ €, $K_5 \approx 5453{,}08$ €, $K_6 \approx 5548{,}51$ €
b) $K_3 \approx 5199{,}47$ €, $K_5 \approx 5336{,}85$ €, $K_6 \approx 5406{,}90$ €

**9.04** a) 1) 4757,33 € 2) 4528,65 € 3) 4313,04 € 4) 3917,63 €
b) 1) 9052,87 € 2) 8203,48 € 3) 7440,94 € 4) 6139,13 €

**9.05** a) 14052,59 € b) 14052,42 € c) 17146,99 €

**9.06** a) am Ende des 9. Jahres
b) am Ende des 16. Jahres
c) am Ende des 22. Jahres

**9.07** $p\,\% = 1{,}625\,\%$

**9.08** Der mittlere Jahreszinsatz beträgt ≈ 2,73 %.

**9.09** a) $K = \frac{K_n}{\left(1+\frac{p}{100}\right)^n}$ b) $p = 100 \cdot \left(\sqrt[n]{\frac{K_n}{K}} - 1\right)$ c) $n = \frac{{}^{10}\log K_n - {}^{10}\log K}{{}^{10}\log\left(1+\frac{p}{100}\right)}$

**9.10** 1) ≈ 35 Jahre 2) $T = \frac{\log(2)}{\log\left(1+\frac{p}{100}\right)}$ 3) Überprüfe selbst!

**9.13** a) 75 € b) 11,25 € c) 37,50 € d) 34,17 € e) 64,58 € f) 32,08 €

**9.14** a) ≈ 1583,57 € b) ≈ 1576,99 € c) ≈ 1596,65 € d) ≈ 1594,39 €

**9.15** a) 2561,39 € b) 1984,52 €

**9.16** a) 16548,50 € b) 16228,09 € c) 16482,45 €

**9.19** 1) ≈ 1222,88 € 2) ≈ 1222,68 €

**9.20** 1) ≈ 1044,50 € 2) ≈ 1044,42 €

**9.21**

| | 0,5% | 1% | 2% | 3% | 4% | 5% |
|---|---|---|---|---|---|---|
| 2K | ≈ 139 Jahre | ≈ 69,7 Jahre | ≈ 35 Jahre | ≈ 23,4 Jahre | ≈ 17,7 Jahre | ≈ 14,2 Jahre |
| 3K | ≈ 220,3 Jahre | ≈ 110,4 Jahre | ≈ 55,5 Jahre | ≈ 37,2 Jahre | ≈ 28,0 Jahre | ≈ 22,5 Jahre |

**9.23** 1) ≈ 15072,12 € 2) ≈ 9885,49 €

**9.24** a) ≈ 6352,37 € b) am Ende des 12. Jahres c) ≈ 5683,54 €

**9.25** a) ≈ 11433,72 € b) am Ende des 11. Jahres c) ≈ 1784,77 €

**9.26** $K_n = K \cdot \left(1+\frac{p}{100}\right)^{\frac{1}{12}} \cdot \frac{\left(1+\frac{p}{100}\right)^n - 1}{\left(1+\frac{p}{100}\right)^{\frac{1}{12}} - 1}$ $K = K_n \cdot \frac{\left(1+\frac{p}{100}\right)^{\frac{1}{12}} - 1}{\left(1+\frac{p}{100}\right)^{\frac{1}{12}} \cdot \left[\left(1+\frac{p}{100}\right)^n - 1\right]}$

**9.28** a) ≈ 370,39 € b) ≈ 630,26 € c) ≈ 657,61 € d) ≈ 386,48 €

**9.29** a) ≈ 106334,46 € b) ≈ 59043,75 €

**9.31** a) ≈ 639,56 € b) ≈ 1066,25 € c) ≈ 1783,29 €

**9.32** a) ≈ 294,67 € b) ≈ 589,35 €

**9.33** a) ≈ 230,94 € b) ≈ 164,40 € c) ≈ 116,67 €

**9.34** ≈ 257,38 €

**9.35** a) ≈ 368,31 € b) ≈ 230,64 €

**9.38** Ende des 1. Quartals: ≈ 8 528,16 €, Ende des 2. Quartals: ≈ 8 722,18 €,
Ende des 3. Quartals: ≈ 8 922,79 €, Ende des 4. Quartals: ≈ 9 128,01 €

**9.39** a) ≈ 10 836,12 € b) ≈ 10 822,84 €

**9.40** a) ≈ 5 391,19 € b) ≈ 1 274,93 €

**9.43** R ≈ 101,52 €, 60 R ≈ 6 091 €

**9.44** a) R ≈ 203,47 €, 72 R ≈ 14 650 € b) ≈ 10 323,34 c) ≈ 6 608,58 €

**9.45** a) R ≈ 278,25 €, 96 R ≈ 26 712 €
b) Restschuld nach 4 Jahren ≈ 11 495,04 €, Neue Rate: R' ≈ 291,84 €
Der Kredit verteuert sich um ca. 652 €.

**9.46** 1) R ≈ 1 557,28 €, Gesamtkosten = 240 R ≈ 373 747 €
2) R' ≈ 1 670,78 €, Gesamtkosten = 240 R' ≈ 400 987 €
3) Monatliche Zinsen: Z ≈ 1 175,94 €, 240 Z + 200 000 € ≈ 482 226 €

**9.47** Siehe Seiten 142–143!

**9.48** Siehe Seiten 144–147!

**9.49** Siehe Seite 149!

**9.50** Siehe Seite 151!

**9.52** a) $K_3$ ≈ 4 182,71 €, $K_5$ ≈ 4 309,14 €
b) am Ende des 15. Jahres
c) 6 923,33 €

**9.53** 1) $K_4$ ≈ 7 537,11 €, $K_{10}$ ≈ 20 178,42 €
2) am Ende des 8. Jahres

**9.54** ≈ 10 064,90 €

**9.55** 1) ≈ 1 071,93 € bzw. ≈ 725,53 €
2) um 19 098 €

**9.56** a) ≈ 465,03 € b) ≈ 996,46 €

# 10 Vektoren in $\mathbb{R}^3$

**10.01** a) $A+B=(3|2|7)$, $A-B=(-1|-2|-1)$
b) $A+B=(-4|5|1)$, $A-B=(0|9|-7)$
c) $A+B=(7|-7|2)$, $A-B=(3|-3|14)$
d) $A+B=(4|2{,}5|-1{,}5)$, $A-B=(-1|-1{,}5|7{,}5)$

**10.02** a) $2\cdot A=(2|-2|6)$, $-A=(-1|1|-3)$
b) $0{,}5\cdot A=(-1|0|2{,}5)$, $-A=(2|0|-5)$
c) $-2\cdot A=(-6|14|10)$, $-A=(-3|7|5)$
d) $3\cdot A=(4{,}5|-3{,}9|5{,}4)$, $-A=(-1{,}5|1{,}3|-1{,}8)$

**10.03** a) $A+B=(3a|2a|4a)$, $A-B=(-a|2a|-2a)$, $a\cdot A=(a^2|2a^2|a^2)$, $a\cdot B=(2a^2|0|3a^2)$
$-A=(-a|-2a|-a)$, $-a\cdot B=(-2a^2|0|-3a^2)$
b) $A+B=(-2+2a|3a|-2a)$, $A-B=(-2|a|-4a)$, $a\cdot A=(-2a+a^2|2a^2|-3a^2)$, $a\cdot B=(a^2|a^2|a^2)$
$-A=(2-a|-2a|3a)$, $-a\cdot B=(-a^2|-a^2|-a^2)$
c) $A+B=(2a|3a|-a)$, $A-B=(-2a|-a|-a)$, $2a\cdot A=(0|2a^2|-2a^2)$, $2a\cdot B=(4a^2|4a^2|0)$
$-A=(0|-a|a)$, $-2a\cdot B=(-4a^2|-4a^2|0)$
d) $A+B=(2a+1|2a+2|2a+3)$, $A-B=(-1|-2|-3)$,
$a\cdot A=(a^2|a^2|a^2)$, $a\cdot B=(a^2+a|a^2+2a|a^2+3a)$
$-A=(-a|-a|-a)$, $-a\cdot B=(-a^2-a|-a^2-2a|-a^2-3a)$

**10.04** a) $(0|0|0)$ b) $(5|5|-1)$

**10.05** a) $\overrightarrow{AB}=(5|4|11)$
b) $\overrightarrow{AB}=(-7|-5|-6)$
c) $\overrightarrow{AB}=(4|4|-14)$
d) $\overrightarrow{AB}=(0|2|3)$
e) $\overrightarrow{AB}=(-8|10|-1)$
f) $\overrightarrow{AB}=(-12|-2|-1)$

**10.06** a) $(5|4|15)$ b) $(-1|7|0)$ c) $(2|-2{,}5|0{,}5)$ d) $(-5|13|-6)$

**10.07** a) $D=(-1|0|-7)$ b) $D=(-1|-5|7)$ c) $D=(-2|7|-1)$ d) $D=(-3|2|5)$

**10.08** a) $\overrightarrow{AG}=\vec{a}+\vec{b}+\vec{c}$, $\overrightarrow{BH}=-\vec{a}+\vec{b}+\vec{c}$, $\overrightarrow{CE}=-\vec{a}-\vec{b}+\vec{c}$, $\overrightarrow{DF}=\vec{a}-\vec{b}+\vec{c}$
b) ZB: $\overrightarrow{AG}+\overrightarrow{HB}+\overrightarrow{CE}+\overrightarrow{FD}=\vec{o}$

**10.09** a) $C=(-3|8|-1)$, $D=(-5|3|-2)$, $F=(5|5|4)$, $H=(-1|1|6)$
b) $A=(1|-2|4)$, $E=(3|-5|14)$, $F=(9|-7|15)$, $G=(12|-2|13)$

**10.10** a) $C=(4|0|1)$, $F=(4|6|-2)$, $G=(5|5|-3)$, $H=(2|4|-5)$
b) $D=(3|1|-3)$, $F=(-11|25|-5)$, $G=(-9|25|-9)$, $H=(-13|21|-11)$

**10.11** a) $B=(6|0|0)$, $C=(6|6|0)$, $D=(0|6|0)$, $E=(0|0|6)$, $F=(6|0|6)$, $G=(6|6|6)$, $H=(0|6|6)$
b) $A=(1|-2|3)$, $B=(7|-2|3)$, $C=(7|4|3)$, $D=(1|4|3)$, $E=(1|-2|9)$, $F=(7|-2|9)$,
$G=(7|4|9)$, $H=(1|4|9)$

**10.12** a) ZB: $A=(0|0|0)$, $B=(4|0|0)$, $C=(4|4|0)$, $D=(0|4|0)$
b) ZB: $A=(3|3|2)$, $B=(-3|3|2)$, $C=(-3|-3|2)$, $D=(3|-3|2)$
c) ZB: $A=(6|4|-3)$, $B=(6|6|-3)$, $C=(4|6|-3)$, $D=(4|4|-3)$

**10.13** a) ZB: $A=(-4|-2|0)$, $B=(4|-2|0)$, $C=(4|2|0)$, $D=(-4|2|0)$, $S=(0|0|10)$
b) ZB: $A=(-4|0|-2)$, $B=(4|0|-2)$, $C=(4|0|2)$, $D=(-4|0|2)$, $S=(0|10|0)$
c) ZB: $A=(0|-4|-2)$, $B=(0|4|-2)$, $C=(0|4|2)$, $D=(0|-4|2)$, $S=(10|0|0)$

**10.14** a) $M_1=(3|2|0)$, $M_2=(7|5|2)$, $M_3=(4|3|2)$, $S=\left(\frac{14}{3}\middle|\frac{10}{3}\middle|\frac{4}{3}\right)$
b) $M_1=(4|8|-6)$, $M_2=(1|5|-2)$, $M_3=(0|6|-1)$, $S=\left(\frac{5}{3}\middle|\frac{19}{3}\middle|-3\right)$
c) $M_1=(3|1|-2)$, $M_2=(5|0|4)$, $M_3=(0|-5|2)$, $S=\left(\frac{8}{3}\middle|-\frac{4}{3}\middle|\frac{4}{3}\right)$
d) $M_1=(-1|6|-7)$, $M_2=(-2|4|1)$, $M_3=(2|3|1)$, $S=\left(-\frac{1}{3}\middle|\frac{13}{3}\middle|-\frac{5}{3}\right)$

**10.15** a) $T=(4|3|2)$ b) $T=(10|3|-3)$ c) $T=(4|-1|15)$ d) $T=(14|8|15)$

**10.16** a) $T_1 = (4|4|5)$, $T_2 = (5|5|7)$
b) $T_1 = (4|3|-3)$, $T_2 = (7|8|-4)$
c) $T_1 = \left(1\middle|11\middle|\frac{40}{3}\right)$, $T_2 = \left(2\middle|16\middle|\frac{56}{3}\right)$
d) $T_1 = (-5|-3|5)$, $T_2 = (-6|-2|7)$

**10.17** a) $T = \frac{1}{3} \cdot (2 \cdot A + B)$  b) $T = \frac{1}{a+b} \cdot (b \cdot A + a \cdot B)$

**10.18** a) Ja  b) Nein  c) Ja  d) Nein  e) Ja  f) Nein

**10.19** Sind A, B, C und D die Eckpunkte des Tetraeders, dann ist $S_{ABC} = \frac{1}{3} \cdot (A + B + C)$ und $S_{BCD} = \frac{1}{3} \cdot (B + C + D)$ und daher $\overrightarrow{S_{ABC}S_{BCD}} = \frac{1}{3} \cdot (D - A) = \frac{1}{3} \cdot \overrightarrow{AD}$.

**10.22** a) 3  b) 6  c) 7  d) 5  e) 3  f) 3

**10.23** a) $d = \sqrt{(q_1 - p_1)^2 + (q_2 - p_2)^2 + (q_3 - p_3)^2}$
b) $d = \sqrt{a_1^{\,2} + (b_2 - a_2)^2 + b_3^{\,2}}$

**10.24** a) $\overline{AB} \approx 3{,}32$; $\overline{BC} \approx 2{,}83$; $\overline{CA} \approx 3{,}32$
b) $\overline{AB} = 3$; $\overline{BC} \approx 1{,}73$; $\overline{CA} \approx 2{,}45$
c) $\overline{AB} \approx 1{,}73$; $\overline{BC} = 3$; $\overline{CA} \approx 3{,}74$
d) $\overline{AB} \approx 16{,}09$; $\overline{BC} \approx 6{,}40$; $\overline{CA} \approx 14{,}21$
e) $\overline{AB} \approx 6{,}93$; $\overline{BC} \approx 8{,}77$; $\overline{CA} \approx 8{,}31$
f) $\overline{AB} \approx 22{,}56$; $\overline{BC} \approx 6{,}78$; $\overline{CA} \approx 21{,}47$

**10.25** Dreieck ABC ist gleichschenkelig für: $C = (9|-19|10)$, $C = (8|-1|-6)$, $C = (11|-4|2)$

**10.26** a) $|\overrightarrow{AB}| = |\overrightarrow{AC}| = |\overrightarrow{BC}| = \sqrt{2r^2 + 2s^2 - 2rs}$
b) $|\overrightarrow{AB}| = |\overrightarrow{AC}| = |\overrightarrow{BC}| = \sqrt{2r^2 + 2s^2 - 2rs}$

**10.28** a) 12  b) 35  c) 18  d) 7  e) ca. 12,81  f) ca. 14,42

**10.29** a) $\vec{b} = (-6|3|6)$
b) $\vec{b} = (-\sqrt{66}|4\sqrt{66}|7\sqrt{66})$
c) $\vec{b} = (12|-9|0)$
d) $\vec{b} = (12|4|-6)$
e) $\vec{b} = (14|8|-8)$
f) $\vec{b} = (4\sqrt{3}|-4\sqrt{3}|4\sqrt{3})$

**10.31** a) $Q = (9|7|-6)$
b) $Q = (12|-1|14)$
c) $Q = (21|-8|16)$
d) $Q = (7{,}5|-1{,}5|1 + 3{,}5\sqrt{2})$
e) $Q = (12|9|7)$
f) $Q = (0|1 - 10\sqrt{2}|0)$

**10.32** a) $A \cdot B = 2$  b) $A \cdot B = 11$  c) $A \cdot B = -6$

**10.33** a) $A \cdot B = 3ab$  b) $A \cdot B = 3xy$  c) $A \cdot B = -2a^2$

**10.34** Dieses „Gesetz" anzuschreiben ist bereits sinnlos, da auf der rechten Seite der Skalar rechts vom Vektor steht. Aber selbst wenn man davon absieht, gilt nicht uneingeschränkt $(A \cdot B) \cdot C = A \cdot (B \cdot C)$, denn der Vektor auf der linken Seite ist ein Vielfaches von C und der Vektor auf der rechten Seite ein Vielfaches von A.

**10.35** a) $\varphi \approx 50{,}3°$  b) $\varphi \approx 132{,}7°$  c) $\varphi \approx 49{,}2°$  d) $\varphi \approx 160{,}0°$  e) $\varphi \approx 63{,}7°$  f) $\varphi \approx 99{,}4°$

**10.36** a) Zeige: $\overrightarrow{AB} \cdot \overrightarrow{AC} = 0$  $\alpha = 90°$, $\beta \approx 42{,}8°$, $\gamma \approx 47{,}2°$
b) Zeige: $\overrightarrow{AB} \cdot \overrightarrow{BC} = 0$  $\alpha \approx 45{,}8°$, $\beta = 90°$, $\gamma \approx 44{,}2°$
c) Zeige: $\overrightarrow{AC} \cdot \overrightarrow{BC} = 0$  $\alpha \approx 69{,}9°$, $\beta \approx 20{,}1°$, $\gamma = 90°$
d) Zeige: $\overrightarrow{AB} \cdot \overrightarrow{AC} = 0$  $\alpha = 90°$, $\beta \approx 42{,}8°$, $\gamma \approx 47{,}2°$

**10.37** a) ZB: $(1|1|0)$
b) ZB: $(1|0|1)$
c) ZB: $(1|0|0)$
d) ZB: $(0|5|2)$
e) ZB: $(-1|2|0)$

**10.38**

| $\vec{a}$ | $\vec{b}$ | spitzer Winkel | stumpfer Winkel | rechter Winkel |
|---|---|---|---|---|
| $(7\|2\|1)$ | $(2\|-7\|0)$ | | | X |
| $(1\|1\|1)$ | $(1\|-1\|2)$ | X | | |
| $(2\|3\|8)$ | $(3\|2\|9)$ | X | | |
| $(1\|1\|2)$ | $(-1\|-1\|-5)$ | | X | |
| $(7\|1\|5)$ | $(2\|-9\|-1)$ | | | X |
| $(2\|1\|3)$ | $(-4\|4\|1)$ | | X | |

**10.39**

| $\vec{a}$ | $\vec{b}$ | $\vec{a} \parallel \vec{b}$ | $\vec{a} \perp \vec{b}$ | weder $\vec{a} \parallel \vec{b}$ noch $\vec{a} \perp \vec{b}$ |
|---|---|---|---|---|
| (4\|−6\|2) | (3\|2\|0) | | X | |
| (4\|−6\|2) | (−2\|3\|−1) | X | | |
| (4\|−6\|2) | (2\|3\|2) | | | X |
| (7\|5\|7) | (−7\|−6\|7) | | | X |
| $\left(\frac{2}{3}\middle\vert 6 \middle\vert 15\right)$ | (−2\|−2\|−5) | | | X |

**10.40** a) ZB: $\vec{a} = (1|2|3)$, $\vec{b} = (2|3|4)$
b) ZB: $\vec{a} = (1|2|3)$, $\vec{b} = (-6|-3|4)$
c) ZB: $\vec{a} = (1|2|3)$, $\vec{b} = (2|3|-4)$

**10.41** Dreieck ABC ist stumpfwinkelig für: $C = (1|5|9)$, $C = (-2|2|-3)$, $C = (8|-6|1)$

**10.42** a) $C = (4|7|10)$, $D = (8|1|-2)$, $\overline{AB} = 14$, $\overline{BC} = 7$, Flächeninhalt $= 98$
b) $C = (-5|6|8)$, $D = (11|-2|6)$, $\overline{AB} = 18$, $\overline{BC} = 9$, Flächeninhalt $= 162$

**10.43** a) $A \approx 11{,}97$ c) $A \approx 11{,}80$ e) $A \approx 6{,}54$
b) $A = 17{,}50$ d) $A \approx 12{,}54$ f) $A \approx 23{,}09$

**10.44** a) $A \approx 7{,}43$ c) $A \approx 13{,}39$ e) $A \approx 6{,}80$
b) $A \approx 28{,}32$ d) $A \approx 22{,}35$ f) $A \approx 85{,}37$

**10.45** a) $D = (-4|-7|-10)$, $A \approx 28{,}44$ d) $D = (4|0|-2)$, $A \approx 42{,}61$
b) $D = (2|3|2)$, $A \approx 18{,}38$ e) $D = (0|-7|-3)$, $A \approx 63{,}10$
c) $D = (-1|3|-2)$, $A \approx 19{,}75$ f) $D = (-13|10|5)$, $A \approx 43{,}27$

**10.46** a) Da $\overrightarrow{AB} \parallel \overrightarrow{CD}$, ist das Viereck ABCD ein Trapez.
Flächeninhalt $= 22{,}5$; $\alpha = 45°$, $\beta \approx 26{,}57°$, $\gamma = 180° - \beta \approx 153{,}43°$, $\delta = 180° - \alpha = 135°$
b) Da $\overrightarrow{AD} \parallel \overrightarrow{BC}$, ist das Viereck ABCD ein Trapez.
Flächeninhalt $= 20 \cdot \sqrt{3} \approx 34{,}64$; $\alpha = \delta \approx 70{,}893°$, $\beta = \gamma \approx 109{,}107°$
Hinweis: Dieses Trapez ist gleichschenkelig.

**10.47** a) $|\overrightarrow{AB}| = |\overrightarrow{BC}| = \sqrt{2r^2 + s^2 - 2rs}$, daher ist das Dreieck gleichschenkelig mit Spitze B.
ABC spitzwinkelig $\Leftrightarrow \overrightarrow{BA} \cdot \overrightarrow{BC} = r^2 - rs > 0 \Leftrightarrow (r > 0 \wedge r > s) \vee (r < 0 \wedge r < s)$
ZB: A(2|0|1), B(2|2|2), C(0|1|2)
ABC rechtwinkelig $\Leftrightarrow \overrightarrow{BA} \cdot \overrightarrow{BC} = r^2 - rs = 0 \Leftrightarrow r = 0 \vee r = s$
ZB: A(1|0|1), B(1|1|1), C(0|1|1)
ABC stumpfwinkelig $\Leftrightarrow \overrightarrow{BA} \cdot \overrightarrow{BC} = r^2 - rs < 0 \Leftrightarrow (0 < r < s) \vee (s < r < 0)$
ZB: A(1|0|2), B(1|1|1), C(0|2|1)
ABC gleichseitig $\Leftrightarrow |\overrightarrow{AB}| = |\overrightarrow{AC}| \Leftrightarrow s = 0$
ZB: A(1|0|0), B(1|1|1), C(0|0|1)
b) $|\overrightarrow{AC}| = |\overrightarrow{BC}| = \sqrt{r^2 + s^2}$, daher ist das Dreieck gleichschenkelig mit Spitze C.
ABC spitzwinkelig $\Leftrightarrow \overrightarrow{CA} \cdot \overrightarrow{CB} = rs > 0$
ZB: A(1|2|0), B(0|1|2), C(1|3|2)
ABC rechtwinkelig $\Leftrightarrow \overrightarrow{CA} \cdot \overrightarrow{CB} = rs = 0 \Leftrightarrow r = 0 \vee s = 0$,
ZB: A(1|0|0), B(0|1|0), C(1|1|0)
ABC stumpfwinkelig $\Leftrightarrow \overrightarrow{CA} \cdot \overrightarrow{CB} = rs < 0$
ZB: A(1|−1|0), B(0|1|−1), C(1|0|−1)
ABC gleichseitig $\Leftrightarrow |\overrightarrow{AB}| = |\overrightarrow{AC}| \Leftrightarrow r = s$
ZB: A(1|1|0), B(0|1|1), C(1|2|1)

**10.48** a) 1) ZB: $C = (1|2|1)$, 2) ZB: $C = (10|1|0)$, 3) ZB: $C = (2|0|4)$
b) 1) ZB: $C = (-1|1|5)$, 2) ZB: $C = (0|9|2)$, 3) ZB: $C = (2|5|2)$

**10.49** a) 1) ZB: $C = (0|1|0)$, 2) ZB: $C = (6|-5|2)$, 3) ZB: $C = (2|0|3)$
b) 1) ZB: $C = (-1|0|5)$, 2) ZB: $C = (6|8|2)$, 3) ZB: $C = (3|5|2)$

**10.50** Setze $\vec{a} = (a_1|a_2|a_3)$ und $\vec{b} = (b_1|b_2|b_3)$ und rechne nach!
Geometrische Deutung: Sind $\vec{a} = \overrightarrow{AB}$ und $\vec{b} = \overrightarrow{BC}$ die Seitenvektoren eines Parallelogramms ABCD, so sind $\vec{a} + \vec{b} = \overrightarrow{AC}$ und $\vec{a} - \vec{b} = \overrightarrow{DB}$ die beiden Diagonalvektoren. Daraus folgt:
1) Die Diagonalen eines Parallelogramms sind genau dann gleich lang, wenn die Seiten aufeinander normal stehen (dh. wenn es ein Rechteck ist).
2) Die Diagonalen eines Parallelogramms stehen genau dann aufeinander normal, wenn die Seiten gleich lang sind (dh., wenn es ein Rhombus ist).

**10.51** a) $C = (6|8|2)$, $D = (2|6|6)$, $E = (1|-1|9)$, $G = (8|5|3)$
$O = 2 \cdot [\sqrt{260} + \sqrt{500} + \sqrt{90}] \approx 113{,}96$
b) $B = (12|3|-4)$, $D = (3|8|0)$, $E = (1|6|1)$, $G = (2|7|-1)$
Hinweis: Beachte, dass $\overrightarrow{M_{AC}M_{FH}} = \overrightarrow{AE}$ ist!
$O = 2 \cdot [\sqrt{114} + \sqrt{147} + 15] \approx 75{,}60$

**10.52** a) $\overrightarrow{AB} = \overrightarrow{DC} = (1|4|1)$ und $\overrightarrow{AB} \perp \overrightarrow{BC}$, daher ist ABCD ein Rechteck.
Da außerdem $|\overrightarrow{AB}| = |\overrightarrow{BC}| = \sqrt{18}$, ist ABCD ein Quadrat.
Aus $|\overrightarrow{SA}| = |\overrightarrow{SB}| = |\overrightarrow{SC}| = |\overrightarrow{SD}|$ folgt, dass die Pyramide regelmäßig ist.
Mantelflächeninhalt $= 2 \cdot |\overrightarrow{AB} \times \overrightarrow{AS}| = 54$
Winkel zwischen zwei benachbarten Seitenkanten: $\varphi \approx 36{,}87°$
b) $\overrightarrow{AB} = \overrightarrow{DC} = (8|14|-8)$ und $\overrightarrow{AB} \perp \overrightarrow{BC}$, daher ist ABCD ein Rechteck.
Da außerdem $|\overrightarrow{AB}| = |\overrightarrow{BC}| = 18$, ist ABCD ein Quadrat.
Aus $|\overrightarrow{SA}| = |\overrightarrow{SB}| = |\overrightarrow{SC}| = |\overrightarrow{SD}|$ folgt, dass die Pyramide regelmäßig ist.
Mantelflächeninhalt $= 324 \cdot \sqrt{2} \approx 458{,}21$; $\varphi \approx 70{,}53°$

**10.53** Mantelflächeninhalt $= 180 + 108 \cdot \sqrt{5} \approx 421{,}50$

**10.54** a) $A = (0|0|0)$, $B = (8|0|0)$, $C = (8|8|0)$, $D = (0|8|0)$, $S = (4|4|27)$,
$E = (4|0|8)$, $F = (8|4|8)$, $G = (4|8|8)$, $H = (0|4|8)$
b) Größe der Dachfläche: 336 c) $\measuredangle(EA, ES) \approx 151{,}07°$

**10.55** 1) a) $A = (0|0|0)$, $B = (8|0|0)$, $C = (8|8|0)$, $D = (0|8|0)$, $S = (4|4|36)$,
$E = (4|0|10)$, $F = (8|4|10)$, $G = (4|8|10)$, $H = (0|4|10)$
b) Größe der Dachfläche: $\approx 450{,}28$ c) $\measuredangle(EA, ES) \approx 156{,}59°$
2) a) $A = (0|0|0)$, $B = (7|0|0)$, $C = (7|7|0)$, $D = (0|7|0)$, $S = (3{,}5|3{,}5|20)$,
$E = (3{,}5|0|10)$, $F = (7|3{,}5|10)$, $G = (3{,}5|7|10)$, $H = (0|3{,}5|10)$
b) Größe der Dachfläche: $\approx 203{,}96$ c) $\measuredangle(EA, ES) \approx 152{,}98°$
3) a) $A = (0|0|0)$, $B = (6|0|0)$, $C = (6|6|0)$, $D = (0|6|0)$, $S = (3|3|10)$,
$E = (3|0|10)$, $F = (6|3|10)$, $G = (3|6|10)$, $H = (0|3|10)$
b) Größe der Dachfläche: $\approx 125{,}28$ c) $\measuredangle(EA, ES) = 90°$

**10.56** Zeige, dass $\overrightarrow{AH} = \overrightarrow{ES}$ und dass $|\overrightarrow{AH}| = |\overrightarrow{ES}| = |\overrightarrow{AE}| = |\overrightarrow{HS}|$!

**10.57** a) 1. Lösung: $C = (-3|9|8)$, $D = (-7|2|4)$, 2. Lösung: $C = (6|9|-1)$, $D = (2|2|-5)$
b) 1. Lösung: $C = (-1|-8|5)$, $D = (-5|-10|1)$, 2. Lösung: $C = (5|-8|-1)$, $D = (1|-10|-5)$

**10.58** a) $C = (-2|4|3)$, $D = (6|2|5)$, $E = (3|-5|10)$, $F = (-5|-3|8)$, $G = (-5|-2|9)$,
$H = (3|-4|11)$; $V = 108$
b) $C = (10|5|-5)$, $D = (5|9|2)$, $E = (4|-1|7)$, $F = (9|-5|0)$, $G = (14|3|-1)$,
$H = (9|7|6)$; $V = 540$

**10.60** a) $\vec{a} \times \vec{b} = 5 \cdot (-3|3|2)$ c) $\vec{a} \times \vec{b} = 27 \cdot (0|1|0)$ e) $\vec{a} \times \vec{b} = 4rs \cdot (1|-2|1)$
b) $\vec{a} \times \vec{b} = 6 \cdot (0|0|1)$ d) $\vec{a} \times \vec{b} = 7 \cdot (6|3|-2)$ f) $\vec{a} \times \vec{b} = (r + t) \cdot (s|t - r|-s)$

**10.61** a) ZB: $(-3|10|4)$ b) ZB: $(1|-1|0)$ c) ZB: $(0|0|1)$ d) ZB: $(4|-7|3)$ e) ZB: $(0|1|0)$ f) ZB: $(0|1|5)$

**10.62** a) $\vec{a} \times \vec{b} = (-12|0|0)$ b) $\vec{a} \times \vec{b} = (0|0|-25)$ c) $\vec{a} \times \vec{b} = (2|0|0)$ d) $\vec{a} \times \vec{b} = (0|1|0)$ e) $\vec{a} \times \vec{b} = (0|0|2rs)$ f) $\vec{a} \times \vec{b} = (rs|-r^2|rs)$

**10.63** a) 1) $A \approx 27{,}93$, 2) $A \approx 13{,}96$
b) 1) $A \approx 26{,}83$, 2) $A \approx 13{,}42$
c) 1) $A \approx 22{,}14$, 2) $A \approx 11{,}07$
d) 1) $A \approx 38{,}85$, 2) $A \approx 19{,}42$
e) 1) $A = 30$, 2) $A = 15$
f) 1) $A \approx 19{,}05$, 2) $A \approx 9{,}53$

**10.64** a) $\vec{a} = (a_1|a_2|a_3)$, $\vec{b} = (b_1|b_2|b_3)$
$\vec{a} \times \vec{b} = (a_2 b_3 - a_3 b_2 | a_3 b_1 - a_1 b_3 | a_1 b_2 - a_2 b_1)$
$\vec{b} \times \vec{a} = (b_2 a_3 - b_3 a_2 | b_3 a_1 - b_1 a_3 | b_1 a_2 - b_2 a_1)$
$\Rightarrow \vec{a} \times \vec{b} = -(\vec{b} \times \vec{a})$
b), c) Setze $\vec{a} = (a_1|a_2|a_3)$, $\vec{b} = (b_1|b_2|b_3)$ und $\vec{c} = (c_1|c_2|c_3)$ und rechne nach!

**10.65** a) Erste Lösung: $D_1 = (12|-15|-1)$, $E_1 = (9|-16|3)$, $F_1 = (16|-14|-9)$
Zweite Lösung: $D_2 = (-4|17|-5)$, $E_2 = (-7|16|-1)$, $F_2 = (0|18|-13)$
b) Erste Lösung: $D_1 = (0|2|4)$, $E_1 = (-1|3|3)$, $F_1 = (-2|1|4)$
Zweite Lösung: $D_2 = (2|-2|-2)$, $E_2 = (1|-1|-3)$, $F_2 = (0|-3|-2)$
c) Erste Lösung: $D_1 = (11|9|18)$, $E_1 = (17|6|16)$, $F_1 = (7|3|22)$
Zweite Lösung: $D_2 = (-7|-3|-18)$, $E_2 = (-1|-6|-20)$, $F_2 = (-11|-9|-14)$

**10.66** a) $D = (1|-21|18)$, Zeige, dass $\overrightarrow{AB} \cdot \overrightarrow{BC} = 0$ und $\overline{AB} = \overline{BC} = 26$!
Erste Lösung: $E_1 = (45|-6|24)$, $F_1 = (39|2|48)$, $G_1 = (31|-22|54)$, $H_1 = (37|-30|30)$
Zweite Lösung: $E_2 = (-27|12|0)$, $F_2 = (-33|20|24)$, $G_2 = (-41|-4|30)$, $H_2 = (-35|-12|6)$
b) $D = (11|7|3)$, Zeige, dass $\overrightarrow{AB} \cdot \overrightarrow{BC} = 0$ und $\overline{AB} = \overline{BC} = 11$!
Erste Lösung: $E_1 = (9|-17|-16)$, $F_1 = (0|-15|-10)$, $G_1 = (6|-9|-3)$, $H_1 = (15|-11|-9)$
Zweite Lösung: $E_2 = (1|19|8)$, $F_2 = (-8|21|14)$, $G_2 = (-2|27|21)$, $H_2 = (7|25|15)$

**10.67** $D = (6|4|4)$, $E = (8|11|-6)$, $F = (4|3|8)$; Volumen: $V = 102$

**10.68**
☒ ☐ ☐
☒ ☒ ☒
☒ ☒ ☐

**10.69** Der Vektor $(-\vec{a}) \times \vec{b}$ steht auf $\vec{a}$ und auf $\vec{b}$ senkrecht. Die Vektoren $\vec{a}, \vec{b}, (-\vec{a}) \times \vec{b}$ bilden ein Linkssystem.

**10.70** Die Vektoren $(r \cdot \vec{a}) \times \vec{b}$, $r \cdot (\vec{a} \times \vec{b})$ und $\vec{a} \times (r \cdot \vec{b})$ haben die gleiche Richtung (normal zu $\vec{a}$ und $\vec{b}$). Der Flächeninhalt des von $r \cdot \vec{a}$ und $\vec{b}$ (bzw. des von $\vec{a}$ und $r \cdot \vec{b}$) aufgespannten Parallelogramms ist das $|r|$-Fache des Inhalts des von $\vec{a}$ und $\vec{b}$ aufgespannten Parallelogramms.

**10.71** a) Setze $\vec{a} = (a_1|a_2|a_3)$, $\vec{b} = (b_1|b_2|b_3)$ und $\vec{c} = (c_1|c_2|c_3)$ und rechne nach!
Hinweis: Der Betrag dieses Vektors kann geometrisch als das Volumen eines von $\vec{a}$, $\vec{b}$ und $\vec{c}$ aufgespannten Parallelepipeds gedeutet werden.
b) Ein Gegenbeispiel ist etwa $\vec{a} = (1|1|0)$, $\vec{b} = (1|-1|0)$, $\vec{c} = (1|0|0)$.
Hier ist $(\vec{a} \times \vec{b}) \times \vec{c} = (0|-2|0)$ und $\vec{a} \times (\vec{b} \times \vec{c}) = (1|-1|0)$.

**10.72** Setze $\vec{a} = (a_1|a_2|a_3)$ und $\vec{b} = t \cdot \vec{a}$ und rechne nach!

**10.73** a) b) c) d) Setze $\vec{a} = (a_1|a_2|a_3)$, $\vec{b} = (b_1|b_2|b_3)$ und $\vec{c} = (c_1|c_2|c_3)$ und rechne nach!

**10.74**
☒ ☐
☒ ☒
☐ ☒

**10.75** a) $C=(9|4|7)$, $D=(1|8|-1)$, Flächeninhalt $=108$
b) $C=(3|7|7)$, $D=(6|1|1)$, Flächeninhalt $=27$

**10.76** $|\overrightarrow{AC}|=|\overrightarrow{BC}|=\sqrt{5r^2+2s^2-2rs}$, daher ist das Dreieck gleichschenkelig mit Spitze C.

**10.77** a) $|\vec{b}_a|\approx 1{,}46$ c) $|\vec{b}_a|\approx 2{,}67$ e) $|\vec{b}_a|\approx 2{,}89$
b) $|\vec{b}_a|=4$ d) $|\vec{b}_a|=3$ f) $|\vec{b}_a|\approx 11{,}05$

**10.79** a) b) Überprüfe durch Einsetzen in die Volumsformel für ein Parallelepiped auf Seite 173!

**10.80** a) $V=55$ b) $V=216$ c) $V=92$ d) $V=46$

**10.81** a) $V=16$ b) $V=686$

**10.82** Wie in Aufgabe 10.78 ergibt sich $h=\frac{1}{|\vec{a}\times\vec{b}|}\cdot|(\vec{a}\times\vec{b})\cdot\vec{c}|$. Damit erhält man:
a) $V=G\cdot h=\frac{1}{2}\cdot|\vec{a}\times\vec{b}|\cdot\frac{1}{|\vec{a}\times\vec{b}|}\cdot|(\vec{a}\times\vec{b})\cdot\vec{c}|=\frac{1}{2}\cdot|(\vec{a}\times\vec{b})\cdot\vec{c}|$
b) $V=\frac{1}{3}\cdot G\cdot h=\frac{1}{3}\cdot\frac{1}{2}\cdot|\vec{a}\times\vec{b}|\cdot\frac{1}{|\vec{a}\times\vec{b}|}\cdot|(\vec{a}\times\vec{b})\cdot c|=\frac{1}{6}\cdot|(\vec{a}\times\vec{b})\cdot c|$

**10.83** $|\vec{M}|=|\vec{r}\times\vec{F}|=$ Flächeninhalt des von $\vec{r}$ und $\vec{F}$ aufgespannten Parallelogramms $=F\cdot d$

**10.84** Denkt man sich die Vektoren $\vec{r}$, $\vec{F}$ und $\vec{M}$ durch Pfeile von O aus dargestellt, erkennt man, dass diese Vektoren ein Rechtssystem bilden. Daraus folgt die Regel.

**10.85** a) $|\vec{F}_g|\approx 1733{,}33$ (N) b) $|\vec{F}_g|\approx 2193{,}93$ (N)

**10.86** ca. 9,69

**10.87** a) Siehe Seiten 158–159! c) Siehe Seite 164!
b) Siehe Seite 162! d) Siehe Seite 164!

**10.88** Siehe Seiten 169–171!

**10.89** Man ermittelt $\vec{a}\times\vec{b}$. Der Vektor $\vec{a}\times\vec{b}$ steht sowohl auf $\vec{a}$ als auch auf $\vec{b}$ normal und ist so orientiert, dass $\vec{a}$, $\vec{b}$, $\vec{a}\times\vec{b}$ ein Rechtssystem bilden. Der Betrag $|\vec{a}\times\vec{b}|$ ist so groß wie der Flächeninhalt des von $\vec{a}$ und $\vec{b}$ aufgespannten Parallelogramms.

**10.91** a) $B=(11|-7|4)$ b) $A=(-26|-26|39)$

**10.92** a) $R=(2|9|-8)$ b) $R=(-4|-3|13)$

**10.93** a) $T=(-1|-1|-5)$ b) $T=(-5|7|1)$ c) $T=(-3{,}8|4{,}6|-0{,}8)$ d) $T=(-4|5|-0{,}5)$

**10.94** a) $C=(6|-1|-1)$ b) $A=(13|-2|14)$

**10.95** ☒ ☐ ☒ ☐ ☒

**10.96** Größter Flächeninhalt für $C=(4|4|4)$, kleinster Flächeninhalt für $C=(3|1|5)$.

**10.97** a) Seitenlängen: 15; 15; 18; Winkelmaße: 53,13°; 53,13°; 73,74°; Flächeninhalt: 108
b) Seitenlängen: 6; 19,5; 22,5; Winkelmaße: 53,13°; 14,25°; 112,62°; Flächeninhalt: 54

**10.98** a) ZB: $(11|-2|27)$, $(22|-4|54)$ c) ZB: $(8|-8|-4)$, $(-2|2|1)$
b) ZB: $(-3|17|-15)$, $(3|-17|15)$

**10.99** a) $A\approx 11{,}68$ b) $A\approx 39{,}13$

## 11 Gerade und Ebenen im Raum

**11.01** a) $X = (2|-3|4) + t \cdot (2|-1|5)$ b) $X = (1|1|8) + t \cdot (3|-1|1)$ c) $X = (3|9|9) + t \cdot (-1|3|5)$

**11.02** a) $X = (3|3|1) + t \cdot (-1|-4|3)$ b) $X = (0|-2|4) + t \cdot (8|8|-4)$ c) $X = (6|5|-2) + t \cdot (-5|-4|3)$

**11.03** $(11|-8|-7)$, $(-7|1|11)$ und $(5|-5|-1)$

**11.05** a) $S = (3|1|5)$ b) windschief c) parallel d) zusammenfallend e) $S = (1|1|1)$ f) windschief

**11.06** a) $S = (-4|-1|6)$, $g: X = (-1|2|0) + t \cdot (1|1|-2)$
b) $S = (13|-5|0)$, $g: X = (5|3|2) + t \cdot (4|-4|-1)$

**11.07** a) $\varphi \approx 63{,}55°$ b) $\varphi \approx 87{,}72°$ c) $\varphi \approx 15{,}26°$ d) $\varphi \approx 65{,}29°$

**11.09** Drei Punkte liegen stets in einer Ebene, vier Punkte müssen das nicht tun.

**11.10** a) X liegt in der Ebene durch P, Q, R.
b) X liegt nicht in der Ebene durch P, Q, R.
c) X liegt in der Ebene durch P, Q, R.
d) X liegt nicht in der Ebene durch P, Q, R.

**11.11** a) ZB: $X = (-2|4|-3) + u \cdot (5|-4|4) + v \cdot (4|-8|-3)$
b) ZB: $X = (0|3|1) + u \cdot (-2|2|6) + v \cdot (4|1|-10)$
c) ZB: $X = (0|5|0) + u \cdot (2|-1|-8) + v \cdot (3|-12|0)$
d) ZB: $X = (2|3|0) + u \cdot (-2|-3|0) + v \cdot (-4|-7|5)$

**11.12** a) ZB: $(1|0|-4)$, $(3|3|-8)$, $(4|-3|5)$
b) ZB: $(4|-5|6)$, $(10|-3|11)$, $(7|-13|6)$

**11.13** a) ZB: $X = (2|3|0) + u \cdot (1|1|-1) + v \cdot (1|8|2)$
b) ZB: $X = (4|2|-1) + u \cdot (1|-3|0) + v \cdot (3|5|7)$

**11.14** a) ZB: $X = (0|2|3) + u \cdot (2|1|-3) + v \cdot (3|2|-4)$
b) ZB: $X = u \cdot (4|2|-1) + v \cdot (5|-1|-1)$

**11.15** a) ZB: $X = (1|3|-1) + u \cdot (1|1|-1) + v \cdot (1|0|4)$
b) ZB: $X = (2|0|4) + u \cdot (1|2|-3) + v \cdot (-1|1|-4)$

**11.17** a) $\vec{n} \cdot X = \vec{n} \cdot P$, wobei $\vec{n} = \vec{a} \times \vec{b}$
b) $\vec{n} \cdot X = \vec{n} \cdot P$, wobei $\vec{n} = \overrightarrow{PQ} \times \overrightarrow{PR}$
c) Man ermittelt den Schnittpunkt S und Richtungsvektoren $\vec{g}$ und $\vec{h}$ der beiden Geraden. Ist $\vec{n} = \vec{g} \times \vec{h}$, dann ist $\vec{n} \cdot X = \vec{n} \cdot S$ eine Gleichung der Ebene.
d) Man ermittelt einen Punkt $P \in g$ und einen Punkt $Q \in h$ sowie einen Richtungsvektor $\vec{g}$ von g. Ist $\vec{n} = \vec{g} \times \overrightarrow{PQ}$, dann ist $\vec{n} \cdot X = \vec{n} \cdot P$ eine Gleichung der Ebene.
e) Man ermittelt einen Punkt $Q \in g$ und einen Richtungsvektor $\vec{g}$ von g. Ist $\vec{n} = \vec{g} \times \overrightarrow{QP}$, dann ist $\vec{n} \cdot X = \vec{n} \cdot P$ eine Gleichung der Ebene.

**11.18** a) ZB: $\vec{n} = (2|-3|1)$, $P = (-4|0|0)$, $Q = (0|0|-8)$, $R = (-2|0|-4)$
b) ZB: $\vec{n} = (1|-5|7)$, $P = (1|0|0)$, $Q = (6|1|0)$, $R = (-6|0|1)$
c) ZB: $\vec{n} = (3|5|-4)$, $P = (0|2|0)$, $Q = (2|0|-1)$, $R = (0|6|5)$
d) ZB: $\vec{n} = (2|-3|4)$, $P = (2|0|0)$, $Q = (0|0|1)$, $R = (8|4|0)$
e) ZB: $\vec{n} = (1|-1|1)$, $P = (1|1|0)$, $Q = (0|1|1)$, $R = (1|2|1)$
f) ZB: $\vec{n} = (2|-1|5)$, $P = (0|1|0)$, $Q = (-3|0|1)$, $R = (0|6|1)$

**11.19** a) $2x + 3y + 7z = -2$, zB: $Q = (-1|0|0) \in E$, $R = (-1|0|1) \notin E$
b) $5x + 3y + 3z = 4$, zB: $Q = (-1|0|3) \in E$, $R = (-1|0|2) \notin E$
c) $x + z = -4$, zB: $Q = (-2|0|-2) \in E$, $R = (-2|0|-1) \notin E$
d) $4x - 4y - 5z = -15$, zB: $Q = (0|0|3) \in E$, $R = (0|0|2) \notin E$
e) $3x + 3y - z = -3$, zB: $Q = (0|0|3) \in E$, $R = (0|0|1) \notin E$
f) $9x + 4z = -4$, zB: $Q = (0|0|-1) \in E$, $R = (0|0|1) \notin E$

**11.20** a) $5x - 5y + 3z = 37$ c) $-x + y + z = 3$
b) $x - z = 5$ d) $10x - 9y + 12z = 99$

**11.21** a) $\overrightarrow{AB} \nparallel \overrightarrow{AC}$, E: $4x - 15y + 6z = -54$, zB: $P = (0|0|-9) \in E$, $Q = (-6|0|-5) \in E$
b) $\overrightarrow{AB} \parallel \overrightarrow{AC}$; A, B, C legen keine Ebene fest.

**11.22** a) E: $2x - y - z = 2$, $P \in E$, $Q \in E$, $R \notin E$
b) E: $x + y + z = 5$, $P \in E$, $Q \notin E$, $R \in E$

**11.23** a) S: $s = -1$, $t = -1$, $(1|2|3) \nparallel (-1|1|1)$, E: $x + 4y - 3z = 2$
b) S: $s = -1$, $t = -1$, $(1|1|1) \nparallel (-2|3|2)$, E: $x + 4y - 5z = 7$
c) S: $s = -1$, $t = -1$, $(2|-1|1) \nparallel (-3|2|4)$, E: $6x + 11y - z = 48$

**11.24** a) $(4|-2|1) \parallel (4|-2|1)$, O: $s = 0$, $\nexists t \in \mathbb{R}$, E: $x + y - 2z = 0$
b) $(3|-2|2) \parallel (3|-2|2)$, O: $s = 0$, $\nexists t \in \mathbb{R}$, E: $18x + 11y - 16z = 0$
c) $(1|0|0) \parallel (1|0|0)$, O: $s = 0$, $\nexists t \in \mathbb{R}$, E: $3y - z = 0$
d) $(-4|1|1) \parallel (4|-1|-1)$, O: $s = 0$, $\nexists t \in \mathbb{R}$, E: $y - z = 0$

**11.25** a) P: $\nexists t \in \mathbb{R}$, E: $4x + 3y = 7$ c) $\overrightarrow{AB} \nparallel \overrightarrow{AP}$, E: $x - z = 3$
b) P: $\nexists t \in \mathbb{R}$, E: $x + z = 4$ d) $\overrightarrow{AB} \nparallel \overrightarrow{AP}$, E: $x + y - z = 5$

**11.26** a) $\vec{n} = (0|0|1)$, E: $z = 4$ b) $\vec{n} = (1|0|0)$, E: $x = -2$ c) $\vec{n} = (0|1|0)$, E: $y = 5$

**11.27** a) E: $x + y + z = 5$ c) E: $z = 3$
b) E: $x - 2y - 2z = -2$ d) E: $3x + 4y - z = -9$

**11.28** a) E': $x - 3y + z = -12$ c) E': $8x + 9y - 14z = 49$
b) E': $2x + 5y - 4z = -25$ d) E': $x - 7y + 13z = 21$

**11.29** a) E: $12x - 20y - 9z = 36$ d) E: $z = 0$
b) E: $13x - 23y - 12z = 61$ e) E: $x = 1$
c) E: $37x + 14y + 10z = 149$ f) E: $x - 2y - z = -2$

**11.30** a) ZB: E: $X = (2|0|0) + u \cdot (-6|1|0) + v \cdot (1|0|1)$
b) ZB: E: $X = (4|0|0) + u \cdot (1|2|0) + v \cdot (-1|0|1)$
c) ZB: E: $X = (10|0|0) + u \cdot (1|1|0) + v \cdot (1|0|1)$
d) ZB: E: $X = u \cdot (1|4|0) + v \cdot (-3|0|4)$

**11.31** a) ZB: $X = (3|0|0) + u \cdot (-2|1|0) + v \cdot (-3|0|1)$
$X = (0|1{,}5|0) + u \cdot (2|-1|0) + v \cdot (0|-3|2)$
b) ZB: $X = (0{,}2|0|0) + u \cdot (0|1|0) + v \cdot (2|0|5)$
$X = (0|0|-0{,}5) + u \cdot (2|0|5) + v \cdot (0|1|0)$
c) ZB: $X = (0|3|0) + u \cdot (1|0|0) + v \cdot (0|-1|1)$
$X = (0|0|3) + u \cdot (1|1|-1) + v \cdot (0|1|-1)$
d) ZB: $X = (5|0|0) + u \cdot (-5|4|0) + v \cdot (-1|0|8)$
$X = (0|4|0) + u \cdot (0|-1|10) + v \cdot (1|-1|2)$

**11.32** $E_{ABC}$: $2x + 2y - z = -2$; zB: $P = (-1|-2|-4) \in E_{ABC}$

Hinweis: Die Parameterdarstellung $X = A + t \cdot \overrightarrow{AB} + u \cdot \overrightarrow{AC}$ der Ebene $E_{ABC}$ hilft dabei, einen geeigneten Punkt P zu finden. Wählt man $0 < t < 1 \wedge 0 < u < 1 \wedge 0 < u + v < 1$, so erhält man Punkte, die im Inneren des Dreiecks ABC liegen.

$E_{ACD}$: $x - 8y + 4z = 8$; zB: $P = (8|2|4) \in E_{ACD}$

$E_{BCD}$: $2x + 5y - 13z = -47$; zB: $P = (3|5|6) \in E_{BCD}$

$E_{ABD}$: $2x + 8y - 7z = 16$; zB: $P = (3|3|2) \in E_{ABD}$

**11.34** a)

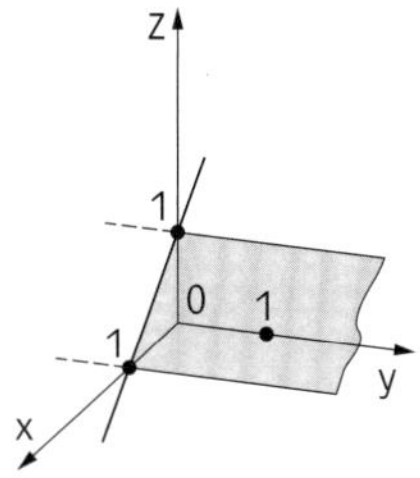


Die Ebene ist parallel zur 2. Achse und geht durch die Punkte (1|0|0) und (0|0|1).

b)

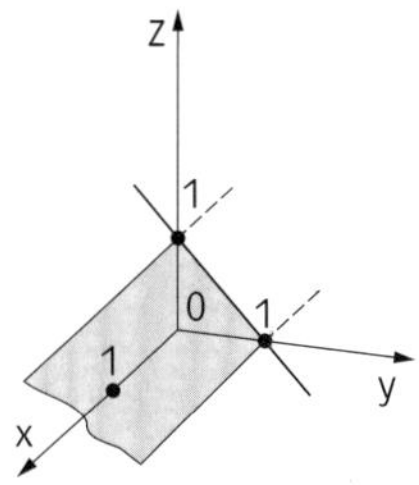


Die Ebene ist parallel zur 1. Achse und geht durch die Punkte (0|1|0) und (0|0|1).

c)

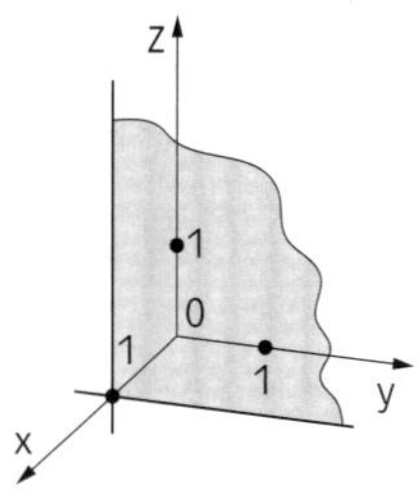


Die Ebene ist parallel zur (2,3)-Ebene und geht durch den Punkt (1|0|0).

d)

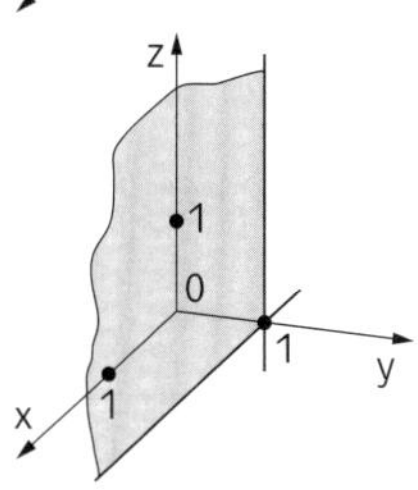


Die Ebene ist parallel zur (1,3)-Ebene und geht durch den Punkt (0|1|0).

e)

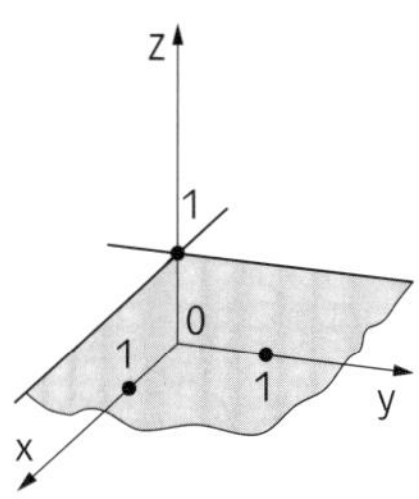


Die Ebene ist parallel zur (1,2)-Ebene und geht durch den Punkt (0|0|1).

**11.35** a)

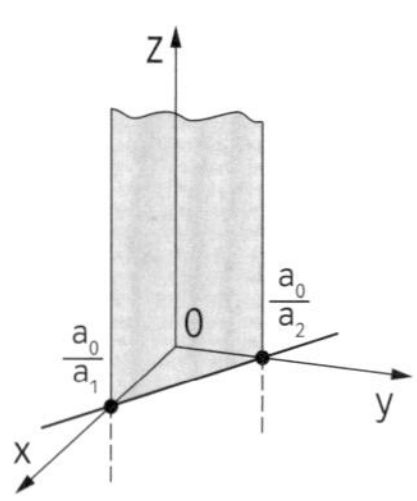


b)

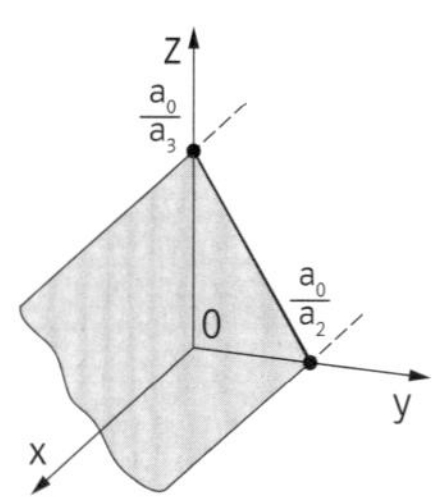


c)

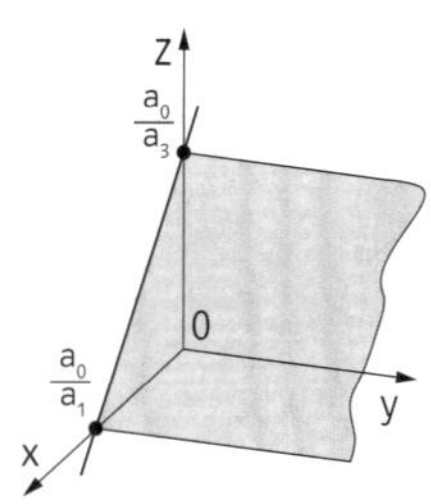

**11.36** a) $(2|0|0)$, $(0|-8|0)$, $(0|0|8)$
b) $(4|0|0)$, $(0|-2|0)$, $(0|0|-2)$
c) $(14|0|0)$, $\left(0\middle|-\frac{28}{3}\middle|0\right)$, $(0|0|4)$
d) $(-16|0|0)$, $(0|4|0)$, $(0|0|-4)$
e) $(6|0|0)$, $(0|0|-4)$ Die zweite Achse durchstößt die Ebene nicht.
f) $(0|7|0)$ Die erste und dritte Achse durchstoßen die Ebene nicht.

**11.37** a) $A=(4|0|0)$, $B=(0|6|0)$, $C=(0|0|8)$, $V=32$
b) $A=(-4{,}5|0|0)$, $B=(0|3{,}5|0)$, $C=(0|0|-0{,}25)$, $V\approx 0{,}66$

**11.38** a) $g\colon X=(3|5|1)+t\cdot(9|2|5)$ b) $g\colon X=(4|0|3)+t\cdot(-7|2|5)$

**11.39** a) $E\colon 2x+12y+7z=33$ b) $E\colon 7x-11y+10z=24$

**11.40** a) Dieser Quader hat 3 Symmetrieebenen:
$m_{AB}\colon x+4y+z=38$, $m_{AD}\colon -x+z=5$, $m_{AE}\colon 2x-y+2z=22$
b) Dieser Quader ist ein quadratisches Prisma mit den Seitenlängen $|\overrightarrow{AB}|=|\overrightarrow{AD}|=\sqrt{360}=6\cdot\sqrt{10}$ und $|\overrightarrow{AE}|=12$.
Daher gibt es insgesamt 5 Symmetrieebenen:
$m_{AB}\colon 8x+y-5z=90$, $m_{AD}\colon 4x-7y+5z=90$, $m_{AE}\colon x+2y+2z=18$,
$E_{ACGE}\colon 2x+4y-5z=0$, $E_{BDHF}\colon 2x-y=30$

**11.41** a) $E_1\colon 2x-2y+z=28$, $E_2\colon 2x-2y+z=-26$
b) $E_1\colon 4x+y-8z=168$, $E_2\colon 4x+y-8z=-156$

**11.43** a) $S=(1|1|1)$
b) $S=(2|1|1)$
c) $S=(-15|7|-3)$
d) g ist zu E parallel und liegt nicht in E.
e) g und E fallen zusammen.
f) $S=\left(\frac{25}{6}\middle|\frac{25}{6}\middle|-\frac{25}{3}\right)$

**11.44** a) $S=(1|1|1)$
b) g und E fallen zusammen.
c) g ist zu E parallel und liegt nicht in E.
d) g ist zu E parallel und liegt nicht in E.

**11.45** a) $S=(-11|-19|8)$ b) $S=(5|-67{,}5|53{,}5)$

**11.46** ☐ ☒
☐ ☒

**11.47** ☒ ☐ ☐ ☒

**11.48** $A=(5|-3|-5)$, $B=(-1|9|7)$, $C=(7|2|9)$, $S=(17|12|4)$, $V=405$
Hinweis: Da die Seitenkante CS auf die Grundfläche normal steht, ist die Höhe auf die Grundfläche gegeben durch $|\overrightarrow{CS}|$.

**11.49** a) $\varphi\approx 20{,}9°$ b) $\varphi\approx 17{,}3°$ c) $\varphi\approx 35{,}8°$ d) $\varphi\approx 12{,}6°$

**11.50** a) 1. A.: $S_1=(4|0|0)$, 33,85°; 2. A.: $S_2=(0|-3|0)$, 47,97°; 3. A.: $S_3=(0|0|6)$, 21,80°
b) 1. A.: $S_1=(5|0|0)$, 36,60°; 2. A.: $S_2=(0|4|0)$, 48,19°; 3. A.: $S_3=(0|0|-10)$, 17,35°
c) 1. A.: $S_1=(-6|0|0)$, 25,38°; 2. A.: $S_2=(0|9|0)$, 16,60°; 3. A.: $S_3=(0|0|-3)$, 59,00°

**11.51** a) xy-Ebene: $(-7|-15|0)$, 32,31°
xz-Ebene: $(-2|0|10)$, 53,30°
yz-Ebene: $(0|6|14)$, 15,50°
b) xy-Ebene: $(-16|35|0)$, 10,52°
xz-Ebene: $(-2|0|7)$, 65,91°
yz-Ebene: $(0|-5|8)$, 21,42°

**11.53** a) $E_1$ und $E_2$ schneiden einander; $E_1\cap E_2=\{X\in\mathbb{R}^3\mid X=(0|11|-4)+t\cdot(1|2|0)\ \wedge\ t\in\mathbb{R}\}$
b) $E_1$ und $E_2$ fallen zusammen; $E_1\cap E_2=E_1=E_2$
c) $E_1$ und $E_2$ sind parallel und verschieden; $E_1\cap E_2=\emptyset$
d) $E_1$ und $E_2$ schneiden einander; $E_1\cap E_2=\{X\in\mathbb{R}^3\mid X=(1|0|0)+t\cdot(4|1|1)\ \wedge\ t\in\mathbb{R}\}$

e) $E_1$ und $E_2$ sind parallel und verschieden; $E_1 \cap E_2 = \emptyset$
f) $E_1$ und $E_2$ schneiden einander; $E_1 \cap E_2 = \{X \in \mathbb{R}^3 \mid X = (1|0|0) + t \cdot (-3|1|0) \wedge t \in \mathbb{R}\}$
g) $E_1$ und $E_2$ schneiden einander; $E_1 \cap E_2 = \{X \in \mathbb{R}^3 \mid X = t \cdot (0|1|0) \wedge t \in \mathbb{R}\}$
h) $E_1$ und $E_2$ schneiden einander; $E_1 \cap E_2 = \{X \in \mathbb{R}^3 \mid X = t \cdot (0|0|1) \wedge t \in \mathbb{R}\}$

**11.54** a) $E_1$ und $E_2$ fallen zusammen; $E_1 \cap E_2 = E_1 = E_2$
b) $E_1$ und $E_2$ schneiden einander; $E_1 \cap E_2 = \{X \in \mathbb{R}^3 \mid X = (2|-2|0) + t \cdot (4|-5|1) \wedge t \in \mathbb{R}\}$
c) $E_1$ und $E_2$ sind parallel und verschieden; $E_1 \cap E_2 = \emptyset$
d) $E_1$ und $E_2$ fallen zusammen; $E_1 \cap E_2 = E_1 = E_2$
e) $E_1$ und $E_2$ sind parallel und verschieden; $E_1 \cap E_2 = \emptyset$
f) $E_1$ und $E_2$ schneiden einander; $E_1 \cap E_2 = \{X \in \mathbb{R}^3 \mid X = t \cdot (1|-1|1) \wedge t \in \mathbb{R}\}$
g) $E_1$ und $E_2$ sind parallel und verschieden; $E_1 \cap E_2 = \emptyset$
h) $E_1$ und $E_2$ schneiden einander; $E_1 \cap E_2 = \{X \in \mathbb{R}^3 \mid X = t \cdot (1|0|0) \wedge t \in \mathbb{R}\}$

**11.55** a) $E_1$ und $E_2$ schneiden einander; $E_1 \cap E_2 = \{X \in \mathbb{R}^3 \mid X = (-2|3|0) + t \cdot (1|0|1) \wedge t \in \mathbb{R}\}$
b) $E_1$ und $E_2$ schneiden einander; $E_1 \cap E_2 = \{X \in \mathbb{R}^3 \mid X = (2|0|-1) + t \cdot (-1|1|3) \wedge t \in \mathbb{R}\}$
c) $E_1$ und $E_2$ schneiden einander; $E_1 \cap E_2 = \{X \in \mathbb{R}^3 \mid X = (0|3|8) + t \cdot (-1|2|7) \wedge t \in \mathbb{R}\}$

**11.56** a) $g\colon X = (0|0|6) + t \cdot (-2|1|7)$; zB: $P = (0|0|6)$, $Q = (2|-1|-1)$
b) $g\colon X = (3|1|0) + t \cdot (-1|0|1)$; zB: $P = (3|1|0)$, $Q = (2|1|1)$

**11.57** xy-Ebene: $z = 0$, xz-Ebene: $y = 0$, yz-Ebene: $x = 0$
a) $E \cap$ xy-Ebene: $X = (0{,}5|0|0) + t \cdot (3|4|0)$
$E \cap$ xz-Ebene: $X = (0|0|4) + t \cdot (1|0|-8)$
$E \cap$ yz-Ebene: $X = (0|0|4) + t \cdot (0|1|6)$
b) $E \cap$ xy-Ebene: $X = (6|0|0) + t \cdot (-9|1|0)$
$E \cap$ xz-Ebene: $X = (6|0|0) + t \cdot (3|0|1)$
$E \cap$ yz-Ebene: $X = (0|0|-2) + t \cdot (0|1|3)$

**11.58** a) $g\colon X = (3{,}5|2|0) + t \cdot (-13|-10|4)$, $E\colon 52x - 56y + 29z = 70$
b) $g\colon X = t \cdot (-1|-2|2)$, $E\colon 10x + 13y + 18z = 0$

**11.59** a) $g\colon X = (0|0|1) + t \cdot (2|-1|-1)$, $E\colon 12x + y + 23z = 23$
b) $g\colon X = (6|0|-1) + t \cdot (2|1|-1)$, $E\colon 3x - 43y - 37z = 55$

**11.60** a) $E\colon 4x - 3y + z = 8$, $g\colon X = (8|-8|0) + t \cdot (4|3|-7)$
b) $E\colon -3x + 5y + 3z = 22$, $g\colon X = (-2|2|2) + t \cdot (3|-3|8)$

**11.61** a) $m_c\colon X = (4|4|-1) + t \cdot (2|-1|2)$; $m_a\colon X = (6|6|7) + t \cdot (0|1|2)$;
$m_b\colon X = (9|0|1) + t \cdot (1|-1|0)$; $U = (6|3|1)$
b) $m_c\colon X = (1|6|0{,}5) + t \cdot (3|6|-2)$; $m_a\colon X = (4|-2|5{,}5) + t \cdot (9|-10|8)$;
$m_b\colon X = (-5|1|1) + t \cdot (9|4|1)$; $U = (-0{,}5|3|1{,}5)$
c) $m_c\colon X = (-5|6{,}5|3{,}5) + t \cdot (4|-11|-5)$; $m_a\colon X = (1|-1|0{,}5) + t \cdot (4|7|4)$;
$m_b\colon X = (7|0{,}5|2) + t \cdot (16|10|7)$; $U = (-1|-4{,}5|-1{,}5)$
d) $m_c\colon X = (6|6|0) + t \cdot (5|2|7)$; $m_a\colon X = (7|6|1) + t \cdot (1|0|1)$;
$m_b\colon X = (4|10|2) + t \cdot (-1|2|1)$; $U = (6|6|0) = M_{AB}$
Hinweis: Dieses Dreieck ist rechtwinkelig.

**11.62** a) $g_{AB}\colon X = t \cdot (1|0|0)$, $g_{BC}\colon X = (4|0|0) + t \cdot (-1|1|0)$,
$g_{AC}\colon X = (-4|0|0) + t \cdot (1|1|0)$, $g_{BD}\colon X = (4|0|0) + t \cdot (-3|1|6)$,
$g_{AD}\colon X = (-4|0|0) + t \cdot (5|1|6)$, $g_{CD}\colon X = (0|4|0) + t \cdot (1|-3|6)$
b) $g_{AB}\colon X = (0|0|1) + t \cdot (6|0|-1)$, $g_{BC}\colon X = (6|0|0) + t \cdot (-7|4|0)$,
$g_{AC}\colon X = (0|0|1) + t \cdot (-1|4|-1)$, $g_{BD}\colon X = (6|0|0) + t \cdot (-3|0|4)$,
$g_{AD}\colon X = t \cdot (0|0|1)$, $g_{CD}\colon X = (-1|4|0) + t \cdot (1|-4|8)$
c) $g_{AB}\colon X = t \cdot (1|-1|0)$, $g_{BC}\colon X = (6|0|0) + t \cdot (3|2|0)$,
$g_{AC}\colon X = t \cdot (1|0|0)$, $g_{BD}\colon X = (2{,}4|-2{,}4|0) + t \cdot (0{,}6|3|6)$,
$g_{AD}\colon X = t \cdot (3|0{,}6|6)$, $g_{CD}\colon X = (6|0|0) + t \cdot (-3|0{,}6|6)$

**11.63** a) $\varphi \approx 29{,}5°$ c) $\varphi = 90°$ e) $\varphi \approx 18{,}4°$
b) $\varphi = 0°$ d) $\varphi \approx 4{,}9°$ f) $\varphi \approx 28{,}8°$

**11.64** $A = (0|0|0)$, $B = (6|0|0)$, $C = (6|6|0)$, $D = (0|6|0)$, $S = (3|3|12)$
$E_{ABS}$: $4y - z = 0$, $E_{BCS}$: $4x + z = 24$, $E_{CDS}$: $4y + z = 24$, $E_{ADS}$: $4x - z = 0$
Winkel zwischen zwei benachbarten Seitenflächen: $\approx 86{,}63°$
Winkel zwischen einer Seitenfläche und der Grundfläche: $\approx 75{,}96°$
Winkel zwischen einer Seitenkante und der Grundfläche: $\approx 70{,}53°$

**11.65** $A = (0|0|0)$, $B = (8|0|0)$, $C = (8|6|0)$, $D = (0|6|0)$, $S = (4|3|12)$
$E_{ABS}$: $4y - z = 0$, $E_{BCS}$: $3x + z = 24$, $E_{CDS}$: $4y + z = 24$, $E_{ADS}$: $3x - z = 0$
Winkel zwischen zwei benachbarten Seitenflächen: $\approx 85{,}60°$
Winkel zwischen einer langen Seitenfläche und der Grundfläche: $\approx 75{,}96°$
Winkel zwischen einer kurzen Seitenfläche und der Grundfläche: $\approx 71{,}57°$
Winkel zwischen einer Seitenkante und der Grundfläche: $\approx 67{,}38°$

**11.66** a) $d = 9$ b) $d = 14$ c) $d = 3$ d) $d = 4$

**11.67** a) $h = 12$ b) $h = 5$ c) $h = 6$

**11.68** Abstand: $d = 1$, Volumen: $V = 27$

**11.69** a) $\vec{n_1} = \vec{n_2} = (0|1|-1)$, $d \approx 3{,}54$ b) $\vec{n_1} = \vec{n_2} = (2|3|-1)$, $d \approx 0{,}27$

**11.70** a) $(3|2|1) \cdot (1|-1|-1) = 0$, $d \approx 2{,}31$
b) $(1|2|0) \cdot (2|-1|-1) = 0$, $d \approx 5{,}72$
c) $(2|1|2) \cdot (3|-4|-1) = 0$, $d \approx 3{,}73$
d) $(8|-5|5) \cdot (-5|3|11) = 0$, $d \approx 0{,}88$
e) $(1|2|2) \cdot (0|1|-1) = 0$, $d \approx 2{,}12$

**11.71** Ebene JKGH: $x + 4z = 16$
a) $d \approx 0{,}97$ b) $d \approx 3{,}88$ c) $\varphi \approx 14{,}04°$

**11.72** a) $d = 15$ b) $d = 9$ c) $d = 11$ d) $d = 18$ e) $d = \sqrt{54}$ f) $d = \sqrt{65}$

**11.73** a) $h_a \approx 3{,}84$, $h_b \approx 6{,}17$, $h_c \approx 8{,}49$ b) $h_a \approx 1{,}49$, $h_b \approx 2{,}98$, $h_c \approx 2{,}80$

**11.74** a) $h_{AB} \approx 9{,}16$, $h_{BC} \approx 7{,}36$, $h_{CA} \approx 7{,}63$ b) $h_{AB} \approx 10{,}00$, $h_{BC} \approx 11{,}28$, $h_{CA} \approx 9{,}67$

**11.75** 1) ca. 2,68 2) $A_{BGH} \approx 7{,}21$, $A_{ABGH} \approx 14{,}42$

**11.76** a) $\vec{g} \parallel \vec{h}$, $d \approx 1{,}70$ b) $\vec{g} \parallel \vec{h}$, $d \approx 2{,}90$

**11.77** a) $d = 3$ b) $d = 14$ c) $d = 9$ d) $d = 4$

**11.78** a) $x = 7$; $y = -1$; $z = 15$
b) $x = 12$; $y = 9$; $z = 7$
c) $x = -6$; $y = 0$; $z = 19$
d) $x = -6$; $y = 1{,}5$; $z = -11$
e) $x = \frac{59}{6}$; $y = -10{,}5$; $z = -13$
f) $x = -17$; $y = 0$; $z = 10$

**11.79** a) $x = -9$; $y = -1$; $z = 17$
b) $x = -17$; $y = -50$; $z = 15$
c) $x = 8$; $y = -16{,}5$; $z = 14$
d) $x = 4{,}5$; $y = 3$; $z = 12$
e) $x = -4$; $y = 17$; $z = -17{,}5$
f) $x = -17$; $y = 10{,}5$; $z = 3$
g) $x = 12{,}5$; $y = -18$; $z = -9$
h) $x = -19$; $y = -9$; $z = -9$
i) $x = 2{,}5$; $y = 14{,}5$; $z = -3$
j) $x = -6$; $y = 5{,}5$; $z = 11$
k) $x = -6$; $y = -1$; $z = 7$
l) $x = -14$; $y = -14$; $z = -5$

**11.80**
a) $x=-3,\ y=-1,\ z=-15$
b) $x=1,\ y=-1,\ z=3$
c) $x=-14,\ y=-18{,}5,\ z=-4$
d) $x=-1,\ y=3,\ z=5$
e) $x=-4,\ y=2,\ z=8$
f) $x=2,\ y=3,\ z=-1$
g) $x=-12,\ y=-11,\ z=-13$
h) $x=\frac{16}{37},\ y=\frac{87}{37},\ z=\frac{46}{37}$
i) $x=-12,\ y=-18,\ z=-18$
j) $x=-12,\ y=-10,\ z=-6$
k) $x=-2,\ y=-18,\ z=-18$
l) $x=4,\ y=-3,\ z=6$

**11.83**
a) Ja. A, B, C, D liegen in einer Ebene.
b) Nein. A, B, C, D liegen nicht in einer Ebene.

**11.84**
a) Punkt in $\mathbb{R}^3$
b) Gerade in $\mathbb{R}^3$
c) Punkt in $\mathbb{R}^3$
d) leer
e) Punkt in $\mathbb{R}^3$
f) leer
g) Ebene in $\mathbb{R}^3$
h) leer

**11.85**
a) Der 1. und 3. Gleichung entsprechen parallele Ebenen $E_1$ und $E_3$, die voneinander verschieden sind. Daher ist die Lösungsmenge des Gleichungssystems leer.
ZB: Änderung der 3. Gleichung in $x+4y+6z=11 \Rightarrow L=\{(1|4|-1)\}$
b) Den Gleichungen entsprechen 3 paarweise schneidende Ebenen $E_1$, $E_2$, $E_3$, wobei $E_3$ zur Schnittgeraden $g: X=(8|2|8)+t\cdot(2|4|5)$ von $E_1$ und $E_2$ parallel liegt und diese nicht enthält. Daher ist die Lösungsmenge des Gleichungssystems leer.
ZB: Änderung der 3. Gleichung in $6x+5y-6z=8 \Rightarrow L=\{(6|-2|3)\}$
c) Den Gleichungen entsprechen 3 paarweise schneidende Ebenen $E_1$, $E_2$, $E_3$, wobei $E_3$ zur Schnittgeraden $g: X=(1|5|-3)+t\cdot(2|-3|4)$ von $E_1$ und $E_2$ parallel liegt und diese nicht enthält. Daher ist die Lösungsmenge des Gleichungssystems leer.
ZB: Änderung der 3. Gleichung in $8x-10y-11z=-7 \Rightarrow L=\{(3|2|1)\}$

**11.86**
a) ZB: $\begin{cases} x=0 \\ y=0 \\ z=0 \end{cases}$ oder $\begin{cases} x+2y+3z=0 \\ x-2y-3z=0 \\ x+y+z=0 \end{cases}$
b) ZB: $\begin{cases} 3x+y=3 \\ 2x-z=2 \\ 2y+3z=0 \end{cases}$ oder $\begin{cases} x+y+z=1 \\ -x+y+2z=-1 \\ 2x+2y+2z=2 \end{cases}$
c) ZB: $\begin{cases} 3x+y=3 \\ 2x-z=1 \\ 2y+3z=2 \end{cases}$ oder $\begin{cases} x+y+z=1 \\ -x+y+2z=-1 \\ 2x+2y+2z=1 \end{cases}$

**11.87**
a) Fall 11.5a; $S=(4|-1|4)$
b) Fall 11.5a; $S=\left(\frac{35}{8}\middle|-\frac{5}{2}\middle|-\frac{5}{8}\right)$
c) Fall 11.5b; $E_1\cap E_2\cap E_3=\{X\in\mathbb{R}^3 \mid X=(2{,}5|0|0)+t\cdot(-1|1|0)\ \wedge\ t\in\mathbb{R}\}$
d) Fall 11.5c; $E_1\cap E_2\cap E_3=\emptyset$
e) Fall 11.5d mit $E_1 \parallel E_3$; $E_1\cap E_2\cap E_3=\emptyset$
f) Fall 11.5b; $E_1\cap E_2\cap E_3=\{X\in\mathbb{R}^3 \mid X=(2|0|3)+t\cdot(-1|1|-2)\ \wedge\ t\in\mathbb{R}\}$

**11.88**
a) Fall 11.5d mit $E_1=E_3$; $E_1\cap E_2\cap E_3=\{X\in\mathbb{R}^3 \mid X=(2|0|-1)+t\cdot(0|1|0)\ \wedge\ t\in\mathbb{R}\}$
b) Fall 11.5d mit $E_1 \parallel E_2$; $E_1\cap E_2\cap E_3=\emptyset$
c) Fall 11.5e mit $E_1=E_2=E_3$; $E_1\cap E_2\cap E_3=E_1=E_2=E_3$
d) Fall 11.5d mit $E_1 \parallel E_3$; $E_1\cap E_2\cap E_3=\emptyset$
e) Fall 11.5d mit $E_2=E_3$; $E_1\cap E_2\cap E_3=\{X\in\mathbb{R}^3 \mid X=(0|2|0)+t\cdot(0|4|1)\ \wedge\ t\in\mathbb{R}\}$
f) Fall 11.5e mit $E_1=E_3$; $E_1\cap E_2\cap E_3=\emptyset$

**11.89**
$E_1\cap E_2\cap E_3=\emptyset$ (Fall 11.5d)
$E_4\cap E_5\cap E_6=g$ (Fall 11.5d mit $E_4=E_6$)
$E_1\cap E_3\cap E_5=\emptyset$ (Fall 11.5d)
$E_2\cap E_3\cap E_5=g$ (Fall 11.5b)
$E_2\cap E_4\cap E_6=g$ (Fall 11.5d mit $E_4=E_6$)
$E_1\cap E_4\cap E_5=g$ (Fall 11.5b)
$E_1\cap E_2\cap E_5=\emptyset$ (Fall 11.5c)
$E_3\cap E_5\cap E_6=\emptyset$ (Fall 11.5c)

**11.90** Ein Richtungsvektor der Schnittgeraden von $E_1$ und $E_2$ ist gegeben durch $\vec{g} = (1|-1|-2)$.
$P \in E_1 \cap E_2 \Rightarrow P = (5|-1|-2)$
a) ZB: $E_3$: $x + y + z = 2$ (Denn $P \in E_3$ und $\vec{g}$ liegt zu $E_3$ schneidend.)
b) ZB: $E_3$: $5x + 3y + z = 20$ (Denn $P \in E_3$ und $\vec{g}$ liegt zu $E_3$ parallel.)
c) ZB: $E_3$: $5x + 3y + z = 10$ (Denn $P \notin E_3$ und $\vec{g}$ liegt zu $E_3$ parallel.)

**11.91** a) $\notin$ b) $\in$ c) $\in$ d) $\notin$ e) $\notin$ f) $\in$

**11.92** 1) Adam: $(1|0|1|0)$
Berger: $(2|1|0|0)$
Kullnig: $(1|0|2|0)$
Maier: $(0|1|1|1)$
Schmid: $(0|0|0|1)$

2) 1. Spiel: $(1|2|1|0|0)$
2. Spiel: $(0|1|0|1|0)$
3. Spiel: $(1|0|2|1|0)$
4. Spiel: $(0|0|0|1|1)$

**11.93** 1) $V' = (24|33{,}75|58{,}5|67{,}5|92{,}25)$, $R = (8|11{,}25|19{,}5|22{,}5|30{,}75)$
2) $V' = 0{,}75 \cdot V$, $R = 0{,}25 \cdot V$

**11.94** $G = S \cdot P$

**11.95** $G = B \cdot P$

**11.96** 1) $e = k \cdot \left(1 + \frac{p}{100}\right)^m$

2) Anfangskapitalvektor $K = (k_1|k_2|\dots|k_n)$, Endkapitalvektor $E = (e_1|e_2|\dots|e_n)$,
$E = \left(1 + \frac{p}{100}\right)^m \cdot K$

**11.97** $E = 1{,}2 \cdot (1{,}15 \cdot P + 5 \cdot I) = 1{,}38 \cdot P + 6 \cdot I$

**11.98** 1) $L = L_1 + L_2 = (2780|2795|1872|1701|2836|2669)$
2) $g = (L_1 + L_2) \cdot P = 18\,889{,}41$ (€)
3) $m = (L_1 + L_2) \cdot M = 348\,330$ (g)
4) $L_1 + L_2 - B = (1550|1695|972|901|886|1169)$ = Anzahl der in beiden Lagern nach Auslieferung der bestellten Packungen verbleibenden Packungen.
5) $B \cdot P = 9703{,}20$ = Gesamtpreis der bestellten Packungen
$(L_1 + L_2 - B) \cdot P = 9186{,}21$ = Gesamtpreis der verbleibenden Packungen

**11.99** 1) $A = (a_1|a_2|\dots|a_n)$, $B = (b_1|b_2|\dots|b_n)$, $P = (p_1|p_2|\dots|p_n)$, $Q = (q_1|q_2|\dots|q_n)$
$g = A \cdot P + B \cdot Q$
2) $g' = 1{,}1 \cdot 0{,}95 \cdot (A \cdot P + B \cdot Q) = 1{,}045 \cdot (A \cdot P + B \cdot Q)$ bzw. $g' = 1{,}045 \cdot g$
Der Gesamterlös hat um 4,5 % zugenommen.
3) $g' - g$ = Zunahme des Gesamterlöses,
$\frac{g' - g}{g}$ = prozentuelle Zunahme des Gesamterlöses

**11.100** a) ja (Siehe Seite 176!) b) nein

**11.101** a) ja (Siehe Seiten 179–180!) b) ja (Siehe Seite 181!)

**11.102** Jedem Paar $(u|v)$ reeller Zahlen entspricht genau ein Punkt der Ebene $E: X = P + u \cdot \vec{a} + v \cdot \vec{b}$.
Umgekehrt entspricht jedem Punkt der Ebene genau ein Paar $(u|v)$ reeller Zahlen.

**11.103** a) Siehe Seite 177! b) Siehe Seite 185! c) Siehe Seiten 187–188!

**11.104** a) Siehe Seite 178! b) Siehe Seite 186! c) Siehe Seite 189!

**11.105** a) Siehe Seite 190! c) Siehe Seite 191! e) Siehe Seite 192!
b) Siehe Seite 191! d) Siehe Seite 190! f) Siehe Seite 192!

**11.107** 1) Für g: $X = (-4|0|2) + t \cdot (1|-2|-2)$ entspricht U der Parameterwert $t = 3$.
2) ZB: g: $X = (-4|0|2) + t \cdot (-1|2|2)$ oder g: $X = (-5|2|4) + t \cdot (-3|6|6)$ oder
g: $X = (-3|-2|0) + t \cdot (1|-2|-2)$;
Weitere Punkte von g sind zB: $(0|-8|-6)$, $(-5|2|4)$, $(-6|4|6)$
3) ZB: $h_1$: $(-1|-5|-4) + t \cdot (3|-5|-6)$
4) $h_2$: $(-1|-5|-4) + t \cdot (1|-2|-2)$; Abstand: $d = \frac{\sqrt{5}}{3} \approx 0{,}745$

**11.108** ☒ ☐ ☒ ☐ ☐
$g_1 \cap g_2 = \{(-2|1|-3)\}$ $g_5 \cap g_6 = \{(-8|-5|4)\}$ $g_4 \cap g_6 = \emptyset$ (windschief)
$g_3 \cap g_4 = \emptyset$ (windschief) $g_2 \cap g_3 = \emptyset$ (windschief)

**11.109** a) g und h haben keinen Schnittpunkt und sind nicht zueinander parallel.
b) Neuer Richtungsvektor von g: $(4|2|-4)$, Schnittpunkt: $(-3|-1|10)$

**11.110** a) $2x + 7y - 5z = 51$ b) $4x - 5y + z = -28$ c) $x + 3y - 7z = -28$

**11.111** a) $A = (0|0|0)$, $B = (4|0|0)$, $C = (4|4|0)$, $D = (0|4|0)$,
$E = (0|0|4)$, $F = (4|0|4)$, $G = (4|4|4)$, $H = (0|4|4)$
b) Der Würfel hat 9 Symmetrieebenen, und zwar:
$m_{AB}$: $x = 2$, $m_{AD}$: $y = 2$, $m_{AE}$: $z = 2$, $E_{AFGD}$: $x - z = 0$, $E_{BCHE}$: $x + z = 4$,
$E_{ABGH}$: $y - z = 0$, $E_{CDEF}$: $y + z = 4$, $E_{ACGE}$: $x - y = 0$, $E_{BDHF}$: $x + y = 4$

**11.112** ☐ ☐
☒ ☐

**11.113** ☐ ☒
☐ ☒

**11.114** a) $E_1$: $-x + 4y - 8z = 9$ b) $d = 2$

**11.115** ☐ ☒ ☐ ☒ ☒

**11.116** ☐ ☐ ☐ ☒ ☐

**11.117** ☒ ☐ ☐ ☐

**11.118** AB: $X = (1|-2|0) + t \cdot (3|2|0)$ BC: $X = (4|0|0) + t \cdot (-2|3|1)$
AC: $X = (1|-2|0) + t \cdot (1|5|1)$ BD: $X = (4|0|0) + t \cdot (-2|1|4)$
AD: $X = (1|-2|0) + t \cdot (-1|4|8)$ CD: $X = (2|3|1) + t \cdot (-2|-1|7)$
a) ca. 3,56 b) ca. 3,53 c) ca. 1,98

**11.119** $E_3$: $7x + 4y + 13z = 42$; $E_1 \cap E_2 \cap E_3 = \{(3|2|1)\}$

**11.120** a) h: $X = (6|3|2) + t \cdot (4|-3|0)$
b) h: $X = (6|3|2) + t \cdot (5|0|3)$
c) h: $X = (6|3|2) + t \cdot (0|5|4)$

**11.121** a) $u = 0{,}5 \wedge v = 0$ d) $0 \leq u \leq 1 \wedge v = 0$
b) $u = 0 \wedge v = 0{,}5$ e) $u = 0 \wedge 0 \leq v \leq 1$
c) $u = 0{,}5 \wedge v = 0{,}5$ f) $0 \leq u, v \leq 1 \wedge u + v = 1$

# 12 Beschreibende Statistik

**12.01** 1)

| Punkteanzahl | 0 | 1 | 2 | 3 | 4 | 5 | 6 | 7 | 8 | 9 | 10 |
|---|---|---|---|---|---|---|---|---|---|---|---|
| abs. Häufigkeit | 1 | 1 | 0 | 2 | 4 | 7 | 8 | 12 | 10 | 9 | 6 |
| rel. Häuf. in % ca. | 1,7 | 1,7 | 0 | 3,3 | 6,7 | 11,7 | 13,3 | 20 | 16,7 | 15,0 | 10,0 |

2)

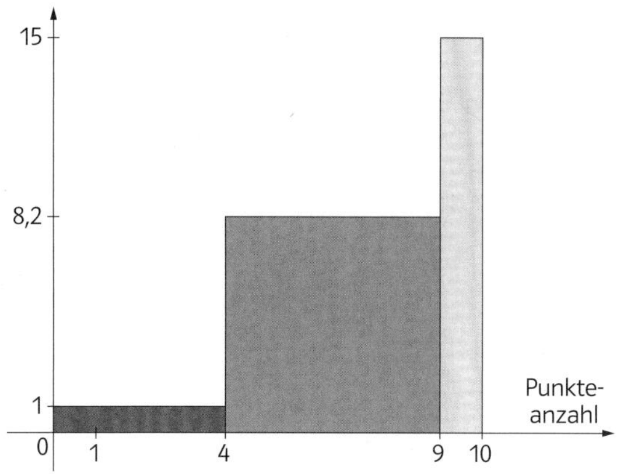


**12.02** 1)

| | abs. Häufigkeit der Stimmen |
|---|---|
| Partei A | 87500 |
| Partei B | 75000 |
| Partei C | 37500 |
| Partei D | 12500 |
| ungültig | 37500 |

2) **Verteilung der Wählerstimmen**

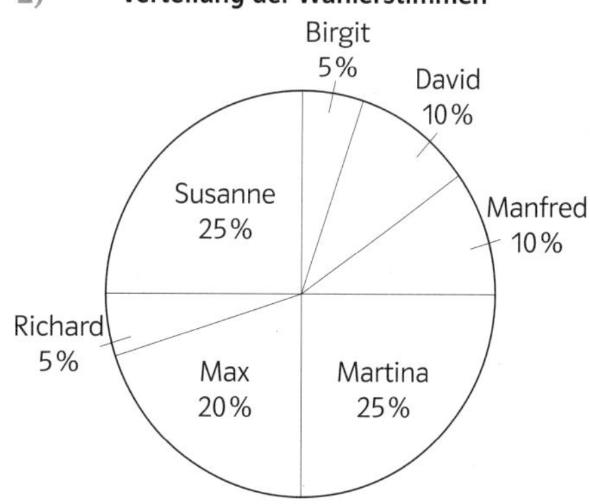


**12.03**

| | 1) abs. Häufigkeit der Stimmen | 2) rel. Häufigkeit der Stimmen |
|---|---|---|
| Birgit | 1 | 5% |
| David | 2 | 10% |
| Manfred | 2 | 10% |
| Martina | 5 | 25% |
| Max | 4 | 20% |
| Richard | 1 | 5% |
| Susanne | 5 | 25% |

**12.05**

| | Allgemeinbildende | Technische | Kaufmännische | Wirtschaftsberufliche | Landwirtschaftliche | Lehrerbildende | |
|---|---|---|---|---|---|---|---|
| | Schulen | | | | | | Summe |
| abs. Häuf. | 17343 | 9611 | 6676 | 4653 | 691 | 1843 | 40817 |
| rel. Häuf. in % ca. | 42,5% | 23,5% | 16,4% | 11,4% | 1,7% | 4,5% | 100,0% |

Kreisdiagramm:

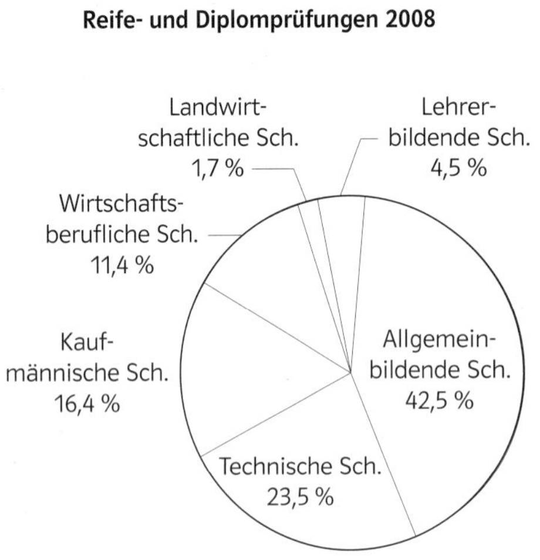


Histogramm:

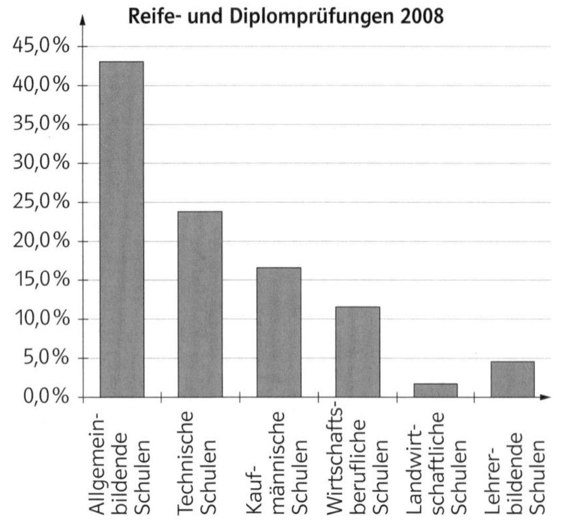


Prozentstreifen:

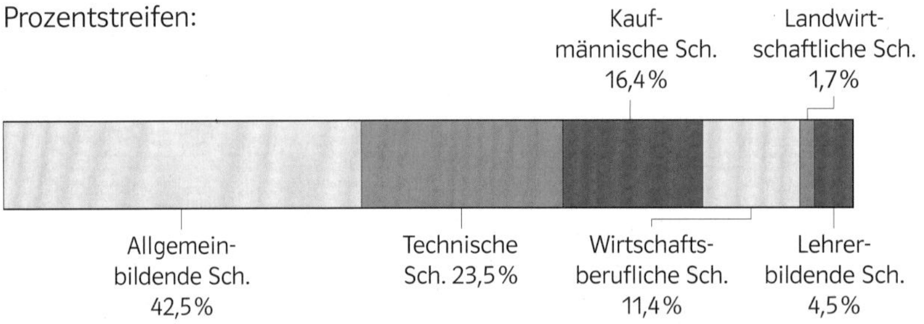


**12.06**

| Klasse | absolute Häufigkeit |
|---|---|
| [60; 75[ | 0 |
| [75; 85[ | 3 |
| [85; 95[ | 6 |
| [95; 100[ | 8 |
| [100; 105[ | 9 |
| [105; 115[ | 8 |
| [115; 125[ | 3 |
| [125; 140[ | 3 |

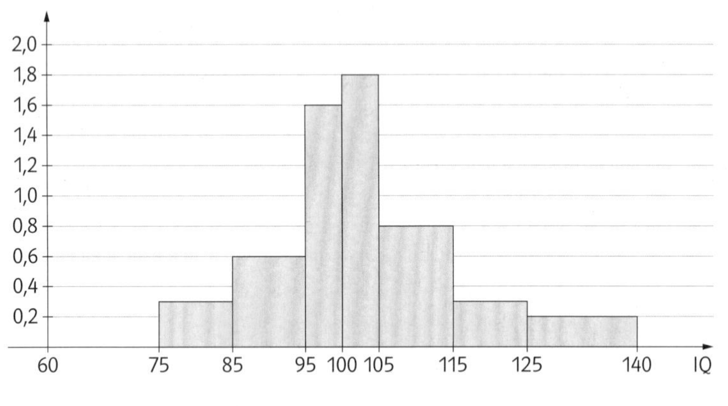


**12.07** **1)**

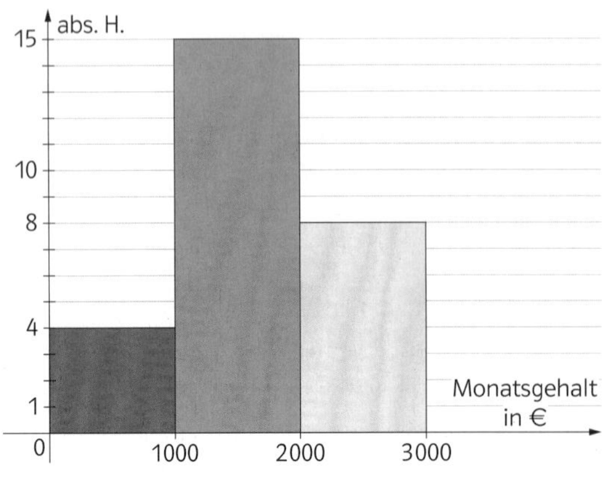


**2)**

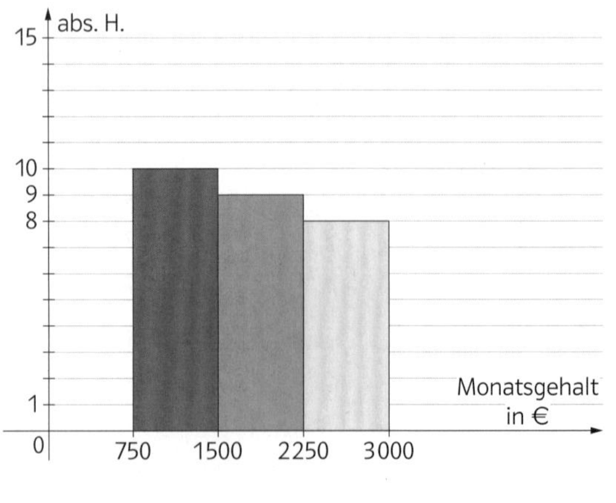

3) Die Arbeitnehmerinnen und Arbeitnehmer werden bei Lohnverhandlungen das Histogramm aus 1) zur Unterstützung ihrer Forderungen einsetzen, denn dieses Histogramm verstärkt den Eindruck, dass eine große Zahl von Arbeitnehmerinnen und Arbeitnehmern nur „durchschnittlich" oder „unterdurchschnittlich" verdient.

**12.08** Die linke Grafik stellt den Sachverhalt korrekt dar, denn dem doppelt so hohen Monatsverdienst in Abteilung B entspricht in der Grafik der doppelt so hohe Stapel aus gleichartigen Münzen.
Die rechte Grafik stellt den Sachverhalt nicht korrekt dar, denn dem doppelt so hohen Monatsverdienst entspricht in der Grafik ein Geldschein mit doppelter Länge und doppelter Breite, also vierfachem Flächeninhalt. Der Flächeninhalt aber ist die für den visuellen Vergleich entscheidende Größe, daher vermittelt diese Grafik den falschen Eindruck, dass der Monatsverdienst in Abteilung B viermal so groß wie in Abteilung A ist.

**12.09** 1) Die Grafik stellt den Sachverhalt nicht korrekt dar, ua. weil die Volumina der Müllkübel auf den Betrachter unverhältnismäßig stark wirken.
2) Nimmt man für den ersten Müllkübel $r = 2$ und $h = 5$ sowie für den letzten Müllkübel $r = 5$ und $h = 15$ an, ergibt sich: Die Volumina der Müllkübel wachsen von 2007 bis 2011 ungefähr auf das 18,75-Fache an, während die Müllmenge in diesem Zeitraum nur ungefähr auf das 5,6-Fache angewachsen ist. Die Volumina der Müllkübel nehmen also von 2007 bis 2011 um ca. 1775 % zu, während die Müllmenge in diesem Zeitraum nur um ca. 460 % zugenommen hat.

**12.10** 1) Die linke Grafik vermittelt den Eindruck, dass die Pro-Kopf-Müllmenge zwischen den Jahren 1997 und 2001 stark angestiegen ist und in den Folgejahren deutlich schwankte.
Die rechte Grafik vermittelt den Eindruck, dass die Pro-Kopf-Müllmenge zwischen den Jahren 1997 und 2001 wenig angestiegen ist und in den Folgejahren kaum schwankte.
2) Die unterschiedlichen Interpretationen werden dadurch verursacht, dass die linke Grafik die Entwicklung der Pro-Kopf-Müllmengen vom Niveau 510 kg aus darstellt, die rechte Grafik aber vom Niveau 0 kg.
3) Die rechte Abbildung erscheint besser, weil die linke Grafik die Zunahme der Müllmenge übertrieben darstellt.

**12.11** Die Grafik erzeugt keinen korrekten Eindruck, denn für die Länder Italien, Spanien und Rumänien wurde der zugehörige Balken durch Unterbrechungen optisch verkürzt.

**12.12** Der falsche Eindruck wird dadurch hervorgerufen, dass sich die einzelnen Säulen auf unterschiedliche Bezugsgrößen beziehen, die vireninfizierten E-Mails aber stets durch ein blaues Blatt dargestellt werden.

**12.13** 1) Die linke Abbildung gibt den Verlauf der Absatzzahlen besser wieder, weil die rechte Abbildung die unterschiedlichen Absatzzahlen zu stark nivelliert.
2) Logarithmische Skalen nivellieren die Unterschiede, weil kleine Säulenhöhen vergrößert und große Säulenhöhen verkleinert werden.

**12.16** Modus = 7, Median = 7, arithmetisches Mittel = 6,85

**12.17**

| | | | |
|---|---|---|---|
| a) | Modus = 5; | Median = 4,5; | arithmetisches Mittel = 4 |
| b) | Modus = 11; | Median = 9,5; | arithmetisches Mittel ≈ 7,71 |
| c) | Modus = 4; | Median = 6; | arithmetisches Mittel ≈ 6,37 |
| d) | Modi: −7 und 6; | Median = 6; | arithmetisches Mittel ≈ 0,55 |

**12.18** 1) Modus = 18; Median = 20,5; arithmetisches Mittel ≈ 25,36
2) Ein Schulweg, der 75 min dauert, kann als Ausreißer gelten. Das arithmetische Mittel unter Einbeziehung dieses Ausreißers ist daher kein geeignetes Zentralmaß.

**12.19**
a) Modus = 3; Median = 3; arithmetisches Mittel = 3
b) Modi: −7 und 7; Median = 0; arithmetisches Mittel = 0
c) Modus = −1; Median = −1; arithmetisches Mittel ≈ −0;11
d) Modi: 2, 4, 6, 8, 10, 12; Median = 7; arithmetisches Mittel = 7

**12.20**

| | nie | manchmal | immer |
|---|---|---|---|
| Der Mittelwert ist ein Wert der Datenliste. | | x | |
| Der Modus ist ein Wert der Datenliste. | | | x |
| Der Median ist ein Wert der Datenliste. | | x | |

**12.21**

| | Modus | Median | Mittelwert ca. |
|---|---|---|---|
| 1 .Schularbeit | 3 | 3 | 2,58 |
| 2. Schularbeit | 2 | 2,5 | 2,79 |

Aufgrund der verwendeten Zentralmaße kann man hinsichtlich der Frage, welche Schularbeit besser ausgefallen ist, zu einander entgegen gesetzten Antworten kommen. Die persönliche Interessenlage entscheidet letztlich, welche Antwort man bevorzugt.

**12.22**

| | arithmetisches Mittel sinnvoll | alternativ sinnvoll |
|---|---|---|
| (1) Temperatur | x | |
| (2) Lebensalter | x | |
| (3) Haarfarbe | | Modus |
| (4) Alter | x | |
| (5) Familieneinkommen | x | |
| (6) Einwohnerzahl | x | |
| (7) Güteklasse eines Lebensmittels | | Median |
| (8) Rangplatz in einer Fußballliga | | Median |
| (9) Zeitdauer | x | |
| (10) Familienstand | | Modus |
| (11) Kinderzahl | | Median |
| (12) Gewicht | x | |

**12.23**

| | Median | Mittelwert |
|---|---|---|
| vor der Lohnerhöhung | 1700 € | 2135 € |
| nach der Lohnerhöhung | 1700 € | 2247,50 € |
| prozentuelle Zunahme | 0 % | Ca. 5,3 % |

**12.24** Quartile: $q_1 = 2$; Median: $q_2 = 4$; $q_3 = 5,5$; Quartilabstand = 3,5; Spannweite = 8

| | | | |
|---|---|---|---|
| | 4 | | |
| 2 | | 5,5 | 3,5 |
| 1 | | 9 | 8 |

**12.25** 1) Stängel-Blatt-Diagramm:

| Zehnerziffer | Einerziffer |
|---|---|
| 5 | 5, 7, 9 |
| 6 | 1, 1, 4, 7, 9 |
| 7 | 1, \| 7, 8 |
| 8 | 5, 8, 8, 9 |
| 9 | 9, 4 |
| 10 | 3 |

2) $q_1 = 61$, $q_2 = 74$, $q_3 = 88$

**12.26** **1)** $q_1 = 9{,}45$; $q_2 = 11{,}5$; $q_3 = 14{,}6$

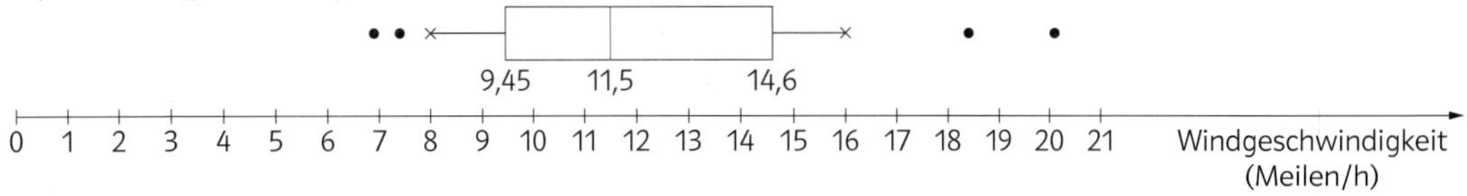


**2)** Wir teilen die Daten in die Klassen $[\min, q_1[$, $[q_1, q_2[$, $[q_2, q_3[$, $[q_3, \max]$ ein.

| Klasse | absolute Häufigkeit |
|---|---|
| [6,9; 9,45[ | 7 |
| [9,45; 11,5[ | 5 |
| [11,5; 14,6[ | 10 |
| [14,6; 20,1] | 7 |

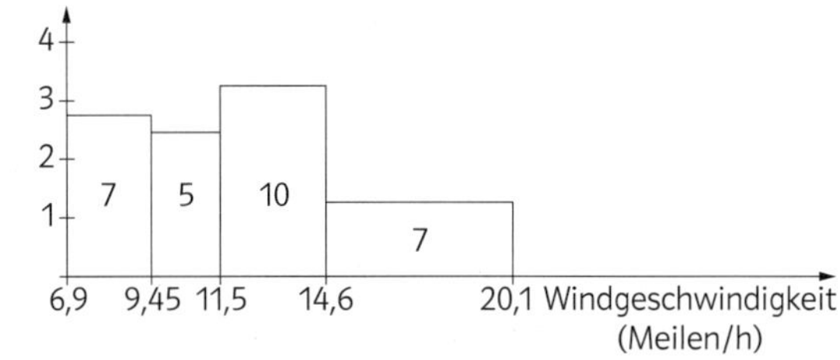


**3)** Am ehesten werden sich Piloten für den Median, $q_3$ und max interessieren.

**12.27** **a)** 50 % der Kunststudierenden benötigen für ihr Studium 14 bis 17 Semester.
**b)** 75 % aller Wirtschaftsstudierenden benötigen für ihr Studium länger als 10 Semester.
**c)** Im Mittel studieren Kunststudierende um 4 Semester länger als Wirtschaftsstudierende.
**d)** Studiendauern über 14 Semester sind bei Wirtschaftsstudierenden extreme Einzelfälle.
**e)** Nur 25 % aller Kunststudierenden beenden ihr Studium in höchstens 14 Semestern.

**12.28** **1)** Stängel-Blatt-Diagramm für die Knaben:

| Zehner | Einer |
|---|---|
| 16 | 7 |
| 17 | 3, 6, \| 8, 9 |
| 18 | 0, 0, 0, 3, 4, 5, 6, 7, 8 |
| 19 | 0 |

Stängel-Blatt-Diagramm für die Mädchen:

| Zehner | Einer |
|---|---|
| 15 | 9 |
| 16 | 4, 4, 5, 5, 7, 8, 9, 9, 9 |
| 17 | 2, 2, 2, 4, 6 |

**2)** Median der Körpergröße der Knaben = 180 cm
Median der Körpergröße der Mädchen = 169 cm
Unterschied = 11 cm

**3)** Fünfzahlenzusammenfassungen:

Körpergröße der Knaben:

| | | |
|---|---|---|
| 180 | | |
| 178 | 186 | 8 |
| 165 | 190 | 25 |

Körpergröße der Mädchen:

| | | |
|---|---|---|
| 169 | | |
| 165 | 172 | 8 |
| 159 | 176 | 17 |

Die Körpergröße der Knaben übertrifft die Körpergröße der Mädchen sowohl hinsichtlich Quartilabstand als auch hinsichtlich der Spannweite. Dh. die Körpergrößen der Knaben streuen stärker als die Körpergrößen der Mädchen.

**4)**

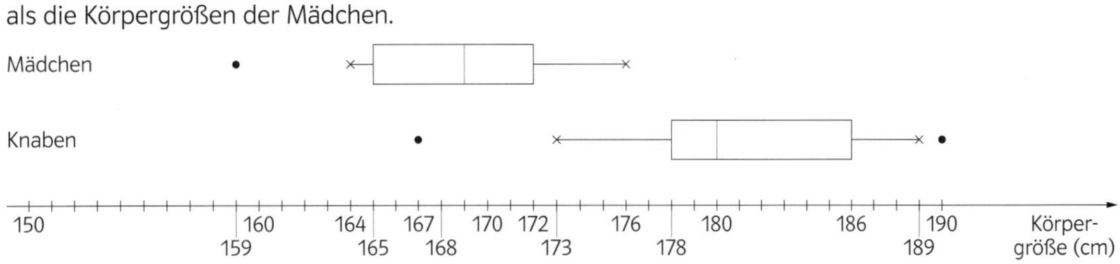


Etwas mehr als 75 % der Knaben sind größer als das größte Mädchen. Fast alle Knaben übertreffen die größten 25 % der Mädchen.

**12.29** 578

**12.31** Mittelwert = 2,7; Standardabweichung ≈ 1,108

**12.32** 1) Mittelwert = 38,85 mm; Standardabweichung $s \approx 1{,}11$ mm
2) Die Maschine ist vermutlich nicht richtig justiert. Der Großteil der Schrauben ist zu kurz.

**12.33** 1) Mittelwert = 500,5 g; Standardabweichung $s \approx 8{,}3$ g
2) prozentuelle Abweichung von der Sollmasse ≈ 0,1% zu Lasten des Herstellers
3) Die Abfüllanlagen sind mit einer Abweichung von ca. 0,1% vom Sollwert richtig justiert. Geht man davon aus, dass der „Großteil" der Daten im Intervall $[500 - s; 500 + s]$ liegt, dann kann man vermuten: Der „Großteil" der Füllmengen weicht um höchstens 1,7% von der Sollmasse ab. Das kann als akzeptabler Produktionsfehler gelten.

**12.34** 1) Mittelwert $\bar{x} = 275{,}05$ N/mm²; Standardabweichung $s \approx 16{,}64$ N/mm²
2) Nur einer der 20 Probestäbe, dh. 5% der Probestäbe müssen als Ausschuss gelten. Die Abnehmerforderung ist daher erfüllt.

**12.35** (1) Falsch, denn gleicher Mittelwert bedeutet im Allgemeinen nicht gleicher Median.
(2) Richtig, denn bei gleichem Mittelwert bedeutet größere Standardabweichung größere Streuung.
(3) Falsch, denn über die zugrunde liegende Anzahl der Daten sagen statistische Kenngrößen nichts aus.
(4) Richtig, denn im Allgemeinen liegt der Großteil der Daten im Intervall $[\bar{x} - s; \bar{x} + s]$.
(5) Falsch, denn über einzelne Daten geben statistische Kenngrößen keine Auskunft.

**12.36** 1) Mittelwert ≈ 102,3; Modus = 96; $s \approx 12{,}41$ 2) Mittelwert = 103; Modus = 102,5; $s \approx 12{,}96$
3) Der Unterschied ergibt sich durch den Informationsverlust bei der Zusammenfassung von Einzeldaten in Klassen.

**12.37** 1) 1200 €
2) täglicher Tagesumsatz ≈ 5628,6 €, empirische Standardabweichung $s \approx 844{,}7$ €; Spannweite der Umsätze = 1800 €

**12.38** Keine der angeführten Aussagen kann aus den angegebenen Daten geschlossen werden.

**12.40** 1)

| | | Neuropathie ja | Neuropathie nein | Summe |
|---|---|---|---|---|
| Gruppe | Intervention | 21 | 294 | 315 |
| | Kontrolle | 52 | 255 | 307 |
| | Summe | 73 | 549 | 622 |

2) In die Studie wurden insgesamt 622 Personen einbezogen. Die Kontrollgruppe umfasste 315 Personen. 73 Personen entwickelten im Laufe des Beobachtungszeitraums eine Neuropathie.
3) Unter allen in die Studie einbezogenen Personen entwickeln $\frac{549}{622} \approx 88{,}3\,\%$ im Beobachtungszeitraum keine Neuropathie, in der Interventionsgruppe aber sind es $\frac{294}{315} \approx 93{,}3\,\%$. Man kann also vermuten, dass zwischen verstärkter Insulintherapie und Vermeidung einer Neuropathie ein positiver statistischer Zusammenhang besteht.

**12.41**

| | Leistung gut | Leistung schlecht | Summe |
|---|---|---|---|
| mit neuer Methode (6a) | 17 | 13 | 30 |
| mit bisheriger Methode (6b) | 16 | 12 | 28 |
| Summe | 33 | 25 | 58 |

Unter den nach der neuen Methode unterrichteten SchülerInnen erbrachten $\frac{17}{30} \approx 56{,}7\%$ gute Leistungen und $\frac{13}{30} \approx 43{,}3\,\%$ schlechte Leistungen. Im Vergleich dazu wiesen die SchülerInnen, die nach der bisherigen Methode unterrichtet worden waren, zu $\frac{16}{28} \approx 57{,}1\%$ gute Leistungen und zu $\frac{12}{28} \approx 42{,}9\,\%$ schlechte Leistungen auf. Zwischen den beiden Gruppen gibt es hinsichtlich der Testleistungen nahezu keine Unterschiede, sodass auf die Verbesserung der Leistungen durch den Einsatz der neuen Lehrmethode nicht geschlossen werden kann.

**12.42**

| | Fahrrad | kein Fahrrad | Summe |
|---|---|---|---|
| Mofa | 72 | 18 | 90 |
| kein Mofa | 648 | 162 | 810 |
| Summe | 720 | 180 | 900 |

**12.43** **1)**

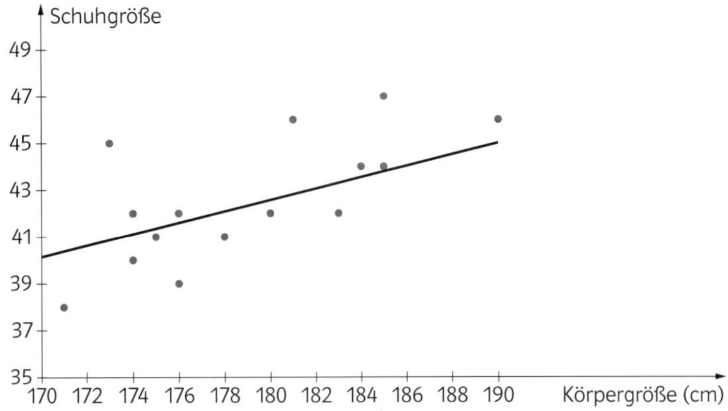


**2)**

| | | Schuhgröße | | | |
|---|---|---|---|---|---|
| | | bis 40 | 41 bis 42 | 43 bis 44 | ab 45 |
| Körpergröße (cm) | bis 174 | 3 | 1 | | 1 |
| | 175 bis 177 | 1 | 2 | | |
| | 178 bis 183 | 1 | 2 | | 1 |
| | ab 184 | | | 2 | 2 |

**3)** Zwischen Körpergröße und Schuhgröße kann man einen positiven statistischen Zusammenhang erkennen.

**12.44**

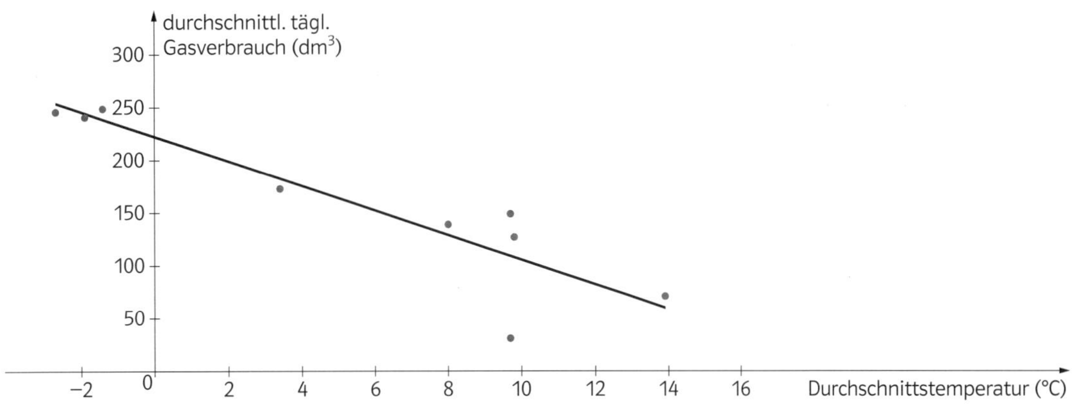


Für die untersuchte Wohnung lässt sich zwischen der Außendurchschnittstemperatur und dem durchschnittlichen täglichen Gasverbrauch ein negativer statistischer Zusammenhang erkennen. Der Datenpunkt (9,7; 31) zum Monat Juni kann als Ausreißer gelten. Trotz relativ niedriger Außentemperatur ist der Gasverbrauch gering, denn die Bereitschaft zu heizen ist im Juni in der Regel eher gering.

**12.45** **1)**

| | | wöchentliche Freizeit | |
|---|---|---|---|
| | | weniger als 20 h | mindestens 20 h |
| E-Note | unter 2,5 | 6 | 5 |
| | ab 2,5 | 7 | 11 |

| | | wöchentliche Freizeit | |
|---|---|---|---|
| | | weniger als 20 h | mindestens 20 h |
| BIU-Note | unter 2,5 | 11 | 7 |
| | ab 2,5 | 2 | 9 |

**2)** In das linke Streudiagramm lässt sich eine Passgerade nicht sinnvoll eintragen.
In das rechte Streudiagramm dagegen kann man eine Passgerade sinnvoll eintragen, denn es lässt sich ein tendenzieller Zusammenhang von Biologie-Note und wöchentlicher Freizeit erkennen.

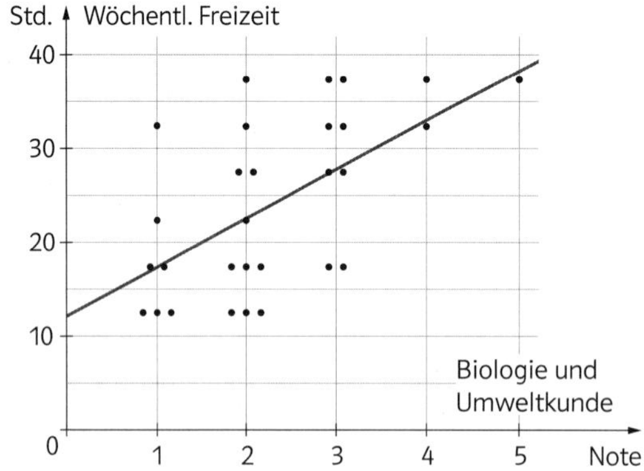


**3)** Die Unterschiede der beiden Diagramme könnten durch ein drittes Merkmal bedingt sein, nämlich den Lernaufwand. Erhöhter Lernaufwand verringert die wöchentliche Freizeit und verbessert im Allgemeinen die Note. Dieser Effekt ist bei den Befragten in Biologie und Umweltkunde stärker zu bemerken als in Englisch. Man könnte daraus schließen, dass Lernen bei den Befragten in Biologie und Umweltkunde mehr gebracht hat als in Englisch.

**12.46** **1)**

| | | | | | | | | | | | | | | | | | | | | |
|---|---|---|---|---|---|---|---|---|---|---|---|---|---|---|---|---|---|---|---|---|
| Punktezahl Test 1 | 1 | 2 | 2 | 3 | 3 | 3 | 4 | 4 | 5 | 5 | 5 | 6 | 6 | 7 | 7 | 8 | 8 | 9 | 10 | 10 |
| Punktezahl Test 2 | 1 | 2 | 3 | 3 | 4 | 5 | 1 | 3 | 4 | 6 | 8 | 4 | 8 | 5 | 8 | 6 | 8 | 7 | 8 | 9 |

**2)**

Test 1
5
3 7,5 4
1 10 9

Test 2
5
3 8 5
1 9 8

**3)**

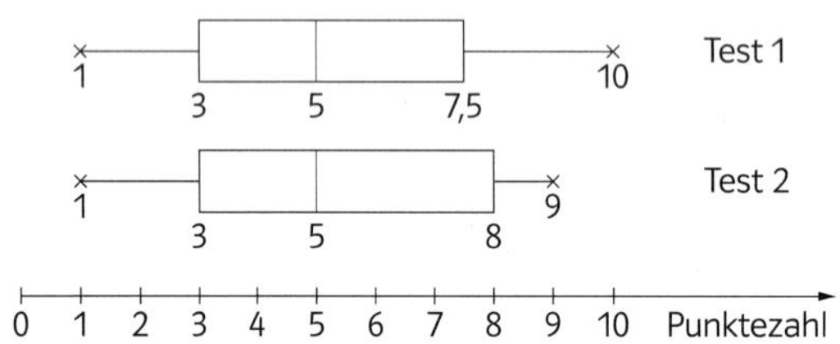


**4)**

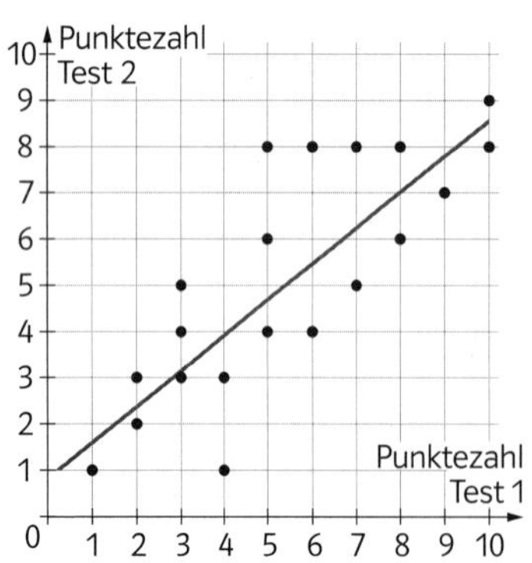


**5)** Zwischen den Ergebnissen der beiden Kopfrechentests besteht tendenziell ein positiver statistischer Zusammenhang, den man durch ein lineares Modell beschreiben kann.
Einen solchen Zusammenhang wird man auch erwarten, wenn beide Tests tatsächlich die Kopfrechenfähigkeiten der Versuchspersonen testen.

**12.48** 1) $\bar{x} = 5{,}20$; $\bar{y} = 6{,}40$; $s_x^2 \approx 6{,}96$; $s_y^2 \approx 3{,}24$; $s_x \approx 2{,}64$; $s_y \approx 1{,}80$;
Aus $s_x > s_y$ folgt, dass das Merkmal X stärker um seinen Mittelwert streut als das Merkmal Y um seinen Mittelwert.

2) $s_{xy} \approx +3{,}72$; daraus folgt, dass es zwischen X und Y einen tendenziell positiven Zusammenhang gibt.

**12.49** 1) 19 Schweine wurden täglich mit 6,5 kg Futtermittel gemästet und nahmen dadurch in einem Monat um 5 kg an Gewicht zu.

2)

| | | Gewichtszunahme (in kg) | | | |
|---|---|---|---|---|---|
| | | 4,5 | 5 | 5,5 | Summe |
| Futtermenge (in kg) | 6 | 15 | 18 | 16 | 49 |
| | 6,5 | 12 | 19 | 20 | 51 |
| | Summe | 27 | 37 | 36 | 100 |

3) Die Zeilensumme in der 1. Zeile gibt an, dass 49 Schweine täglich mit 6 kg Futtermittel gemästet wurden. Die Spaltensumme in der 2. Spalte bedeutet, dass 37 Schweine nach einem Monat eine Gewichtszunahme von 5 kg aufweisen.

4) ca. 6,26 kg 5) ca. 5,05 kg 6) ca. 5,01 kg 7) ca. 6,26 kg

8) empirische Kovarianz ≈ 0,008 525 ≈ 0. Die Qualität des Futtermittels ist also nicht zufrieden stellend, weil eine Erhöhung der Futtermenge zu keiner tendenziellen Gewichtszunahme führt.

**12.50** $s_{xy} = \frac{1}{n} \cdot \Sigma x_i \cdot y_i - \bar{x} \cdot \bar{y} = \frac{1}{n} \cdot \Sigma y_i \cdot x_i - \bar{y} \cdot \bar{x} = s_{yx}$

**12.52** 1) Schwerpunkt (165 | 55)

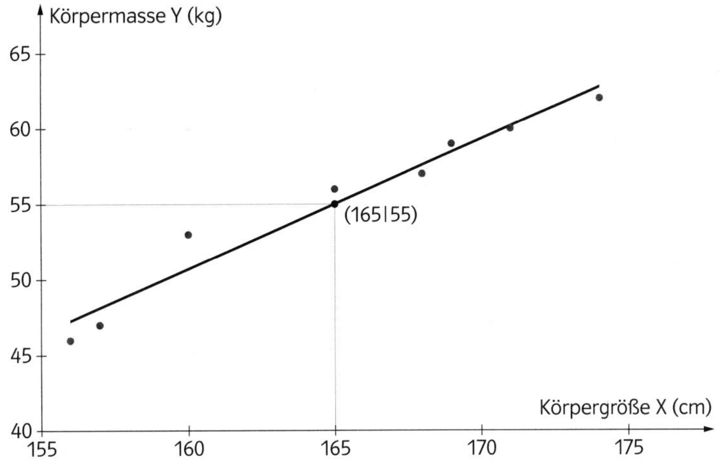


2) yx-Regressionsgerade: $y \approx 0{,}865 \cdot x - 87{,}788$

3) Schätzung für die Körpermasse eines 180 cm großen Schülers ≈ 68 kg

**12.53** 1)

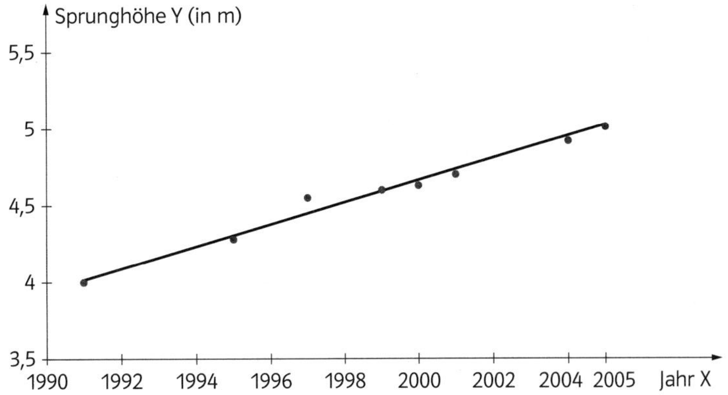


2) yx-Regressionsgerade: $y \approx 0{,}0698 \cdot x - 134{,}9440$

**3)** Aufgrund der Regressionsgerade wäre für 2020 eine Weltrekordsprunghöhe von 6,05 m zu erwarten. Dieses Ergebnis ist nicht realistisch, weil die für eine solche Sprunghöhe notwendige Anlaufgeschwindigkeit von Frauen faktisch nicht erreicht werden kann.

**12.54** **a)** Summe der Abstandsquadrate für die Regressionsgerade $\approx 1{,}67$
**b)** Summe der Abstandsquadrate für die Gerade mit der Gleichung $y = 0{,}8x + 1{,}7 = 2{,}86 > 1{,}67$

**12.56** $r_{xy} \approx 0{,}77$ Dieser hohe positive Wert des Korrelationskoeffzienten weist auf einen starken positiven, linearen Zusammenhang hin, dh. die Zunahme des durchschnittlichen Benzinverbrauchs bei steigender Motorleistung kann durch eine lineare Regressionsfunktion gut beschrieben werden.

**12.57** $r_{xy} \approx -0{,}95$ Dieser niedrige negative Wert des Korrelationskoeffzienten weist auf einen sehr starken negativen, linearen Zusammenhang hin, dh. mit steigender Punktezahl im Angsttest nimmt die Punktezahl im Leistungstest nahezu linear ab.

**12.58** **a)** $r_{xy} = 1$ **b)** $r_{xy} = 0$ **c)** $r_{xy} \approx -0{,}81$ **d)** $r_{xy} \approx 0{,}93$

**12.59** $r_{xy} = \frac{s_{xy}}{s_x \cdot s_y} = \frac{s_{yx}}{s_y \cdot s_x} = r_{yx}$

**12.60** Siehe Seiten 204–206!

**12.61** Siehe Seiten 210 und 211!

**12.62** Siehe Seite 214!

**12.63** Siehe Seite 216!

**12.64** **a)** Siehe Seite 219! **b)** Siehe Seite 221!

**12.66** **1)** Der Mittelwert der Füllmengen der Stichproben beträgt auf beiden Maschinen 75 ml. Man kann daher vermuten, dass die beiden Maschinen im Mittel 75 ml abfüllen.
**2)** Die Maschine A arbeitet im Mittel ein wenig präziser, denn in den gezogenen Stichproben beträgt die Standardabweichung der Füllmengen bei Maschine A nur ca. 1,6 ml, bei der Maschine B aber ca. 1,7 ml.

**12.67** **1)**

| Hunderterziffer | Zehnerziffer |
|---:|---|
| 0 | 4, 4, 5, 6, 7, 7, 8, 8, 9 |
| 1 | 0, 1, 2, 3, 4, 4, 5, 5, 5, 8, 8, 8, 9, 9 |
| 2 | 1, 2, 3, 3, 5 |
| 3 | 0, 0, 0, 0, 1, 5, 6, 7 |
| 4 | 3, 6, 8 |
| 5 | 4, 9 |
| 6 | 4, 7 |
| 7 | 4, 7 |
| 8 | 0, 2, 9 |
| 9 | |
| 10 | |
| 11 | |
| 12 | 0 |
| 13 | 6 |

**2)**

| | | |
|---|---|---|
| 225 | | |
| 130 | 460 | 330 |
| 40 | 1360 | 1320 |

**3)**

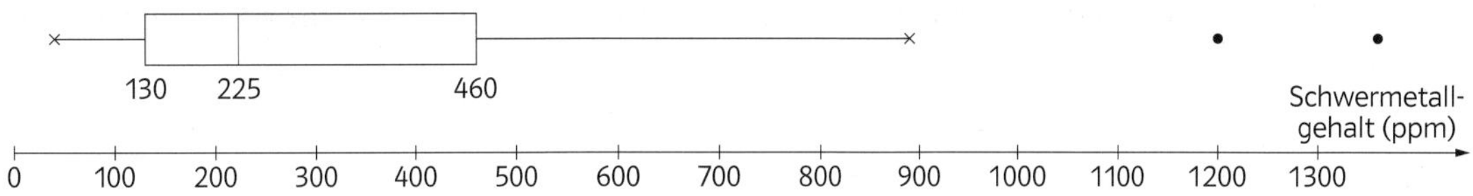


**4)**

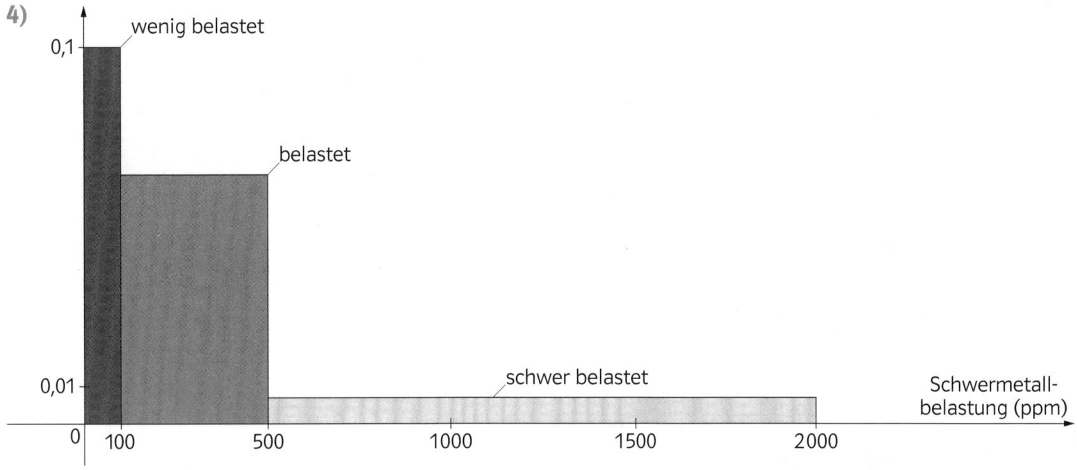


**12.68** **1)** Stängel-Blatt-Diagramm für Illmitz:

| Zehnerziffer | Einerziffer |
|---:|---|
| 1 | 4, 4, 5, 6, 7 |
| 2 | 0, 0, 3, 4, 4, 7 |
| 3 | 8 |

Stängel-Blatt-Diagramm für Klagenfurt:

| Zehnerziffer | Einerziffer |
|---:|---|
| 1 | 9 |
| 2 | 0, 1, 1, 2 |
| 3 | 2, 3, 5, 8 |
| 4 | 0, 2 |
| 5 | |
| 6 | 1 |

**2)** Fünfzahlenzusammenfassung für Illmitz:

| | | | |
|---|---|---|---|
| | 20 | | |
| 15,5 | | 24 | 8,5 |
| 14 | | 38 | 24 |

Fünfzahlenzusammenfassung für Klagenfurt:

| | | | |
|---|---|---|---|
| | 32,5 | | |
| 21 | | 39 | 18 |
| 19 | | 61 | 42 |

**3)**

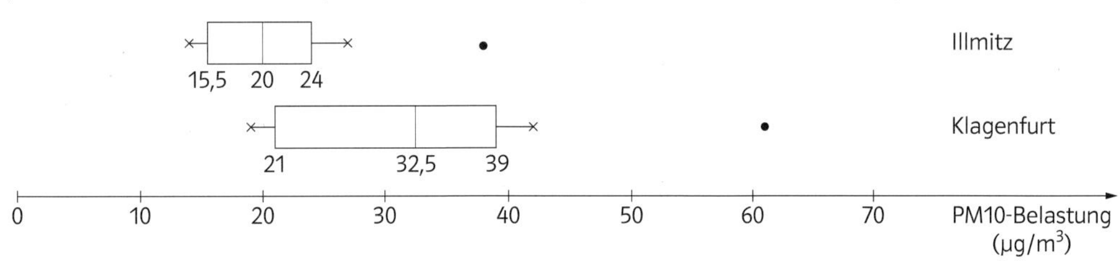


**4)** Die PM10-Belastung in Klagenfurt liegt im Mittel höher und streut stärker als in Illmitz. Während $\frac{3}{4}$ des Jahres liegt das PM10-Monatsmittel von Klagenfurt über dem Median der PM10-Belastung von Illmitz.
Ursache der hohen PM10-Belastung in Klagenfurt ist vor allem die Beckenlage verbunden mit sehr häufigen Inversionswetterlagen im Herbst und Winter, die den Austausch der Luftmassen stark behindern.
Für die PM10-Belastung in Illmitz am Neusiedler See sind der Schadstoffferntransport und die großräumige Schadstoffanreicherung (im Umkreis über 100 km) verantwortlich.

**12.69** **1)** Stängel-Blattdiagramm zu Versuchsgruppe A:

| Zehnerziffer | Einerziffer |
|---|---|
| 3 | 2, 4, 5, 7, 8, 9 |
| 4 | 1, 2, 3, 6 |

Stängel-Blattdiagramm zu Versuchsgruppe B:

| Zehnerziffer | Einerziffer |
|---|---|
| 1 | 9 |
| 2 | 2, 3, 7 |
| 3 | 6, 8 |
| 4 | 1, 9 |
| 5 | 4, 8 |
| 6 | 2 |

**2)** Versuchsgruppe A:

| | | | |
|---|---|---|---|
| | 38,5 | | |
| 35 | | 42 | 7 |
| 32 | | 46 | 14 |

Versuchsgruppe B:

| | | | |
|---|---|---|---|
| | 38 | | |
| 23 | | 54 | 31 |
| 19 | | 62 | 43 |

**3)**

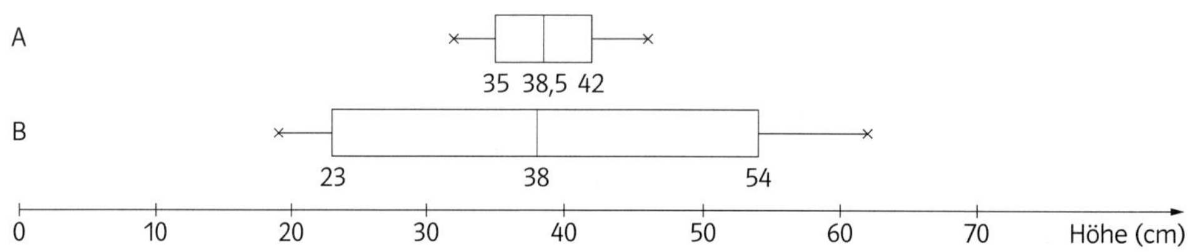


**4)** Die Höhen der Einzelpflanzen sind bei beiden Versuchsgruppen annähernd symmetrisch um den Median verteilt. Bei beiden Hell-Dunkel-Rhythmen werden die Pflanzen (gemessen am Median) im Mittel gleich hoch, beim 24 h-Rhythmus ist die Streuung der Pflanzenhöhe jedoch wesentlich größer als beim 12 h-Rhythmus.

**12.70** **1)**

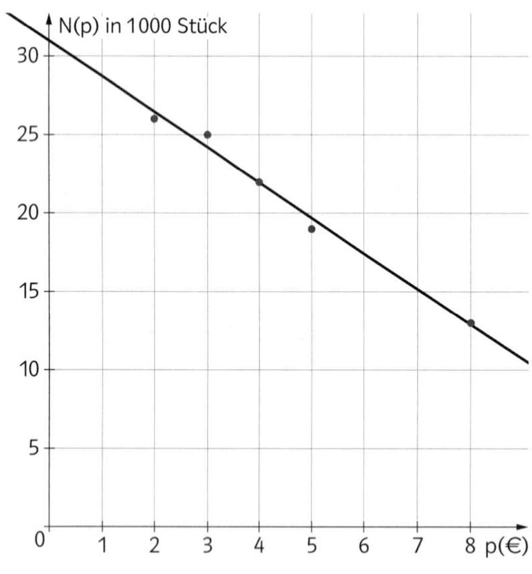


**2)** $f(p) \approx -2{,}26 \cdot p + 30{,}96$

**3)** Bei einer Erhöhung des Preises um 1 € ist mit einem Rückgang der Nachfrage um ca. 2 260 Stück zu rechnen. Dann kann man annehmen, dass von dem Produkt maximal 30 960 Stück nachgefragt werden.

**4)** ca. 8 360 Stück

# 13 Wahrscheinlichkeiten

**13.03** a) P(Kugel ist rot) $= \frac{1}{9}$ b) P(Kugel ist weiß) $= \frac{5}{9}$ c) P(Kugel ist schwarz) $= \frac{1}{3}$

**13.04** a) $P(X < 28) = \frac{3}{11}$
b) $P(50 \leq X) = \frac{50}{99}$
c) P(X ist durch 3 teilbar) $= \frac{1}{3}$
d) P(X endet auf 0) $= \frac{1}{11}$
e) $P(|X - 50| \leq 10) = \frac{7}{33}$
f) P(X ist eine Quadratzahl) $= \frac{1}{11}$

**13.05** a) P(Es kommt die Zahl 6) $= \frac{1}{6}$
b) P(Es kommt die Zahl 1) $= \frac{1}{6}$
c) P(Es kommt eine Augenzahl > 4) $= \frac{1}{3}$
d) P(Es kommt eine gerade Augenzahl) $= \frac{1}{2}$
e) P(Es kommt eine ungerade Augenzahl) $= \frac{1}{2}$
f) P(Es kommt eine Primzahl) $= \frac{1}{2}$

**13.06** a) $\frac{1}{4}$ b) $\frac{1}{6}$ c) $\frac{5}{12}$ d) $\frac{1}{4}$

**13.07** a) P(Es kommt eine durch 4 teilbare Zahl) $= \frac{1}{4}$
P(Es kommt eine durch 6 teilbare Zahl) $= \frac{3}{20}$
P(Es kommt eine Primzahl) $= \frac{2}{5}$
P(Es kommt eine Quadratzahl) $= \frac{1}{5}$
b) P(Es kommt eine durch 4 teilbare Zahl) $= \frac{1}{5}$
P(Es kommt eine durch 6 teilbare Zahl) $= \frac{1}{10}$
P(Es kommt eine Primzahl) $= \frac{2}{5}$
P(Es kommt eine Quadratzahl) $= \frac{3}{10}$
c) P(Es kommt eine durch 4 teilbare Zahl) $= \frac{1}{2}$
P(Es kommt eine durch 6 teilbare Zahl) $= \frac{3}{10}$
P(Es kommt eine Primzahl) $= \frac{1}{20}$
P(Es kommt eine Quadratzahl) $= \frac{3}{20}$

**13.08** a) $P(A) = \frac{1}{4}$, $P(B) = \frac{1}{2}$, $P(C) = \frac{1}{4}$
b) $P(A) = \frac{1}{4}$, $P(B) = \frac{1}{4}$, $P(C) = \frac{1}{8}$, $P(D) = \frac{1}{4}$, $P(E) = \frac{1}{8}$
c) $P(A) = \frac{1}{4}$, $P(B) = \frac{1}{8}$, $P(C) = \frac{1}{8}$, $P(D) = \frac{1}{4}$, $P(E) = \frac{1}{8}$, $P(F) = \frac{1}{8}$

**13.09** a) $\frac{18}{37}$ b) $\frac{12}{37}$ c) $\frac{4}{37}$ d) $\frac{6}{37}$ e) $\frac{1}{37}$ f) $\frac{1}{37}$

**13.10** a) $\frac{1}{45} \approx 0{,}022$ b) $\frac{1}{49} \approx 0{,}020$

**13.11** a) eher im Burganland b) eher in Wien c) eher in Niederösterreich

**13.12** a) in Wien b) im Burgenland c) im Burgenland

**13.13** a) $\approx 0{,}377$ b) $\approx 0{,}409$ c) $\approx 0{,}150$ d) $> 0{,}059$

**13.14** a) $\approx 0{,}28$ b) $\approx 0{,}443$ c) $\approx 0{,}194$ d) $> 0{,}076$

**13.15** a) 1000 € c) 1000 € e) 1500 € g) 18 000 €
b) 1000 € d) 1500 € f) 4500 € h) 18 000 €

**13.16** Führt den Versuch durch! Beachtet den Aufgabentext!

**13.17** a) $P(E) = \frac{1}{3}$
b) Beachte: Die relative Häufigkeit erhält man, indem man die Anzahl der Ziehungen eines Gewinnloses durch die Anzahl aller Ziehungen dividiert.

**13.18** 1) Dividiere jeweils die absolute Häufigkeit durch die Anzahl der Würfe!
2) Im Großen und Ganzen strebt die relative Häufigkeit von „Zahl" gegen 0,5. Auffälig ist zB, dass ca. ab dem 400. Wurf alle relativen Häufigkeiten über 0,5 liegen.

**13.19** 1) $P(E_i) = \frac{1}{3}$
2) Beachte: Die relative Häufigkeit $h_n(E_i)$ erhält man, indem man die Anzahl der Ziehungen des Loses mit der Nummer i durch die Anzahl aller Ziehungen dividiert.

**13.20** Beachte: Die relative Häufigkeit einer Lage erhält man, indem man die erhaltene Anzahl dieser Lage durch die Anzahl aller Würfe dividiert.

**13.21** Ermittelt die absoluten und relativen Häufigkeiten!

**13.22** Ermittelt die relativen Häufigkeiten der einzelnen Lagen!

**13.23** Ermittelt die absoluten Häufigkeiten von „Kopf" bzw. „Zahl"!

**13.24** 1) ZB: Anzahl der Sechser beim Wurf eines deformierten Würfels.
2) ZB: Wahrscheinlichkeit des Aussterbens der Menschheit durch Klimaveränderung.

**13.26** Zum Beispiel:
a) Es kommt „Kopf" oder „Zahl". Es kommt weder „Kopf" noch „Zahl".
b) Es kommt eine Augenzahl von 1 bis 6. Es kommt die Augenzahl 7.
c) Es kommt eine der Zahlen 0, 1, 2, … 36. Es kommt die Zahl 37.

**13.27** a) $\neg E$: Es kommt eine ungerade Zahl. $P(E) = \frac{1}{2}$, $P(\neg E) = \frac{1}{2}$
b) $\neg E$: Es kommt 3, 4, 5 oder 6. $P(E) = \frac{1}{3}$, $P(\neg E) = \frac{2}{3}$
c) $\neg E$: Es kommt keine Primzahl. $P(E) = \frac{1}{2}$, $P(\neg E) = \frac{1}{2}$
d) $\neg E$: Es kommt 1, 2, 4 oder 6. $P(E) = \frac{1}{3}$, $P(\neg E) = \frac{2}{3}$

**13.28** $p = \frac{1}{3}$

**13.29** $p = \frac{a}{a+b}$

**13.30** a) 5 : 4 b) 17 : 3 c) $m : (n - m)$

**13.31** 4 : 1

**13.33** a) $\approx 0{,}485$ b) $\approx 0{,}412$

**13.34** a) $\frac{1}{3}$ b) 1 c) 0 d) 0

**13.35** a) $\frac{1}{2}$ b) $\frac{1}{2}$

**13.36** a) $\approx 0{,}786$ b) $0{,}6$ c) $\approx 0{,}429$ d) $\approx 0{,}571$

**13.37** a) $E_2$ benachteiligt $E_1$. b) $E_2$ begünstigt $E_1$. c) $E_2$ benachteiligt $E_1$. d) $E_2$ begünstigt $E_1$.

**13.38** a) $P(E_1) = P(E_1 \mid E_2) = \frac{1}{2}$
b) $P(E_1) = P(E_1 \mid E_2) = \frac{1}{2}$
c) $P(E_1) = P(E_1 \mid E_2) = \frac{1}{3}$
d) $P(E_1) = P(E_1 \mid E_2) = \frac{1}{3}$
e) $P(E_1) = P(E_1 \mid E_2) = \frac{1}{2}$
f) $P(E_1) = P(E_1 \mid E_2) = \frac{1}{3}$
g) $P(E_1) = P(E_1 \mid E_2) = \frac{1}{2}$
h) $P(E_1) = P(E_1 \mid E_2) = \frac{1}{2}$

**13.39** a) $E_2$ begünstigt $E_1$.
b) $E_2$ begünstigt $E_1$.
c) $E_2$ begünstigt $E_1$.
d) $E_2$ begünstigt $E_1$.
e) $E_2$ benachteiligt $E_1$.
f) $E_2$ begünstigt $E_1$.
g) $E_2$ benachteiligt $E_1$.
h) $E_2$ begünstigt $E_1$.

**13.40** a) „Alter unter 30" b) „Alter über 50" c) „Alter unter 30" und „Alter von 30 bis 50"

**13.41** a) „X ist männlich" begünstigt „X wählt Partei A", aber benachteiligt „X wählt Partei B" und „X wählt Partei C".
b) „X ist weiblich" begünstigt „X wählt Partei B" und „X wählt Partei C", aber benachteiligt „X wählt Partei A".
c) „X ist männlich" begünstigt „X ist unentschlossen".

**13.42** Zufallsversuch: Zufällige Auswahl eines Elements aus einer bestimmten Menge.
Dabei sind verschiedene Ausfälle (Ausgänge) möglich, wobei man jedoch im Vorhinein nicht weiß, welcher Ausfall eintreten wird. Beispiele siehe Seiten 232–234!
Ereignisse: entsprechen Mengen von Versuchsausfällen. Beispiele siehe Seiten 235 und 237!

**13.43** Wahrscheinlichkeit ist ein Maß für eine Erwartung.

**13.44** Methode 1: Wahrscheinlichkeit als relativer Anteil (siehe Seite 235)
Methode 2: Wahrscheinlichkeit als relative Häufigkeit (siehe Seite 239)
Methode 3: Wahrscheinlichkeit als subjektives Vertrauen (siehe Seite 242)
Falls ein Konflikt zwischen den Methoden 1 und 2 auftritt, gibt man im Allgemeinen der Methode 2 den Vorzug (siehe Seite 241). Die Methode 3 wendet man im Allgemeinen nur an, wenn die anderen beiden Methoden nicht angewandt werden können.

**13.45** Siehe Seiten 242 und 243!

**13.46** Siehe Seite 243!

**13.47** Siehe Seite 244!

**13.48** Siehe Seite 245!

**13.49** Siehe Seite 249!

**13.51** a) $\frac{1}{32}$ b) $\frac{1}{8}$ c) $\frac{1}{4}$ d) $\frac{3}{8}$ e) $\frac{5}{8}$ f) $\frac{3}{4}$

**13.52** Ja, $P(E_1) = P(E_1 \mid E_2) = \frac{1}{4}$

**13.53** 1) 31:20 2) $\approx 32{,}26$ € 3) $\approx 395{,}10$ €

## 14 Rechnen mit Wahrscheinlichkeiten

**14.03** a) $\frac{1}{72}$ b) $\frac{7}{9}$ c) $\frac{1}{9}$ d) $\frac{7}{72}$

**14.04** a) $\frac{1}{64}$ b) $\frac{27}{64}$

**14.05** a) $\frac{1}{8}$ b) $\frac{1}{8}$ c) $\frac{1}{8}$

**14.06** a) $\frac{324}{1369} \approx 0{,}237$ b) $\frac{324}{1369} \approx 0{,}237$ c) $\frac{324}{1369} \approx 0{,}237$ d) $\frac{324}{1369} \approx 0{,}237$

**14.07** Jeder Versuchsausfall hat die Wahrscheinlichkeit $\frac{3\,888}{50\,653} \approx 0{,}77$.

**14.08** a) $\frac{1}{10\,000} = 0{,}0001$ b) $\frac{99}{10\,000} = 0{,}0099$ c) $\frac{99}{10\,000} = 0{,}0099$ d) $\frac{9\,801}{10\,000} = 0{,}9801$

**14.09** a) $\frac{4}{125} = 0{,}032$ b) $\frac{16}{125} = 0{,}128$ c) $\frac{64}{125} = 0{,}512$

**14.10** a) $\frac{1}{6}$ b) $\frac{1}{3}$

**14.13** 1) Ziehen mit Zurücklegen: a) $\frac{1}{6}$ b) $\frac{1}{6}$ c) $\frac{1}{12}$ d) $\frac{1}{18}$ e) $\frac{1}{18}$ f) $\frac{1}{12}$

2) Ziehen ohne Zurücklegen: a) $\frac{1}{5}$ b) $\frac{1}{5}$ c) $\frac{1}{10}$ d) $\frac{1}{15}$ e) $\frac{1}{15}$ f) $\frac{1}{10}$

**14.14** 1) Ziehen mit Zurücklegen: a) $\frac{1}{18}$ b) $\frac{1}{12}$ c) $\frac{1}{6}$ d) $\frac{1}{36}$ e) $\frac{1}{9}$ f) $\frac{1}{4}$

2) Ziehen ohne Zurücklegen: a) $\frac{1}{15}$ b) $\frac{1}{10}$ c) $\frac{1}{5}$ d) 0 e) $\frac{1}{15}$ f) $\frac{1}{5}$

**14.15**

| Ereignis | Wahrscheinlichkeit |
|---|---|
| (w, w, w) | 0 |
| (w, w, s) | $\frac{1}{63}$ |
| (w, w, r) | $\frac{1}{84}$ |
| (w, s, w) | $\frac{1}{63}$ |
| (w, s, s) | $\frac{1}{21}$ |
| (w, s, r) | $\frac{1}{21}$ |
| (w, r, w) | $\frac{1}{84}$ |
| (w, r, s) | $\frac{1}{21}$ |
| (w, r, r) | $\frac{1}{42}$ |

| Ereignis | Wahrscheinlichkeit |
|---|---|
| (s, w, w) | $\frac{1}{63}$ |
| (s, w, s) | $\frac{1}{21}$ |
| (s, w, r) | $\frac{1}{21}$ |
| (s, s, w) | $\frac{1}{21}$ |
| (s, s, s) | $\frac{1}{21}$ |
| (s, s, r) | $\frac{1}{14}$ |
| (s, r, w) | $\frac{1}{21}$ |
| (s, r, s) | $\frac{1}{14}$ |
| (s, r, r) | $\frac{1}{21}$ |

| Ereignis | Wahrscheinlichkeit |
|---|---|
| (r, w, w) | $\frac{1}{84}$ |
| (r, w, s) | $\frac{1}{21}$ |
| (r, w, r) | $\frac{1}{42}$ |
| (r, s, w) | $\frac{1}{21}$ |
| (r, s, s) | $\frac{1}{14}$ |
| (r, s, r) | $\frac{1}{21}$ |
| (r, r, w) | $\frac{1}{42}$ |
| (r, r, s) | $\frac{1}{21}$ |
| (r, r, r) | $\frac{1}{84}$ |

**14.16** a) $\frac{6}{11} \approx 0{,}545$ b) $\frac{1}{22} \approx 0{,}045$

**14.17** a) $\frac{35}{51} \approx 0{,}686$ b) $\frac{1}{51} \approx 0{,}020$

**14.18** a) $\frac{2}{7}$ b) $\frac{15}{77}$

**14.19** 1) $\frac{1}{8\,145\,060} \approx 0{,}000\,000\,12$

2) $\frac{1}{13\,983\,816} \approx 0{,}000\,000\,072$

3) $\frac{1}{622\,614\,630} \approx 0{,}000\,000\,002$; Verhältnis $43\,877 : 574 \approx 76{,}44 : 1$

**14.21** $\frac{1}{16} = 0{,}0625$

**14.22** $\frac{1}{216} \approx 0{,}005$

**14.23** a) $\frac{324}{1369} \approx 0{,}237$ b) $\frac{324}{1369} \approx 0{,}237$ c) $\frac{144}{1369} \approx 0{,}105$ d) $\frac{9}{1369} \approx 0{,}007$

| | | | | |
|---|---|---|---|---|
| **14.24** | a) $\frac{5832}{50653} \approx 0{,}115$ | b) $\frac{5832}{50653} \approx 0{,}115$ | c) $\frac{432}{50653} \approx 0{,}009$ | |
| **14.25** | a) $\frac{1}{64} \approx 0{,}016$ | b) $\frac{3}{64} \approx 0{,}047$ | c) $\frac{9}{64} \approx 0{,}141$ | d) $\frac{27}{64} \approx 0{,}422$ |
| **14.26** | a) $\frac{1}{n^k}$ | b) $\frac{1}{n \cdot (n-1) \cdot \ldots \cdot (n-k+1)}$ | | |
| **14.27** | a) $\frac{3}{10} = 0{,}3$ | b) $\frac{3}{10} = 0{,}3$ | | |
| **14.28** | a) $\frac{1}{14} \approx 0{,}071$ | b) $\frac{3}{14} \approx 0{,}214$ | c) $\frac{3}{14} \approx 0{,}214$ | d) $\frac{15}{28} \approx 0{,}536$ |
| **14.30** | a) $\frac{4}{15} \approx 0{,}267$ | b) $\frac{3}{5} = 0{,}6$ | c) $\frac{1}{6} \approx 0{,}167$ | d) $\frac{1}{3} \approx 0{,}333$ |
| **14.31** | a) $\frac{1}{4} = 0{,}25$ | b) $\frac{9}{64} \approx 0{,}141$ | c) $\frac{7}{32} \approx 0{,}219$ | d) $\frac{1}{64} \approx 0{,}016$ |
| **14.32** | $\frac{1}{3}$ | | | |
| **14.33** | Zuerst gegen den Vater. $P(V, M, V) \approx \frac{10}{27}$, $P(M, V, M) \approx \frac{8}{27}$ | | | |
| **14.34** | a) $\frac{3}{8} = 0{,}375$ | b) $\frac{7}{8} = 0{,}875$ | c) $\frac{1}{2} = 0{,}5$ | d) $\frac{1}{4} = 0{,}25$ |
| **14.36** | a) $\frac{1}{2} = 0{,}5$ | b) $\frac{1}{30} \approx 0{,}033$ | | |
| **14.37** | a) $\frac{1029}{2500} = 0{,}4116$ | b) $\frac{189}{2500} = 0{,}0756$ | | |
| **14.38** | a) $\frac{1}{12}$ | b) $\frac{5}{12}$ | | |
| **14.39** | a) 0,168 07 | b) 0,360 15 | | |
| **14.40** | a) $\frac{21}{620} \approx 0{,}034$ | c) $\frac{21}{155} \approx 0{,}135$ | e) $\frac{43}{1240} \approx 0{,}035$ | g) $\frac{91}{620} \approx 0{,}147$ |
| | b) $\frac{189}{620} \approx 0{,}305$ | d) $\frac{69}{155} \approx 0{,}445$ | f) $\frac{1197}{1240} \approx 0{,}965$ | h) $\frac{529}{620} \approx 0{,}853$ |
| **14.41** | 1) $\frac{1}{35960} \approx 0{,}000\,03$ | 2) $\frac{1}{7192} \approx 0{,}000\,14$ | | |
| **14.42** | a) $\frac{1}{27}$ | b) $\frac{6}{27}$ | c) $\frac{7}{27}$ | d) $\frac{20}{27}$ |
| **14.43** | a) $\frac{1}{64}$ | b) $\frac{9}{64}$ | c) $\frac{5}{32}$ | d) $\frac{27}{32}$ |
| **14.44** | a) $\frac{1}{3^{12}} \approx 0{,}000\,0019$ | b) $\frac{24}{3^{12}} \approx 0{,}000\,045\,2$ | | |
| **14.45** | a) ca. 0,056 | b) ca. 0,374 | | |
| **14.47** | a) $\frac{3}{7}$ | b) $\frac{12}{35}$ | c) $\frac{10}{21}$ | d) $\frac{6}{7}$ |
| **14.48** | a) $\frac{49}{87} \approx 0{,}563$ | b) $\frac{78}{87} \approx 0{,}897$ | | |
| **14.50** | $\frac{11}{60} \approx 0{,}183$ | | | |
| **14.51** | 0,46 | | | |
| **14.52** | a) 0,855 | b) 0,995 | | |
| **14.53** | a) 0,81 | b) 0,99 | c) 0,01 | |
| **14.54** | a) 0,235 | b) 0,015 | | |
| **14.55** | a) $2p - p^2$; $p \leq 1 - \sqrt{0{,}95} \approx 0{,}0253$ | | b) $p^2$; $p \leq \sqrt{0{,}05} \approx 0{,}2236$ | |
| **14.56** | a) ca. 0,142 625 | b) 0,000 125 | c) 0,004 875 | d) 0,052 375 |
| **14.58** | Monat: | a) $\frac{41}{96} \approx 0{,}427$ | b) $\frac{1343}{1728} \approx 0{,}777$ | c) $\frac{39547}{41472} \approx 0{,}954$ |
| | Wochentag: | a) $\frac{223}{343} \approx 0{,}650$ | b) $\frac{16087}{16807} \approx 0{,}957$ | c) 1 |
| **14.59** | a) ca. 0,027 | b) ca. 0,117 | c) ca. 0,411 | |

**14.60** a) $\frac{5}{18} \approx 0{,}278$ b) $\frac{10}{648} \approx 0{,}015$ c) 0

**14.61** a) $\frac{6}{11} \approx 0{,}545$ b) $\frac{1}{11} \approx 0{,}091$

**14.62** a) $\frac{64}{155} \approx 0{,}413$ b) $\frac{112}{155} \approx 0{,}723$

**14.63** a) $\approx 0{,}443$ b) $\approx 0{,}001$

**14.64** Man muss mindestens 17-mal würfeln.

**14.65** a) mindestens 4-mal b) mindestens 85-mal c) mindestens 6-mal

**14.66** 0,03

**14.67** 0,2

**14.68** ca. 0,969

**14.69** 0,8

**14.70** 0,007

**14.71** 0,2

**14.74** a) $\frac{21}{37} \approx 0{,}568$ b) $\frac{27}{37} \approx 0{,}730$ c) $\frac{36}{37} \approx 0{,}973$

**14.75** a) $P(E_1 \vee E_2) = \frac{2}{3}$ b) $P(E_1 \vee E_2) = \frac{10}{13}$ c) $P(E_1 \vee E_2) = \frac{1}{2}$ d) $P(E_1 \vee E_2) = \frac{3}{4}$

**14.76** 1) Wir setzen $E_2 \vee E_3 = E$. Da $E_1, E_2, E_3$ einander paarweise ausschließen, schließen auch $E_1$ und E einander aus und es gilt:
$P(E_1 \vee E_2 \vee E_3) = P(E_1 \vee E) = P(E_1) + P(E) = P(E_1) + P(E_2 \vee E_3) = P(E_1) + P(E_2) + P(E_3)$
2) Sind $E_1, E_2, \ldots, E_n$ einander paarweise ausschließende Ereignisse eines Zufallsversuchs, so gilt:
$P(E_1 \vee E_2 \vee \ldots \vee E_n) = P(E_1) + P(E_2) + \ldots + P(E_n)$

**14.77** a) $P(E_1 \wedge E_2) = P(E_1) \cdot P(E_2) = \frac{1}{6}$ c) $P(E_1 \wedge E_2) = P(E_1) \cdot P(E_2) = \frac{1}{3}$
b) $P(E_1 \wedge E_2) = P(E_1) \cdot P(E_2) = \frac{1}{6}$ d) $P(E_1 \wedge E_2) = P(E_1) \cdot P(E_2) = \frac{1}{6}$

**14.78** a) $E_1$ und $E_2$ sind nicht unabhängig. b) $E_1$ und $E_2$ sind unabhängig.

**14.79** a) $\frac{1}{36}$ b) $\frac{1}{6}$

**14.82** ca. 0,003

**14.83** 1) $\frac{5}{8}$ 2) Urne 1: $\frac{2}{5}$ Urne 2: $\frac{3}{5}$

**14.84** a) $\frac{1}{2}$ b) aus der 6a: $\frac{2}{3}$, aus der 6b: $\frac{1}{3}$

**14.85** a) ca. 0,630 b) ca. 0,963

**14.86** 1)

| Personenzahl | Test positiv | Test negativ | Summe |
|---|---|---|---|
| HIV positiv | 999 | 1 | 1000 |
| HIV negativ | 2997 | 996 003 | 999 000 |
| Summe | 3996 | 996 004 | 1000 000 |

2) P(Test positiv | HIV positiv) = 0,999, P(Test positiv | HIV negativ) = 0,003
3) 0,25

**14.87** P(geraten | richtig angekreuzt) $= \frac{100-p}{100-p+np}$

| | p% | 10% | 30% | 50% | 80% |
|---|---|---|---|---|---|
| a) | n = 2 | 0,818 | 0,538 | 0,333 | 0,111 |
| b) | n = 4 | 0,692 | 0,368 | 0,200 | 0,059 |

Multiple-Choice-Aufgaben sind nur dann sinnvoll, wenn man davon ausgehen kann, dass ein hoher Prozentsatz der Getesteten die richtige Antwort auf die gestellte Frage weiß. Wissen nur wenige die richtige Antwort, so ist die Ratewahrscheinlichkeit relativ hoch und man kann nicht entscheiden, ob eine richtig angekreuzte Antwort durch Raten oder durch Wissen zustande gekommen ist.

**14.88** Ca. 0,57. Dies reicht für eine Verurteilung nicht aus.

**14.89** $P(E_1) = \frac{3}{5}$, $P(E_1 | E_2) = \frac{1}{2}$, also $P(E_1 | E_2) < P(E_1)$.

**14.90** a) $\frac{3}{5}$ b) Urne 1: $\frac{2}{9}$ Urne 2: $\frac{1}{3}$ Urne 3: $\frac{4}{9}$

**14.91** a) $\frac{1}{50}$ b) Firma A: $\frac{1}{2}$, Firma B: $\frac{1}{3}$, Firma C: $\frac{1}{6}$

**14.92** 1) ca. 0,516 2) 6a: ca. 0,447; 6b: ca. 0,234; 6c: ca. 0,319

**14.93** Siehe zB Seite 251, Aufgabe 14.01 oder 14.02!

**14.94** Siehe zB Seite 253, Aufgabe 14.11 und 14.12!

**14.95** a) Siehe Seite 251! b) Siehe Seite 262! c) Siehe Seite 265!

**14.96** a) Siehe Seite 256! b) Siehe Seite 264!

**14.97** a) Siehe Seite 262! b) Siehe Seite 264!

**14.98** a) $\frac{1}{4}$ b) $\frac{1}{9}$ c) $\frac{1}{4}$ d) $\frac{1}{18}$

**14.99** a) $\frac{121}{441} \approx 0{,}274$ b) $\frac{11}{42} \approx 0{,}262$

**14.100** a) $\frac{1}{15} \approx 0{,}067$ b) $\frac{7}{15} \approx 0{,}467$ c) $\frac{7}{15} \approx 0{,}467$

**14.101** a) $\frac{1}{2}$ b) $\frac{9}{20}$ c) $\frac{3}{10}$ d) $\frac{1}{20}$ e) $\frac{13}{20}$

**14.102** Stimmt nicht. P(alle Kreuze richtig) $= \frac{1}{16} < 0{,}5$

**14.103** $\frac{1}{6}$

**14.104** a) ca. 0,070 b) ca. 0,070

**14.105** 1) P(kein As) $\approx 0{,}488$ 2) P(kein As) $\approx 0{,}513$

**14.106** a) $\frac{1}{155} \approx 0{,}006$ b) $\frac{7}{155} \approx 0{,}045$ c) $\frac{16}{155} \approx 0{,}103$

**14.107** a) $\frac{7}{432} \approx 0{,}016$ b) $\frac{125}{144} \approx 0{,}868$ c) $\frac{1}{216} \approx 0{,}005$ d) $\frac{5}{18} \approx 0{,}278$

**14.108** a) $E_1$ und $E_2$ sind unabhängig. b) $E_1$ und $E_2$ sind nicht unabhängig.

**14.109** a) mindestens 2-mal b) mindestens 4-mal

**14.110** Richtig: 3. Aussage

**14.111** Richtig: 1., 2. und 6. Aussage

Notizen